高等职业教育旅游与酒店管理类专业"十四五"规划系列教材

现代厨房生产与管理

(第3版)

主　编　邵万宽
副主编　端尧生
参　编　张荣春　董在明
　　　　陆理民　吴伟志

东南大学出版社
SOUTHEAST UNIVERSITY PRESS
·南京·

图书在版编目(CIP)数据

现代厨房生产与管理/邵万宽主编. —3版.—南京：东南大学出版社，2023.1
ISBN 978-7-5766-0289-0

Ⅰ.①现… Ⅱ.①邵… Ⅲ.①厨房-管理-高等职业教育-教材 Ⅳ.①TS972.32

中国版本图书馆CIP数据核字(2022)第199963号

责任编辑：张丽萍　　责任校对：子雪莲　　封面设计：余武莉　　责任印制：周荣虎

现代厨房生产与管理(第3版)
Xiandai Chufang Shengchan yu GuanLi(Di-san Ban)

主　　编	邵万宽
出版发行	东南大学出版社
社　　址	南京市四牌楼2号　邮编：210096　电话：025-83793330
网　　址	http://www.seupress.com
电子邮箱	press@seupress.com
经　　销	全国各地新华书店
印　　刷	常州市武进第三印刷有限公司
开　　本	787 mm×1092 mm　1/16
印　　张	16.75
字　　数	461千字
版　　次	2023年1月第3版
印　　次	2023年1月第1次印刷
书　　号	ISBN 978-7-5766-0289-0
定　　价	42.00元

本社图书若有印装质量问题，请直接与营销部联系，电话：025-83791830。

出 版 说 明

当前职业教育还处于探索过程中,教材建设"任重而道远"。为了编写出切实符合旅游管理专业发展和市场需要的高质量的教材,我们搭建了一个全国旅游管理类专业建设、课程改革和教材出版的平台,加强旅游管理类各高职院校的广泛合作与交流。在编写过程中,我们始终贯彻高职教育的改革要求,把握旅游管理类专业课程建设的特点,体现现代职业教育新理念,结合各校的精品课程建设,每本书都力求精雕细琢,全方位打造精品教材,力争把该套教材建设成为国家级规划教材。

质量和特色是一本教材的生命。与同类书相比,本套教材力求体现以下特色和优势:

1. 先进性:(1) 形式上,尽可能以"立体化教材"模式出版,突破传统的编写方式,针对各学科和课程特点,综合运用"案例导入""模块化"和"MBA 任务驱动法"的编写模式,设置各具特色的栏目;(2) 内容上,重组、整合原来教材内容,以突出学生的技术应用能力训练与职业素质培养,形成新的教材结构体系。

2. 实用性:突出职业需求和技能为先的特点,加强学生的技术应用能力训练与职业素质培养,切实保证在实际教学过程中的可操作性。

3. 兼容性:既兼顾劳动部门和行业管理部门颁发的职业资格证书或职业技能资格证书的考试要求又高于其要求,努力使教材的内容与其有效衔接。

4. 科学性:所引用标准是最新国家标准或行业标准;所引用的资料、数据准确、可靠,并力求最新;体现学科发展最新成果和旅游业最新发展状况;注重拓展学生思维和视野。

本套丛书聚集了全国权威的专家队伍和来自江苏、四川、山西、浙江、上海、海南、河北、新疆、云南、湖南等省市的近 60 所高职院校的优秀的一线教师。借此机会,我们向参加编写的各位教师、各位审阅专家以及关心本套丛书的广大读者致以衷心的感谢,希望在以后的工作和学习中为本套丛书提出宝贵的意见和建议。

高等职业教育旅游与酒店管理类专业"十四五"规划系列教材编委会

第 3 版 前 言

中国餐饮业在经过四十余年的改革开放以后,伴随着中国现代化进程的提速和消费的升级,而今已开始进入常态化经营的发展之路。随着高端餐饮市场的步履减缓,中低端餐饮市场将与广大民众的需求一起步入飞速发展的阶段。从目前全国饭店、餐饮业的现状来看,企业急切需要一大批有技术、爱专业、会管理的厨房工作人员。就近十年国内饭店、餐饮企业的厨房设计和环境来看,各地的厨房面貌发生了翻天覆地的变化,干净明亮、整齐美观的现代化厨房已成为行业主流,设计健康、卫生、可口和优质、高效、标准的产品已成为现代厨房管理工作者的工作中心。

本书在修订改版中,从学生的需求出发,紧跟餐饮市场的步伐,部分内容作了修改和调整,以便于读者能结合现代厨房生产状况进行直观的分析,对现代厨房管理能更深刻地把握。全书在对现代厨房生产与管理的阐述与探讨中,力求做到三个方面的特点:第一,时代性和实用性。本书从现代餐饮经营和厨房管理的需要出发,借鉴了国内外饭店管理的基本理论知识和先进的管理经验,吸纳了一些具有丰富厨房管理经验的专家们的建议,运用现代饭店厨房管理中的新思路、新理念以及现代厨房管理者们必备的知识点,力求做到与国际厨房管理相接轨。第二,先进性和引导性。本书与传统厨房管理教材相比,更加密切关注餐饮市场需求的实际情况,更加强调从业人员的食品安全卫生知识、产品设计与研发、美食促销和与餐厅前台的配合等。第三,现实性和实践性。本书的作者都具有现代饭店厨房管理的实际经验(有的本身就是饭店的厨师长),多年从事旅游饭店的厨房管理和全国厨师长培训班的授课和研究工作,经常参与餐饮品牌企业的策划、指导与培训,了解当前厨房管理的实际需求,所以,本教材比较贴近当前行业的实际需要。

全书共分十章,详细阐述了现代厨房生产的发展、厨房规划、人员配置、产品设计、原料管理、质量管理、成本控制、设备管理、人员管理、技术培训、菜品研发、美食活动推广以及食品安全卫生等内容。本书既可作为旅游院校、高等职业教育的教学用书,也可作为饭店厨师长们厨房工作的指导用书,还可作为广大从事厨房工作的人员的培训进修教材。

本书由邵万宽教授担任主编,并负责编写大纲和全书的统稿工作,参加编写的有:邵万宽(南京旅游职业学院)编写第一、三、五、七、九、十章和第六章第一~二节,端尧生(南京旅游职业学院)编写第二章第四节、第六章第三~四节和第八章,张荣春(南京旅游职业学院)编写第二章第一~三节,董在明(三亚理工职业学院)、陆理民(南京旅游职业学院)编写第四章,吴伟志(江苏苏源凤凰台饭店厨师长)参加了修订大纲的讨论,并参与修改了部分内容,最后由邵万宽总纂定稿并编配相关案例。本次修订由邵万宽总负责,端尧生参与了部分内容的修改。

限于作者的理论水平和实践经验,本教材难免有疏漏和不足之处,祈盼餐饮业同仁和烹饪专业教育的同行共同切磋、指点,以期不断修改完善。

编 者

2022 年 8 月 10 日

目 录

第一章　厨房及其生产的演进 ………………………………………………… 001
第一节　现代厨房及其生产 ………………………………………………… 001
一、现代厨房生产的地位 …………………………………………………… 002
二、现代厨房的不同类型 …………………………………………………… 003
三、厨师长的领军角色 ……………………………………………………… 005
第二节　现代厨房生产与管理的演变 ……………………………………… 007
一、现代厨房生产与管理的要求 …………………………………………… 007
二、现代厨房管理的主要任务 ……………………………………………… 009
三、现代厨房生产方式的演变 ……………………………………………… 012
第三节　现代厨房生产与加工的革新 ……………………………………… 015
一、厨房生产的革新与发展 ………………………………………………… 016
二、现代厨房加工中心的设计和建立 ……………………………………… 018
三、现代厨房加工质量控制标准的制定 …………………………………… 019

第二章　厨房组织建构与设计布局 …………………………………………… 021
第一节　厨房组织建构 ……………………………………………………… 021
一、厨房组织机构设置 ……………………………………………………… 022
二、厨房各部门职能 ………………………………………………………… 025
第二节　现代厨房人员配备与建章立制 …………………………………… 026
一、厨房生产人员配备 ……………………………………………………… 026
二、厨房规章制度建设 ……………………………………………………… 028
第三节　厨房设计与布局 …………………………………………………… 030
一、厨房设计布局要求 ……………………………………………………… 030
二、厨房整体布局安排 ……………………………………………………… 031
三、厨房作业间设计布局 …………………………………………………… 033
四、厨房内部环境设计 ……………………………………………………… 035
第四节　厨房其他方面布局 ………………………………………………… 037
一、厨房布局中的"细节"安排 …………………………………………… 038
二、其他方面的布局 ………………………………………………………… 039

第三章　厨房生产运行管理 …………………………………………………… 043
第一节　厨房产品设计运作 ………………………………………………… 043
一、菜单设计的依据 ………………………………………………………… 045

二、经营需求中的菜单制定 …………………………………………… 046
　　三、宴会菜单的设计与运用 …………………………………………… 047
　　四、营养菜单的设计 …………………………………………………… 051
　第二节　厨房生产流程管理 ……………………………………………… 053
　　一、加工阶段管理 ……………………………………………………… 053
　　二、配份阶段管理 ……………………………………………………… 055
　　三、烹调阶段管理 ……………………………………………………… 056
　　四、冷菜、点心的生产管理 …………………………………………… 057
　第三节　标准食谱设计与制定 …………………………………………… 059
　　一、标准食谱的应用与效果 …………………………………………… 059
　　二、标准食谱的具体内容 ……………………………………………… 060
　　三、标准食谱的制定与使用 …………………………………………… 061
　第四节　厨房产品设计与研发 …………………………………………… 063
　　一、菜品研发的基本原则 ……………………………………………… 064
　　二、菜点研发的基本程序 ……………………………………………… 066
　　三、菜点研发的着眼点 ………………………………………………… 068

第四章　厨房食品原料管理 …………………………………………………… 072
　第一节　原料采购管理 …………………………………………………… 072
　　一、原料采购管理及其要求 …………………………………………… 073
　　二、原料采购方式和程序 ……………………………………………… 075
　　三、采购数量与质量控制 ……………………………………………… 078
　　四、原料采购价格控制 ………………………………………………… 081
　第二节　原料验收管理 …………………………………………………… 082
　　一、根据请购单检查验收 ……………………………………………… 083
　　二、根据送货单据检查验收 …………………………………………… 084
　　三、原料质量的验收 …………………………………………………… 085
　　四、验收的后续工作 …………………………………………………… 085
　第三节　原料储藏管理 …………………………………………………… 086
　　一、原料储藏管理要求 ………………………………………………… 087
　　二、原料盘存管理 ……………………………………………………… 091
　　三、原料储藏管理制度 ………………………………………………… 092
　第四节　原料发放管理 …………………………………………………… 093
　　一、发放履行手续 ……………………………………………………… 094
　　二、发放原料登记 ……………………………………………………… 095
　　三、发放时间管理 ……………………………………………………… 096
　　四、发放管理制度 ……………………………………………………… 096

第五章　厨房产品质量管理 …………………………………………………… 099
　第一节　现代菜品质量设计 ……………………………………………… 099
　　一、菜品质量的基本要素 ……………………………………………… 100

二、菜品质量的评价标准 ………………………………………… 101
　　三、现代企业菜品质量设计要求 ………………………………… 103
　第二节　厨房生产质量标准 …………………………………………… 105
　　一、菜点出品质量特性与构成 …………………………………… 106
　　二、制定明确的质量标准 ………………………………………… 107
　第三节　菜品质量管理控制与落实 …………………………………… 108
　　一、影响厨房生产质量因素 ……………………………………… 109
　　二、菜品质量管理控制要求 ……………………………………… 112
　　三、产品质量控制过程 …………………………………………… 113
　第四节　菜品质量控制方法 …………………………………………… 115
　　一、质量控制的基本方法 ………………………………………… 116
　　二、实施有效的质量控制法 ……………………………………… 118
　　三、出品质量控制的执行 ………………………………………… 120

第六章　厨房生产成本控制 ……………………………………………… 124
　第一节　厨房成本控制的价值 ………………………………………… 124
　　一、直接影响餐饮经营的成败 …………………………………… 125
　　二、可提高餐饮企业竞争力 ……………………………………… 126
　　三、引导厨房人员从自身做起 …………………………………… 128
　　四、减少隐性成本的支出 ………………………………………… 129
　第二节　厨房生产成本与控制 ………………………………………… 131
　　一、厨房生产中的成本构成 ……………………………………… 132
　　二、厨房生产成本控制措施 ……………………………………… 133
　第三节　厨房原材料成本控制与计算方法 …………………………… 135
　　一、主、辅料成本控制与计算方法 ……………………………… 136
　　二、调味品成本控制与计算方法 ………………………………… 139
　　三、原料成本控制与菜品售价的计算方法 ……………………… 141
　第四节　厨房生产过程中的成本控制 ………………………………… 143
　　一、生产计划成本控制 …………………………………………… 143
　　二、生产前的成本控制 …………………………………………… 145
　　三、生产中的成本控制 …………………………………………… 146
　　四、生产后的成本控制 …………………………………………… 148
　　五、厨房成本分析控制法 ………………………………………… 149

第七章　厨房人力资源及其技术管理 …………………………………… 154
　第一节　厨房人力资源与技术管理概述 ……………………………… 154
　　一、厨房人力资源管理的意义 …………………………………… 155
　　二、厨房技术管理与开发 ………………………………………… 156
　　三、厨房人力资源管理目标与绩效考核 ………………………… 158
　第二节　员工激励与效率管理 ………………………………………… 160
　　一、调动员工工作积极性的激励方式 …………………………… 161

二、影响员工生产效率的因素 ……………………………………………… 163
　　三、促进员工生产效率提高的措施 …………………………………………… 165
第三节　厨师长的管理技巧 ………………………………………………………… 168
　　一、严格要求与体现关爱 ……………………………………………………… 169
　　二、严于律己与指导下属 ……………………………………………………… 170
　　三、团队意识与情商管理 ……………………………………………………… 172
第四节　厨房员工的技术培训 ……………………………………………………… 174
　　一、厨房员工培训的必要性 …………………………………………………… 175
　　二、厨房员工培训工作的主要内容 …………………………………………… 177
　　三、厨房员工培训工作的基本程序 …………………………………………… 179

第八章　厨房设备和器具管理 …………………………………………………… 182
第一节　常用厨房设备 ……………………………………………………………… 182
　　一、加工设备 …………………………………………………………………… 183
　　二、加热设备 …………………………………………………………………… 185
　　三、冷藏设备 …………………………………………………………………… 187
　　四、排风设备 …………………………………………………………………… 188
　　五、清洗设备 …………………………………………………………………… 188
　　六、餐具消毒设备 ……………………………………………………………… 188
第二节　厨房设备的选购与使用 …………………………………………………… 189
　　一、厨房设备的选购 …………………………………………………………… 189
　　二、厨房设备的使用 …………………………………………………………… 192
　　三、厨房设备使用的意义 ……………………………………………………… 192
第三节　厨房设备的维护与保养 …………………………………………………… 193
　　一、建立健全岗位责任制 ……………………………………………………… 194
　　二、严格遵守操作规程 ………………………………………………………… 194
　　三、加强安全操作与警示防范 ………………………………………………… 194
　　四、建立维护保养制度 ………………………………………………………… 195
第四节　厨房餐具使用管理 ………………………………………………………… 195
　　一、登记造册，建立盘点制度 ………………………………………………… 196
　　二、建立专人值班发放餐具制度 ……………………………………………… 196
　　三、加强贵重餐具的管理 ……………………………………………………… 197
　　四、养成良好的使用餐具习惯 ………………………………………………… 197

第九章　厨房卫生与安全管理 …………………………………………………… 200
第一节　厨房卫生安全概述 ………………………………………………………… 200
　　一、厨房卫生安全的影响因素 ………………………………………………… 201
　　二、国家食品卫生与安全法规的建设 ………………………………………… 204
　　三、对食品卫生安全的认识与变化 …………………………………………… 205
第二节　危害分析关键控制点（HACCP） ………………………………………… 208
　　一、食品安全与 HACCP 管理制度 …………………………………………… 209

二、HACCP管理制度的优势 ……………………………………………………… 209
　　三、推动我国食品安全与国际的接轨 …………………………………………… 211

第三节　厨房卫生质量管理 …………………………………………………………… 211
　　一、厨房环境卫生管理 …………………………………………………………… 213
　　二、厨房生产加工过程中的卫生管理 …………………………………………… 214
　　三、厨房工作人员的个人卫生管理 ……………………………………………… 215
　　四、加强厨房卫生制度建设 ……………………………………………………… 216

第四节　厨房安全生产管理 …………………………………………………………… 217
　　一、加强厨房安全管理的必要性 ………………………………………………… 217
　　二、厨房常见事故的预防 ………………………………………………………… 219
　　三、食物中毒的预防 ……………………………………………………………… 222

第十章　厨房产品销售管理 …………………………………………………………… 226

第一节　厨房产品的推广与促销 ……………………………………………………… 226
　　一、掌握消费者的饮食心理 ……………………………………………………… 227
　　二、利用新产品吸引顾客 ………………………………………………………… 228
　　三、促销活动策划 ………………………………………………………………… 228

第二节　美食活动的策划 ……………………………………………………………… 232
　　一、美食营销活动的策划 ………………………………………………………… 232
　　二、美食节运作与管理 …………………………………………………………… 236
　　三、美食节活动计划内容与安排 ………………………………………………… 238

第三节　节日策划与品牌促销 ………………………………………………………… 240
　　一、风格鲜明的节日活动促销 …………………………………………………… 241
　　二、节假日产品经营思路 ………………………………………………………… 242
　　三、菜点品牌营造与推广 ………………………………………………………… 244

第四节　菜品销售与前后台沟通 ……………………………………………………… 246
　　一、强化服务理念与加强信息沟通 ……………………………………………… 247
　　二、加强前后台的协作 …………………………………………………………… 248
　　三、做好与其他部门的沟通 ……………………………………………………… 249
　　四、建立专职点菜师制度 ………………………………………………………… 250

参考文献 …………………………………………………………………………………… 255

第一章 厨房及其生产的演进

学习目标
◎ 了解厨房在饭店企业中的地位
◎ 理解厨房生产中厨师长的角色
◎ 明确厨房生产管理的基本任务
◎ 掌握厨房生产方式的演变与发展过程
◎ 充分理解厨房生产标准化的必由之路

本章导读

随着科学技术和生产力的发展,现代厨房生产已从传统的制作模式中走出来,厨房产品的设计也逐步形成了一套完整的产品控制体系。现代厨房管理是一项系统工程,把握厨房管理的地位、管理者的角色以及运作中的科学性将是从事厨房管理的前提。通过本章的学习,可以比较全面地了解现代厨房生产的特点、任务以及有效管理的要求,传统的模糊生产必将被标准化、规范化的现代厨房生产所取代,并逐步向简易化和营养化方向演进,这是新时代烹饪生产与技术进步的体现。

第一节 现代厨房及其生产

引导案例

2008北京奥运会,作为配套服务重要组成部分的奥运餐饮,其实就是一个规模巨大的派对。运动员的餐饮供应有其全球化的严格标准,一切服从于竞技目标。北京烤鸭、水饺、炒饭成为北京奥运会的招牌美食,全天候供应运动员。据介绍,烤鸭之所以能够入选,不仅仅是由于它的影响力,很重要的一点是它的标准化。如使用电动设备,就可以自动化生产。饺子和炒饭在烹制过程中可以工艺化和标准化,也可以批量地生产。不仅如此,这些食品还可以进行改良。一家著名的烤鸭店,就把招牌的烤鸭改良成"不卷葱、不加酱,连饼皮都像饺子皮大小"。另外,由于欧美人的口味有所不同,调味上应以微辣、微甜、微咸,一切都可以各国运动员的饮食喜好而作调整。

点评:现代厨房产品的生产已突破传统模糊化生产操作,正向标准化、规范化方向快速发展。

改革开放40多年来,中国餐饮业发生了翻天覆地的变化。进入21世纪以来,全国餐饮业的营业额每年都以15%左右的速度在递增,成为国内消费需求市场中增长幅度最高、发展速度最快的热门行业。而厨房生产也从原有的纯手工操作阶段进入了半手工、半机械化生产阶段。与过去相比,现代厨房设备由于广泛采用了新材料、新能源和新技术,使得厨房在环境卫生、劳动强度、能源灶具、饮食用具等方面都发生了巨大变化。厨房生产管理将向着人性化、科学化、标准化、程序化、规范化方向发展。随着人们饮食观念的不断改变和科学技术的日益发展,厨房进入现代化已成时代潮流和必然趋势,中国餐饮业的发展前景将是辉煌灿烂的。

一、现代厨房生产的地位

现代厨房生产管理,就是指厨房管理人员为了实现经营目标,根据经营规律和制度,对厨房各种资源(人员、原材料、能源、资金、设备、时间和程序等)进行科学的、有效的、全面的控制和管理以达到人尽其才、物尽其用的效果。其目的是全力保证菜品的质量,合理有效地控制和降低成本,最大限度地提高营业收入,完成企业的利润预算。

当今社会,人们在饭店管理得失、餐饮竞争强弱中,已不知不觉地把目光投向了厨房这块阵地,从各地区饭店的运作来说,厨房每天进出的都是成本和费用,稍有不慎,就会造成利润的浮动。对于饭店决策者来说,聘请一名合格的厨师长,也就成了工作的重点。厨师长也自然成了饭店的一个中心人物。

1. 厨房是饭店和餐饮企业的重要组成部分

厨房是饭店和餐饮企业不可分割的一部分,企业的发展有赖于厨房的建设与管理。这是因为,厨房生产的餐饮产品可反映出一家饭店的档次、风味特色和经营管理水平,同时也关系到饭店经营的成败。

饭店和餐饮企业提供的产品,一是服务,一是食品。而食品的来源主要就是从厨房这个生产基地制造的,菜品的质量高低、原料的使用状况、成本的控制情况等都与厨房生产有很大的关系,它标示着企业的经营与利润。纯餐饮的企业更依赖着厨房的生产;就综合性的饭店而言,餐饮收入占饭店总收入的30%~35%,餐饮经营好的饭店,餐饮收入可占饭店总收入的40%~45%。餐饮收入与客房收入、商场收入一起,被称为饭店营业收入的三大支柱。由此可见,厨房在饭店经营中占有非常重要的地位。

2. 厨房生产的变化可淡化行业经营的季节性差异

饭店、餐馆的经营一般随季节的变化,形成一定的淡旺季,如节假日、黄金周、春季、秋季相对比较繁忙,各地旅游客人多,婚宴市场火爆,厨房生产满负荷运转。而在相对清淡时节,厨房生产的设施和人员闲置较多。对于淡季,管理者要利用自身的技术力量或请外部力量,适时变化生产的品种,如举办创新菜比赛、安排一些美食节,推出名厨特选菜、每周特色菜,进行美食促销和风味食品展示活动等,以招揽更多的宾客。同时,还可以与其他饭店进行双向交流、交叉举办美食展示活动,以此调动顾客的进食欲望,使淡季的餐厅更加火爆兴旺。

3. 优质的菜品质量能扩大企业的声誉

优质菜品是一个饭店企业的招牌。在餐饮如此竞争激烈的形势下,如一些饭店片面地追求外部装潢、忽视对内部人员素质、技术设施和产品质量等方面的管理,这就很难在竞争中立足。对于餐饮企业来说,具有特色的风味和质量、清洁优雅的进餐环境、技术过硬的厨师队伍和精打细算的内部管理才能使得企业名声大振、顾客盈门。

一个好的企业只有苦练内功，从自身产品质量上下功夫，才能赢得社会和同行的赞誉。事实证明，有了良好的社会效益，才能有更多的经济效益，因此，要提高饭店的声誉，必须加强餐饮产品的管理。

4. 菜品质量和标准是由厨房生产与管理者的素质所决定的

现代企业管理者都已认识到，好的菜品质量是由好的组织、好的队伍共同结合而形成的。好的组织、好的队伍需要有好的厨房管理者，即厨师长，因此，厨师长是厨房工作的重要人物和核心人物。特别是现代出现的"包厨制"，往往一个承包人或厨师长带一班人，由于每个"组织"的境况不同，其经营效果是各不相同的。对于这种情况来说，一个厨师长就决定了一个企业的命运。

厨师长是厨房的重要角色，但假如有一个好的厨师长，而缺少一支好的人马，那他领导的这支队伍也很难服务到位，其结果也是可以想象的。一个企业，需要一支过硬的技术队伍，但更需要一名德才兼备、技术过硬、具有管理才能的厨房管理者。

二、现代厨房的不同类型

厨房可根据规模、餐别和功能等进行分类，通常有以下几种分类方法。

1. 按厨房的规模来分

（1）大型厨房。通常是指生产规模较大，能提供众多客人同时用餐的生产厨房。其场地面积较大，集中设计，统一管理，生产设备齐全，由多个不同功能的厨房或区域组合而成，各厨房或区域分工明确，协调一致，可承担大规模的生产出品工作，能适合各式菜点的制作。

（2）中型厨房。通常是指提供较多客人同时用餐的生产厨房。其场地面积、生产人员略少于大型厨房。大多将加工、生产与出品等集中设计、综合布局。

（3）小型厨房。通常是指提供较少客人同时用餐的生产厨房。小型厨房往往只提供一种餐别的菜点制作。大多将厨房各工种、岗位集中设计，综合布局设备，占用场地面积小，空间利用率高。

（4）超小型厨房。又称微型厨房，通常是指只提供简单食品制作，且场地小、生产人员也少的生产厨房。另外，在许多大企业中，设置小型厨房时多与其他厨房配套完成生产任务。

2. 按餐别来分

（1）中餐厨房。专指烹制中国式菜点的厨房。如粤菜厨房、川菜厨房、苏菜厨房、鲁菜厨房、宫廷菜厨房、清真厨房、素菜厨房等。

图1-1　整洁、清爽的中餐厨房

（2）西餐厨房。专指烹制西方欧、美等国家菜点的厨房。如法国菜厨房、俄国菜厨房、英国菜厨房、美国菜厨房、意大利菜厨房等。

图 1-2 干净、明亮的西餐厨房

(3) 其他餐别的厨房。如制作日本料理、巴西烧烤、泰国餐、阿拉伯餐等的厨房。

3. 按厨房的功能来分

(1) 加工厨房。主要负责各种烹饪原料的初步加工(宰杀、去毛、洗涤)、干货原料涨发、刀工处理等方面的工作。加工厨房在国内外一些饭店中又称之为主厨房,负责饭店各烹调厨房所需烹饪原料的加工。由于加工厨房每天的工作量较大,进出货物较多,垃圾和用水量也较多,因而许多饭店都将其设置在建筑物的底层,使各类货物出入方便,易于排污。

(2) 宴会厨房。主要负责各种宴会接待用餐的菜点制作。大多宾馆、饭店为保证宴会规格和档次,专门设置此类厨房。宴会厨房要同时负责各类大、小宴会厅和多功能厅的烹饪出品工作。

(3) 点菜厨房。又称零点厨房,主要负责零散客人的点菜用餐。点菜餐厅供顾客自行选择菜品,所提供的菜品品种相对较多,厨房准备工作量大,开餐期间较为繁忙,所需的空间、场地、设备较为宽敞,以便于生产制作和及时出品。

(4) 冷菜厨房。又称冷菜间,主要负责各式冷菜、冷盘的制作。冷菜厨房包括两个方面,一是加工烹制(如加工卤水、烧烤或腌制、烫拌冷菜等),一是切配装盘。后者是直接食用的部分,故对卫生和整个工作环境、温度要求较高,要求有两道门,需要有两次更衣的隔断封闭,以杜绝外来的污染对即食食品的危害。

(5) 面点厨房。又称点心间、白案间,西餐多称包饼房。主要负责各式点心、主食、甜食等的制作。由于生产用料的特殊性,可独立进行生产加工,并为饭店内各大小餐厅提供面点,有的饭店还承担巧克力小饼等的制作。

图 1-3 通透、雅致的咖啡厅厨房

(6) 快餐厨房。主要负责各式快餐食品的制作。快餐食品的生产相对于正餐食品制作具有制作速度快捷、工艺流程简化、标准配方生产、运用机械制作等特点,厨房内大多配备炒炉、油炸锅等便于快速烹调出品的设备。

(7) 咖啡厅厨房。主要负责向饭店内咖啡厅、酒吧等场所提供一些制作简单的食品。咖啡厅相对于扒房等高档西餐厅而言,实际上就是西餐快餐或简餐餐厅,经营的品种多为普通菜肴,甚至包括小吃和饮品。其设备配备相对较齐,可快速供应客人的餐食菜品。

(8) 烧烤厨房。专门用于加工制作烧烤类菜肴的厨房。如烤乳猪、烤鸭、叉烧等,由于加工制作工艺、加工时间、所用灶具不同以及成品特点不同,故需要配备专门的制作间。烧烤厨房室内的温度一般较高,其成品烧烤后多转交冷菜明档或冷菜间装盘出品。

(9) 扒房。主要提供一些高档西菜的制作。所提供的菜品多为正宗大菜和套餐,调制各种沙司,烹制煮、烩、焖、烤、扒各种肉类主菜;许多菜品往往是客前烹制,比如串烧、铁扒、甜品等。

(10) 主题餐厅厨房。主要指经营某一特色主题风格(餐厅)的厨房,其菜品风格都围绕某一特定的主题设计,如红楼餐厅、仿宋餐厅等。厨房所使用的设备、档次都与主题风格菜品制作相吻合,如烧烤餐厅,厨房设备都以烧烤炉具为主体。

图 1-4 风味独特的烧烤厨房

三、厨师长的领军角色

1. 有效地指导和出色地管理

作为厨房生产管理者,其重要工作就是要把饭店经营的意图传达到员工基层,做好各部门之间的协调,努力完成企业的经营指标,狠抓食品制作质量,严格进行成本的控制和管理。

厨房管理是一个完善的组织,要使内部畅通无阻就要像行驶中的汽车一样,各机件性能良好,就要做到最基本的上通下达、互相协调。厨师长在厨房中最重要的工作不是每天烧几个拿手菜,而是像"润滑油",靠自己的努力和智慧,使每个环节咬合紧密,毫无滞碍。如果厨房中出现了问题,不是把员工和某一主管训斥一顿,而是要尽心尽职了解情况,然后尽自己的力量为其"扫清障碍""排忧解难",以使他的正确管理方式得以推行。

厨房的技术人员较多,在分配上,对企业有贡献的人与没有贡献的人要拉大差距;厨师长要有营销意识,并指导全体厨房员工学会销售,以增加营业收入。在菜品制作方面,应始终如一地按照产品的标准进行生产。对产品及时进行监督和评估以确保质量符合标准,对员工进行培训以便执行这些质量标准程序。质量标准必须通过标准食谱、采购说明书和适当的工具与设备贯穿于食品的生产过程之中。

2. 不断收集餐饮商情,谋定经营策略

服装有时装,菜肴也有时兴,厨师长要把握好这个变化。根据变化,要及时掌握和了解餐饮市场需求资讯,根据市场需求及时开发和研制新菜,以适应和满足目标顾客的需求。厨师长要有对时事的敏感性,嗅觉要灵敏,发现新东西要主动出击和了解,要有一种诗人的激情,要及时地了解市场信息,把握客人的需求动向,绝不能对事物漠不关心,所以,厨师长感情要充沛、想象要丰富,对饮食健康方面也应有更多的留意。

美国管理专家奈米尔博士认为:餐厅经营要"从顾客的角度审视经营"。餐饮经理和厨师长应始终关注顾客,虽然这一点相对来说容易理解,但有时也会发生忽视顾客的现象,因

为其他管理问题会对此产生一些干扰,诸如:"价格问题""员工的不满情绪""经营者的兴趣"等等。

现在菜品的营养与卫生需求越来越引起人们的广泛关注。在食品制作中,应注意糖分、盐分量的控制,不同年龄的人口味需要也不同。过去能把肚子填饱就不错了,但随着生活水平的提高,人们对饮食营养与卫生的要求越来越高了。有些餐厅,菜单上都标明每个菜的热量,并注意烹调器具的卫生。这也是值得我们去推广和运用的。

3. 在竞争中知己知彼,控制好"盈利点"

当前餐饮市场的竞争已更加的白热化,厨房的经营与管理已越来越成为餐饮店家竞争的焦点。厨房管好,就是要增加利润。必须把"盈利点"牢牢控制在手中。厨房管理不是只盯着"毛利率",这是远远不够的。生意红火而赚钱少或不赚钱的企业大有人在。我们要抓"盈利点",抓纯利润。"盈利点"是指经营中的某一方面,如果处理得好,则可以增加利润,如果处理得不好,则利润将会减少。一般而言,在餐饮经营中,有九大盈利点,即菜单的设计、采购活动、货物的接收、货物的储藏、原料的使用、烹饪准备、烹饪、服务、收银。

菜单是整个餐饮的中心枢纽,其他所有活动都围绕它而开展,因此认真设计菜单对于餐饮经营而言至关重要。菜单上的每道菜应交叉使用原料,以便将库存减至最低。

在菜单设计时,厨师长必须做到不仅要考虑顾客至上,也要考虑餐饮经营的财务目标。当餐饮产品的标准成本确立以后,管理人员可以知道制作每一种菜肴所应支出的成本。管理人员了解到标准食谱能够制作出的标准份额的具体数量时,就可以减少备料过多或过少的情况。

4. 吸收新知识,应用新技术

在西方发达国家,将计算机广泛应用于餐饮管理之中。如利用菜单管理软件以回答问题方式帮助管理人员设计菜单、为菜单定价、评估菜单。餐饮计算机系统服务可以提供及时的信息,管理人员可运用这些信息有效地制订计划,提供高效的服务,了解分析经营效果。

应用食谱管理软件是餐饮经营较好的方法。目前,国内许多餐馆、饭店都使用电脑食谱,鼠标一点,各类食谱尽显眼前。食谱管理软件中包含有两个最重要的文档,这两个文档都用于餐饮服务电脑配料系统:一个是配料文档,另一个是标准食谱文档。许多其他类型的管理软件必须能够共享这些文档中的数据,这样可为管理人员生成特别的报告。

未来技术的发展将给厨房管理中的采购、验收、存货、发放管理控制带来众多令人振奋的方法。应用电脑网络已经成为一些餐饮经理和厨房管理人员主要的经营手段。他们愈来愈多地应用网络进行业务交易,电子商务带来的影响已经极大地改变了餐饮服务业的经营方式。

采购活动只是一个例子而已。餐饮服务企业可以通过电子链接与供应商共享产品信息、采购说明书以及价格等方面的信息,这种信息是一般的印刷品(或者面对面与持有过期资料的供应商代表交谈)所无法提供的。另外,网络采购可使供应商为可选择的客户定做产品,并且可以极大地缩短餐饮服务企业寻找货源的时间。这些努力可降低流水线式的经营成本,如存货、清点、验收等。

第二节 现代厨房生产与管理的演变

引导案例

纽约默瑟大酒店厨房设计师耗资200万美元设计改造了具有开放式厨房的餐厅。他受到意大利厨房的特色的影响,将一个开放式的厨房设置在具有艺术氛围的大餐厅中。整个食品加工和厨艺程式好似编排芭蕾舞剧一样,井然有序。厨房的烹调部和食用材料准备部分布于可容150个餐位的大厅之中。放置待加工的蚝、虾和生鱼片等海鲜品柜台摆在大厅的一角。放置各式色拉的柜台则分别置于各餐桌之间。以烹调部为中心摆着三排餐桌,从那里可以看清整个餐厅。厨师长掌握整个餐厅的动态,根据客人点菜单及时向厨师们和工作人员指派任务。由于厨房是开放式的,客人能清楚地观察整个操作过程,这已引起许多客人的兴趣。厨师和工作人员的一举一动都受到客人的注意,所以清洁卫生是头等重要的。餐厅鼓励客人与厨师对话,让他们观看操作技艺,并接受客人的询问。采取开放式厨房可以使厨师和管理人员及时而直接地了解客人的意见(无论是看到或听到的)。这对改进餐厅工作大有好处。当厨师们听到客人当面说声"谢谢",那将是最大的奖励。

点评:透明的厨房已成为现代国际厨房设计的主要潮流。

厨房管理是整个饭店、餐饮企业管理中的一个重点和难点,尽管它属于后台岗位,但是其产品的质量好坏,对企业的影响很大,加之厨房工作人员都是一些技术人员较集中的地方,对于管理来说,实质就是由一个或更多的人来协调其他人的活动,以便收到个人单独活动所不能收到的效果而进行的各种活动。由此,管理的中心工作是人。特别是饭店、餐饮企业中的厨房,人员密集,而且通常是依靠人的手工操作为主,因此,根据厨房生产的特点,加强厨房的管理是至关重要的。

一、现代厨房生产与管理的要求

随着当代企业趋于国际化发展,厨房生产也应该转换经营思想、经营理念,把先进的管理思想、管理方法和管理手段与我国长期积累的管理经验结合起来,为餐饮经营、厨房管理架起一道桥梁,为餐饮企业完全面向市场进行公平竞争提供保证。唤起科学管理的新思路,去武装我们的厨房技术人员。厨房管理者在新的思路指导下,不断除旧布新,使菜点在营养、卫生、口味、质量方面符合国际标准,从而建立起管理有序、技术高强、具有竞争能力的厨师队伍。

1. 设置组织机构与制定管理制度

设置厨房组织机构和制定管理制度是实现厨房的经济指标和目标管理的根本保证。厨房组织机构科学合理与否,关系到生产方式和完成生产任务的能力,影响到工作的效率、产品的质量、信息的沟通和职责的履行。设置合理的厨房组织机构,保证厨房所有工作和任务都得以分工落实,明确厨房各岗位、各工种的职能,确定员工的岗位和职责,明确各部门的生产范围及其协调关系，才能有利于厨房管理工作有效实施和有序开展。

不同的组织机构需要有不同的制度规范，这是企业成功的基础。政策制度是维护厨房生产秩序所必需的基本制度，它既要保护大部分员工的正当权益，又要约束少数人员的不自觉行为，因此，制定适宜的政策制度对厨房管理是十分必要的。

制度就如同"开水炉"，既要严格，又要具体，对于任何人都应一视同仁，因此，在制定时必须慎重和切实可行。管理者必须根据本企业的性质、等级、管理模式、生产特点和员工的基本素质等实际情况，具体制定本厨房的各项制度。制定制度的目的在于执行。如果制度本身不切合实际，照抄别人的那一套，这样即使制度定了一大堆，而员工却无法执行，那么这些规章制度也只能是废纸一堆。

制度也并不是只罚不奖，只对企业和业主有利，很多企业所定的制度是奖少罚多，很难调动员工的工作积极性。对于企业和投资者来说，要关心员工，稳定队伍，必须建立、制定各项有利于稳定员工的政策，让员工踏实、安心地为本企业服务，使他们有安全感、归宿感。这样做也有利于企业自身利益。制定的制度要规范，应简明易懂，有针对性，便于理解和执行。

2. 合理安排业务流程

厨房的业务流程，指餐饮产品加工过程中的各道工序的划分和各个工种之间的密切配合。合理地安排业务流程，是保证餐饮产品生产顺利进行、提高工作效率和产品质量的基础。因此，厨房产品的生产管理应根据其自然属性，在合理分工的基础上，进行科学的组织。

厨房业务流程主要包括三大环节，即食品原料的加工程序、菜肴的切配程序和菜肴的烹调程序。

食品原料的加工程序，包括原材料的初加工和细加工。这一过程中的基本要求在于不断提高员工熟练运用刀工、刀法技巧，掌握各种操作的基本要求和各原料品种加工的标准。

菜肴的切配程序，直接影响着厨房菜肴制作时的成本高低。它虽然没有刀工、刀法的技术要求，但是在这一环节中质和量的掌握却至关重要。工作人员必须按标准食谱进行操作，统一用料标准，并加强岗位间的监督、检查，以保障菜品的质量。

菜肴的烹调程序，是最终确定菜肴色、香、味、形的关键。这一流程，对员工的操作规范、制作数量、出菜速度、出菜温度和装盘造型，都应该有明确的要求。开餐期间，尤其要加强对炉灶烹调岗位的现场督导，以确保烹调出的每个菜品都符合技术要求。

3. 提供必备的生产条件

好的菜品质量是以科学合理的设备设施和舒适的厨房环境为基本条件的。厨房内部环境不仅直接影响厨房工作人员的生活、健康状况，也会影响到食品原料的储藏与烹调。构建一个科学的、人性化的、良好的厨房工作环境可以最大限度地发挥员工的工作积极性，提高其工作效率和产品品质。

厨房是企业生产食物产品的部门，在采购、餐厅和工程等部门的密切配合下，负责将各类食品原料经过科学的艺术加工和生产，从而烹制出具有一定风味特色的各种菜肴。

要保证菜品的质量，就必须提供相应的环境和条件，以保证各项生产工作顺利进行。

（1）厨房的设计布局要尽可能合理，以提供最有效的利用空间，符合人体生理运动的设计，方便厨房员工的生产操作；

(2) 确保员工的作业环境透气、卫生和安全,使厨房有一个良好的舒适环境,提高员工的工作积极性;

(3) 原料的采供渠道要畅通,货源要有保障,质量、价格要符合要求,生产操作与出品流程要畅通便利;

(4) 厨房产品的服务销售要与生产紧密衔接,保证成品及时用于消费,并保持一定的服务规格水准。

对厨房的大小、环境要充分考虑到经营目标、经营方式、服务方式、顾客人数、营业时间、未来需求趋势和产量增加等问题,同时还包括品质的标准及整体的投资情况。另外,经营者要充分认识到良好的工作环境对生产的极端重要性,切不要为了节省投资而对以后的经营造成难以弥补的缺陷。

4. 倡导科学、健康的生产观

随着知识经济的到来,人们的环保意识日益增强,可持续发展战略已成为世界各国的共识。倡导科学、健康的饮食已成为现代人们生活的主要方向。在厨房生产与经营过程中应主抓原料供应,杜绝不合格的食品原料,使用无污染、安全、优质、营养类的食品原料。在选择食品原料时,首先应考虑的是安全和健康,反之,在生产和技术加工过程中使用有化学合成的肥料、农药、兽药、动植物生长调节剂、禽畜和水产养殖饲料添加剂和其他有害于环境和人体健康的物质原料,就必然危害人们的安全与健康。其次,杜绝提供野生动物菜肴,真正达到绿色餐饮的标准。因此,作为现代餐饮经营应严把原料这一关,用绿色食品来不断创新菜点,为广大消费者提供更多、更好、更有营养的健康菜品。

厨房在烹饪加工过程中,坚持清洁卫生、防止原料之间相互污染和烹饪原料的合理使用以及边角原料的开发利用,使制作的成品达到食用的要求,符合食品卫生标准的要求和绿色餐饮的要求。如,遵循人体最佳营养结构的标准,根据不同季节、不同年龄段、不同性别的特点开发营养保健养生菜品;遵循制作简便、上菜迅速、经济实惠、滋味鲜美、特色浓郁的标准来开发菜肴,摆脱某些造型菜、精雕细刻的象形菜的老套路;按照企业的菜品制作标准,利用粗粮细做、废物利用的原则,充分发挥技术专长,开发新菜品。

二、现代厨房管理的主要任务

餐饮生产要获得成功,良好的管理是基本要素。优质的餐饮产品生产,不仅仅是凭借优质的烹饪原料和高超的烹饪技艺,因为这只是搞好生产的基本条件;只有科学的管理才是餐饮生产获得成功的保证,才能使餐饮得以高效、顺利地运转。

1. 运用科学管理方法,加强厨房生产与运转管理

厨房管理应围绕饭店、餐饮企业的总体管理思路,与整个企业步调一致。运用科学管理的方法,在厨房生产中,向标准化、规范化的操作方向发展,并做到管理制度化,提倡任人唯贤、奖勤罚懒的原则。

在饭店厨房的运转管理中,将企业的软、硬件进行有机的组合搭配,随时协调、检查、控制、督导厨房生产全过程,保证企业各项工作规范和工作标准得以贯彻执行。各岗位职责分明,发挥各层管理者的作用,各司其职,发现问题,及时纠正。

生产并及时提供各种风味纯正、品质优良的菜品,保证厨房各班组按时、正常开餐。

2. 建立健全岗位责任制，充分调动员工的积极性

健全各项规章制度，是厨房管理成败的根本保证。企业所制定的各项规章制度必须是切实可行的，它可以使每一个岗位的生产人员明确自己的职责和具体的任务，以保证各项工作按标准、按程序、按规格进行。

运用人性化管理，配合经济的、法律的、行政的各种手段和方式，激发员工的工作热情，充分调动员工的工作积极性，是厨房管理的重要任务。

员工积极性调动起来了，工作效率就可以提高了，产品的质量就更加有保障；关心集体、爱岗敬业，对技术精益求精的风尚和精神就可能形成并发扬光大。相反，则为厨房的生产和管理留下种种隐患，企业的发展和进步就变得举步维艰。

3. 合理组织人力，设立高效的生产运转系统

合理组织人力，也就是说要量才使用，人尽其才，充分挖掘潜力，调动员工的工作积极性。岗位职责要分明，发挥厨房管理者的作用，各司其职，鼓励和帮助员工发挥特长，以便提高菜点和服务的质量。

厨房生产管理要为整个餐饮部门设立一个科学的、精练的、确有成效的生产运转系统。这既包括人员的配备、组织管理层次的设置、信息的传递、质量的监控等，软件方面要经济、优质和快捷，同时还包括厨房生产流程、加工制作及出品要省时、便利，并维护较高的规格水准。

4. 满足顾客需求，保障菜品的出品质量

厨房在生产运作中，必须对其供应的菜点提供品质保证。从厨房管理的内容来说，提供能满足顾客所需要的优质菜点是企业管理最基本的任务，也是最重要的任务之一。要想满足顾客饮食需要，首先要及时掌握客情，搞好市场需求调查、资料的收集和分析。掌握不同国家、不同地区、不同民族、不同信仰、不同职业、不同年龄和性别、不同经济收入水平的客人的饮食需要，有针对性地设计菜单和制作菜点，这将能收到事半功倍的效果。

菜点品质是指提供给客人的菜点应该无毒、无害、卫生、营养、芳香可口且易于消化；菜点的色、香、味、形俱佳；菜点的温度、质地适口，客人用餐后能得到满足。菜点出品品质是企业的生命，菜点品质的高低好坏，直接反映了厨房生产水平和厨师的技术水平高低，还将影响到企业的声誉和形象。因而，厨房管理的重点是要对厨房生产进行严格的质量控制，建立一套完整的菜点品质标准，为菜点生产提供足够的品质保障。

与此同时，应根据本地区的土特产原料、本厨房的技术力量和厨房设备、本地区风味特点，努力发挥企业自身的优势，不断改进生产流程，提高烹饪技艺，在烹饪技艺和风格特色上下功夫，形成品质优良并富有一定特色的饮食风格，以此来吸引顾客，提高企业的知名度。

5. 利用厨房空间，科学设计厨房布局

厨房不同于饭店的其他部门，它是生产食品的地方。许多设计规划人员因不懂得厨房操作的具体情况，在规划设计中常常给厨房生产带来很多麻烦。另外，因建筑设计的需要，许多厨房的形状、面积都有很多差异，因此，根据本企业的具体经营情况和风味特点的需要，厨房人员有必要对现有场所进行必要的布局和设计安排。

充分利用厨房的现有空间去设计、布局，这也是厨房工作人员的分内之事。厨房设计布局科学合理，则为正常的厨房加工生产带来很大便利，从而可节省一定的人力和物力，为

厨房生产的出品质量也起到了一定的保障作用;反之,不仅增大设备投资,浪费人力、物力,而且还为厨房的卫生、安全以及出品的速度和质量留下事故隐患和诸多不便。因此,厨房管理者应积极参与,提出设计方案,为厨房生产创造良好的工作环境。

6. 有效控制厨房生产成本

任何一家饭店、餐饮企业的管理者都应依照企业成本核算和成本控制制度,从各个环节把关,最大限度地为企业降低消耗、提高效率。

成本的高低直接影响到企业菜点的定价。厨房菜品价格的高低,也直接关系到顾客的消费利益,这是客人反映最强烈的问题。价格优势又是餐饮企业确立竞争优势的一个非常重要的因素。它直接关系到企业的生存与危机,这也是上级管理者最为关切的问题。

要控制好成本,必须在菜点的生产过程中,坚持标准化、规格化生产,严格按标准菜谱的要求进行操作。厨房生产的成本控制应从多方面着手来抓。首先,要进行菜单的定价控制和原材料的控制(采购、验收、保管、领料、发放);其次,要狠抓烹饪生产流程的控制(加工、切配、烹调、装盘);第三,要控制菜点的成品销售环节。只有层层控制,才能保证菜点的质量和数量,保证菜点生产的获利。

另外,还必须建立和健全菜点质量分析档案,开展经营活动分析,发现问题,及时采取措施予以处理。只有这样,才能在保证菜点质量的前提下,减少消耗,降低成本,增强企业的竞争能力。

7. 加强人员技术培训,不断研发新工艺、新菜品

过去行业流行这样一句话,叫做"师傅带进门,造化靠个人"。这种厨艺摸索的时间太长,如何缩短员工的摸索期,使他们更快地掌握熟练的操作技能,只有靠培训,才能不断提高员工的操作技能和观念思路。

通过培训来传达新的餐饮信息,使他们知道,现在流行什么,应该怎么去做。只有这样,才能保证厨师技能不断提高,才能保持足够的竞争力。在加强培训的同时,还应该注意激发员工的创造力,发挥厨房人员的工作积极性和创造性,不断推陈出新。这样既达到了培训的目的,同时也不断给客人带来新菜式的享受,从而保证了客源,保证了企业的营业额。

但是,企业培训一定要克服"近亲繁殖"带来的弊端,要从有利于企业的长远发展考虑,开阔厨师的视野,提高他们的职业道德水平,加强和完善他们为企业工作的业务能力,培养他们爱岗、爱企业的责任心,使他们在企业中有归宿感和成就感。

现代餐饮经营管理的一个不可忽视的问题,就是要求对餐饮产品的不断更新。这是现代餐饮市场竞争的结果,也是所有餐饮工作者日常工作中的一项基本内容。作为管理者,首先要带头执行并订立菜品研发制度,做到制度在先,或定期召开创新菜碰头会,及时发掘广大烹调师的聪明才智和制作灵感。

菜品创新也是现代饭店、餐饮企业竞争、获取利润的一个砝码。菜品的研发,必须根据企业的具体情况,依据企业的战略开发规划,根据餐厅菜点经营状况和市场客户调查,定期完成菜点开发责任指标,不断地改进并提升产品形象,经常给顾客提供新颖、新鲜和美味的菜点,以吸引新老客户,特别是回头客。

8. 努力完成企业规定的各项任务指标

厨房管理在厨师长的带领之下,能够积极地为企业的大政方针共同出谋划策,在企业

从事工作的所有人员,通过培训能够更深地领悟本企业经营宗旨、经营指标、菜品风格和菜品创新的思路,能够更好地建立起对企业的忠诚,发扬光大本企业的精神和文化。厨房、餐厅作为饭店、餐饮企业的一个重要组成部分,理应承担企业下达和规定的有关任务和指标,以保证企业整体计划的实现。

厨房是饭店、餐饮企业唯一的食物产品生产部门,企业为创造自身形象,维护消费者利益,扩大餐饮收益,自然要为其规定一定的任务及考核指标。如完成企业规定的营业创收指标;实现企业规定的毛利及净利指标;达到企业规定的成本控制指标;符合企业及卫生防疫部门规定的卫生指标;达到企业规定的菜点质量指标;完成企业规定的菜品创新、促销活动指标;完成企业规定的人员培训及发展指标等。

三、现代厨房生产方式的演变

对外开放的东风号角让烹饪行业最早走向了国际市场,随着开放的不断深入,中国的烹调师不断地走出国门,外国的饮食方式也不断地涌进了我们的市场。中国传统的烹调技术在外来饮食之风和烹饪技法的影响下,也在潜移默化地发生着变化。

进入21世纪以来,国内许多餐饮企业的烹饪生产在传统制作的基础上,已涌现出许多新的变化,展现出新时代的风采,如将菜品的制作用统一的数据和控制参数进行标准化、规范化的操作,以保持菜品生产规格的一致性;菜品的生产已逐步向简易化方向演进;营养意识已逐步走进餐厅并走入寻常百姓家庭等等,这是新时代厨房生产与技术进步的体现,是时代发展之必然。

1. 菜肴品种开始向标准化靠拢

我国传统的烹调生产是以手工操作为主,多少年来都几乎是在没有任何量化标准的环境中运行的,产品的配份、数量、烹制等都是凭借厨师的经验进行的,有相当的盲目性、随意性和模糊性,影响了菜品质量的稳定性,也妨碍了厨房生产的有效管理。近20年来,国内许多企业在厨房生产中,对菜品质量的各项运行指标预先设计了质量标准并根据标准进行工作,在厨房实现生产标准化和管理标准化,使厨房生产进入了标准化生产的运行轨道,在不同时间的同一菜品中,都会出现始终如一的质量稳定的同一标准。这不仅方便了生产管理,也是对消费者的高度负责。

如果没有相对固定的质量标准,就难以保证产品的质量、体现独特的菜品风格。厨房生产标准化的制定,是以标准食谱的形式表示出来,规定了单位产品的标准配料、配伍量、标准的烹调方法和工艺流程、使用的工具和设备,这就保证了菜品质量的稳定性。在生产中由于对各项指标都进行了规定,使厨师的工作有了标准,即使重复运行的技术环节,也会因为标准统一而减少失误和差错,为厨房生产步入了质量稳定的轨道。

2. 调味方式逐渐向统一预制转变

菜品质量的重要标准之一是味道,顾客对菜品的感觉最深刻的、最直接的也是菜品的味道。在传统手工操作方式中,原料质量和人为因素互为影响变化,使调味容易产生偏离,时好时坏,尤其是在营业高峰期间的出品,味道不稳定已成为一个通病。所以,人们在摸索怎样从技术上保证调味的稳定?"调味酱汁化"的施行,即是从西餐中拿来经由粤菜率先运用的,它将常用味型的调味品按标准方法配兑成统一的调味汁、酱,在生产过程中,由专人按分量统一配制,以确保口味的一致性,并且方便成菜、快速烹调。

酱汁调制的定量化,使每一种酱汁根据不同的需要确定不同的配方。调制有相对固定的程序,由于每一种菜品都有固定的分量,只要掌握使用好分量,就能保证味道的稳定。这种酱汁定量化的调制方式,不仅保证了菜品味道的稳定,而且可提高工作效率,在烹制菜肴时方便快捷。

3. 烹饪工艺开始趋向操作简便为主体

中国烹饪技术精细微妙,菜品丰富多彩,烹调方法之多、之精在世界上是首屈一指的,但许多明智的人也意识到,在为中国烹调自豪的同时,也有些忧虑,这就是许多菜品烹调环节繁杂,时间过长,与现代社会节奏和时代要求渐见矛盾。解决这一问题的最佳选择就是简化烹调工艺流程。

新中国建立以后,特别是近20多年来,中国菜的制作发生了一系列变化,随着社会的进步,人们更需要那些美味可口、营养丰富、简便快捷的菜肴,加之烹饪食品机械的应用、快节奏的生活方式的需要、食品卫生与营养的苛求,厨房的菜品烹调开始避开了那些费时的、繁复的加工过程和烹调方法。对于那些需要10多道工序、要花几小时才能完成的菜肴都渐渐远离而去。因为加热时间过长,营养损失就多;工序多、操作复杂,不仅很难保证菜品的质量,而且影响烹饪生产的工作效率。随之而来的是一些既方便又可口、既美观又保健的菜肴被广大顾客和经营者所钟爱。随着厨房用工的减少和工人小时工资的增加,那些费工费时、得不偿失的菜肴在餐饮销售时被人们所忘却而弃之,特别是受西式方便食品和快速烹调制作方法的影响,人们已不再愿意象以前一样长时间地排队等着吃,这也是时代发展的结果。而那些体现烹饪之绝技的菜品只有在特殊的场合才偶尔用之。

4. 菜品特色由重视口味转而更加重视其营养

自古以来,中国五味调和的烹饪术旨在追求美味,由于我们最重视味道,所以当我们品尝了一道菜时,都会异口同声地说:"味道好极了!"由于中国菜过分强调了味,在加工烹饪时常常忽视了食品的安全、卫生与热油炸和长时间的文火攻,这都使菜肴的食用价值和营养成分被破坏。西方饮食以营养为准则,进食有如为一生物的机器添加燃料。尽管我们讲究食疗、食补、食养,重视以饮食来养生强身,但我们的烹调术却以追求美味为第一要求,致使许多营养成分损失于加工过程中。西方的营养学比中国的食疗、食养学说晚了不知多少个世纪,但如今,人们已开始重视它的价值,从餐饮业的配膳到家庭的饮食,人们也开始讲究食物的营养价值。在餐厅,有不同形式的营养套餐、营养菜品,以满足不同消费者的需求。在食物的制作中,口味习惯也由过去的香咸、咸辣、甜香型渐趋清淡型,从过去的"油多不坏菜"观念开始向"油多也坏菜"的意识转变。

科学设计菜单已经成为现代烹饪工作者的重要任务。近10多年来,人们对营养的需求更加强烈,许多企业已意识到根据不同客人的生理特点合理配膳;餐厅的菜单除了在菜单中标注食物名称和价格外,也开始标明食物中各种营养物质参数、所食热量及脂肪等方面的信息,以便消费者在点菜时各取所需。

5. 厨房设备的不断变化与提升

走进现代的厨房,各种机械设备与过去相比,已发生了翻天覆地的变化。传统的厨房工作,基本上依赖于烹调师的手工操作,饭菜味道由烹调师的手艺高低来决定。而现代厨房把繁重的手工劳动交给机械设备来完成。目前应用广泛的设备有用于面食加工方面的,如拌面机、和面机、饺子机、揉圆机、馒头机、切面机等;用于菜肴加工方面的,如土豆去皮机、打蛋机、搅拌机、切肉机；用于烹调制作方面的，如蒸箱、烘烤系列设备等。采用机械设备彻底把厨师从单调的手工劳动中解放出来，使人们有精力在加工技术和菜品创新上积极探索，创造出不同凡响的品牌风味来，这也是现代餐饮发展的趋势。

发达国家的厨房设备、用品在现有的电子化基础上已朝着高技术化、多功能化、综合化、节能化、智能化、实用化、小型化、装饰化等方面发展。现代厨房大量地运用高新技术和新技术产品，如微波加热、电磁加热、超声波乳化等物理技术，用于自动化操作设备的数控电控技术，电脑CAD技术等多媒体技术手段。再如滤污防燃的远水烟罩，它除了具有一般的排抽油烟作用以外，还可以对所抽油烟进行过滤吸收，既避免了厨房中的油烟废气污染环境，又消除了油烟在排烟管道上黏附易造成的火灾隐患。随着科学技术的日新月异，应用到厨房中的新技术产品将会更加丰富多彩。

6. 中心厨房的集中生产保证了菜品的制作质量

随着科学技术和生产力的发展，食品机械加工大量地走进了现代化的厨房。在传统手工操作的基础上，半机械、机械和自动化机械生产成为当今厨房生产、加工的主要特色。受西方快餐公司中心厨房生产的影响，饭店利用中心厨房的生产加工使烹饪操作规模化、规范化、标准化，既减轻了手工烹饪繁重的体力劳动，又使大批量的食品品质更加稳定。如今，国内的大型旅游饭店、社会连锁餐饮，都已陆续地使用中心厨房的操作方式。许多大饭店以及一些连锁餐饮企业，已在厨房里或另设一个"原料加工中心"，加工者由专职人员负责，加上几名厨师共同组成，他们将饭店各大大小小的厨房原料加工的工作全部承担包干，每天统一备货生产、统一领料、配发，这样既节省了各厨房的生产时间、减少了各岗位加工人员，统一了规格、保证了质量、降低了损耗，也方便了厨房的内部管理。

从肯德基的成功之道可以看到，烹饪工业化程度决定着餐饮业发展的规模。肯德基采用了电控技术和压力锅技术，它保证所有的产品都有同样的口感。其工业化设备对产品所需的温度、火候等因素把握得毫厘不差。各餐饮企业烹饪的标准化生产，已成为各地餐饮企业的生产方向。

7. 宴会菜单的数目随着宴会层次的提高而逐渐减少

由古以来，我国宴会菜品崇尚奢华，讲究原料名贵，菜品的数量多多益善，没有科学根据，而是根据传统习惯来安排。改革开放以后，在讲究合理配膳、反对暴食暴饮以后，我国各地宴席的菜点安排基本上依循去繁就简、多样统一、量少精作的原则制定宴会格局。在全国各地的饭店、餐馆的经营中，往往价位低的普通筵席，菜品的数量偏多，这是符合许多老百姓的消费心理——讲排场、好面子，多多益善，无论是婚宴、寿宴和一般请客，人们都希望餐桌上堆满了菜品，以满足人们丰盛的心理需要（尽管菜品价格不贵，但浪费也较多，实在不足取）。相对于高档次的标准接待，由于就餐人员素质相对较高，订菜价位又较高，利用高档原材料比较多，食用者往往以交际、享乐为主，他们并不注重满桌菜品的相堆叠（因其没有档次和品位），而是实行分餐制，每人一份，吃一盘清理一盘，以"吃饱"为度。高档原料菜1~2道，配上几道蔬菜和粗粮杂粮，即是营养价值丰富的菜品，足矣！

高档的宴请活动，菜品的数量不在其多，而在其精；接待菜品不在其多，而在其雅。在接待过程中，经营者应考虑和注重宾客食量的需要，从营养平衡、分餐进食的方向去设计布局。在酒水运用上，鲜果汁、葡萄酒、矿泉水等备受顾客青睐，而传统的烈性酒在许多高档的餐饮场所逐渐被顾客敬而远之。

8. 对餐具的要求更注重品位和特色

一盘美味可口的佳肴,配上精美得体的器具,可使整盘菜肴熠熠生辉,给人留下难忘的印象。在饮食发展中,美食总是伴随着社会的进步、烹饪技术的发展而趋丰富,美器则是伴随着美食的不断涌现、科学文化艺术的繁盛而日臻多姿多彩的。如果从文化、艺术和美学的角度考察,美食与美器的匹配是有着一定的规律和特色的。它既是一肴一碗与一碗一盘之间的和谐,又是一席肴馔与一席餐具器皿之间的和谐。

而今的餐具从其质料来看,有华贵的镀金、镀银餐具,光芒四射,银光闪闪,体现其规格、档次和豪华风格;有别具特色的大理石作盛装器具,色彩斑斓、纹理美观、光滑锃亮;有现代风格的不锈钢食器,由小到大,风格多样,款式新颖;有反射效果极佳的镜子等大型盛器,在各种宴会和自助餐场合,立体感观好,在灯光的照耀下,食与器产生强烈的感染力;有取材简易、造型别致,经过艺术处理的竹、木、漆器作食器,朴实而雅致,天然而绚丽;有传统的陶器、瓷器,其做工精良,釉彩光亮,色调鲜艳,花样别致,造型新奇,艺术效果较好。就其风格来说,有古典的、现代的、传统的、乡村的、西洋的等多种特色。

各种异形餐具不断发展,如吊锅、石锅的运用;炖盅的演变也更加丰富多彩,在造型上有无盖和有盖的盅,并有南瓜型汤盅、花生型汤盅、橘子型汤盅等,在特质上有汽锅型汤盅、竹筒汤盅、椰壳汤盅、瓷质汤盅、砂陶汤盅等,以及"烛光炖盅",上面是炖盅菜品,下面点燃蜡烛,既起保温作用,又起点缀作用,增加了就餐情趣。

第三节 现代厨房生产与加工的革新

引导案例

山东某酒店集团厨务部中心厨房成立后,厨务部在不断探索中进行了一场根本性的变革:一个为集团4家酒店提供厨房服务、为酒店优化厨房结构提供支持和保障的厨房加工中心机构诞生了。

据厨房加工中心负责人介绍,该机构现有人员18人,其中厨师3人,厨工8人,设有热菜部、凉菜部、卤水部、浸发部。在保质、保量地满足4家酒店统一菜品、预制菜品供应的同时,他们还在新菜品的研制开发、厨艺培训和技术交流等方面进行了大胆的尝试。在4台七灶明炉、4个煤炉的中心厨房,根据企业所需,目前已拥有固定生产梅菜扣肉、蟹肉狮子头、红烧乳鸽、蒜香鸡、金牌蒜香骨、盐焗凤翅等10余道热菜及20余道凉菜的能力。酒店所销售的卤水制品有80%的用量来自于卤水部;浸发部则负责向酒店提供水发海参、水发鲍鱼、海螺汁、脆皮汁及烹制鱼类的各种浇汁。

在中心厨房的生产制作中,都是标准化、计量化、工艺化的菜品生产过程,100克的狮子头逐个都要上秤称,水发海参绝对是用纯净水。《中心厨房一日工作总结》《中心厨房配送新菜品通知单》《中心厨房菜品说明》等规定,已成为厨房质量工作的切实保证。在新菜品研制、厨艺培训、交流方面也有许多规定和措施,以确保不同原料的利用和出新。

点评:成立中心厨房不仅使菜品质量得到充分的保证,而且也合理地利用了原材料,减少了分散加工的人员浪费。

厨房生产的任何产品都是要经过很多工序制作完成的。炉、案、碟、点，岗位不同，其生产工艺流程也是千差万别。如何把握生产加工这个关键，目前成为不少饭店的厨房管理者所关心的热点。因为这一工作是整个厨房生产制作的基础，其加工品的规格质量和出品时效对以下阶段的厨房生产将会产生直接影响。除此之外，加工质量还决定原料出净率的高低，对产品的成本控制亦有较大关系。

一、厨房生产的革新与发展

现代厨房生产已随着社会的发展而不断地突飞猛进。以烹饪食物的方式来说，由于生产力的发展，烹饪食物并不仅限于在炉灶上的手工操作，不少菜品，特别是可以作为主食、副食兼用的某些菜肴、点心、小吃等，既可由事厨者手工制作成品，也可由企业的专用生产线、食品业的加工场或食品厂用半机械、机械和自动化机械生产出来。

1. 传统手工烹饪的优势与不足

（1）传统烹饪的优势　传统的手工烹饪在我国烹饪历史上曾经有过辉煌的成就，并在社会发展的进程中还将永远地存在下去。传统手工烹饪存在的价值，在于它能对人们不断变化的食品需要，做出迅速而灵活的反应。它能够向人们提供上万种菜点，以满足人们想吃风味食品的愿望，满足人们对饮食情趣的追求，满足人们低至大众宴席高至满汉全席的饮食欲望。它在菜点风味特色方面还将发挥着很大的作用。正如钱学森先生所言："烹饪产业的兴起并不会取消今天的餐馆，这就像现代工业生产并没有取消传统工艺品生产。今天的餐馆、餐厅和酒家饭店，今日的烹饪大师将会继续存在下去，并会进一步发展提高成为人类社会的一种艺术活动。"

传统手工烹饪的存在价值，还在于它有与食品工业不同的菜点创作特点：

① 个性化体现出餐厅不同的魅力。就传统烹饪来说，由于手工的制作特点，不同的烹饪大师有着不同的制作特色，这也产生了不同餐厅的风格和风味优势。烹饪虽然也讲究菜点的制作规范，有一定的模式，但菜点上桌入席，则往往受事厨者的文化素质、艺术素质、科学素质和技能高低的制约，有明显的个性特质或个人风格，甚至带有难以避免的随意性。

② 地区性显现出不同的风味特色。不同的地区形成了各不相同的风味特色，世界各地都是如此。东西南北中，各地事厨者的烹饪操作技能虽有相通之处，但更多的是各自的地方色彩。正是因为有浓郁的地方色彩，烹饪出来的菜点才具备多样化的风味。这也是形成世界各国、各地菜品风味差异的主要原因。

（2）手工烹饪存在的不足　中国传统的厨房生产都是以手工操作为主，一般的厨房每天需要提供数百种菜点，这些产品的原料都是通过厨师们一个一个地刀切加工、擀制包捏而成，效率低，产量小，特别是较少与其他部门发生物质经济联系。厨房每天加工的工作量十分繁重，完全依赖于体力和技巧。由于产品生产是手工操作，每一位厨师的手艺有差异，因而在产品生产过程中就显现出以下的不足：

① 生产劳动强度较大。厨房生产依赖于手工，就导致了劳动强度大。这是因为：第一，工具、用具的笨重，铁锅、汤桶、油盆、厨刀，轻则上千克，重则达百斤；第二，长时间持械操作的劳累，厨师借助于器械加工原料、制作菜肴，或切、或炒、或端、或倒，无不消耗较大的体力。

② 生产制作速度较慢。手工操作相对于机械生产来说，生产速度比较慢，而厨房生产

的菜点在内容上、形式上、数量上、制作方法上都不相同,客人来餐厅就餐,对菜点的需求往往表现为个别订制,菜点内容变化较大,手工不仅难保产品的质量,而且影响制作速度,这是传统烹饪生产的一大弊端。

③ 菜品质量难以稳定。由于菜品生产是手工操作,每一位厨师的手艺各有差异,生产人员的体力、耐力不同,认识水平不一致,判断、解决问题的方式、角度不一样,加之烹饪技术特有的模糊性和经验性,自然也会造成生产产品的千差万别。即使是同一位厨师在生产制作中往往也会因体力、情绪、环境等因素,而造成产品质量的差异。

④ 生产成本较难控制。手工操作的菜品因不同人的加工技巧不同或同一个人在加工时的工作境况不同常常会出现一些误差,加之单个生产的特殊性,很容易造成批量生产中每天成本核算时的差异。特别是厨房工作人员的技术力量、主人翁精神以及管理人员的生产管理力度和厨房生产出品的控制手段等,都可能使生产成本呈现频繁波动的特征。

2. 现代烹饪的特点

现在是传统手工烹饪与现代工业烹饪并存的时期。这种状况将会持久地延续下去。现今的手工烹饪仍然存在,仍在发展。

随着社会经济的不断发展,纯粹依赖于手工操作已越来越显示出许多不足之处,特别是在大工业生产中更加突出。所以,饭店菜品的生产将随着生产力的发展,逐渐向半机械、机械甚至自动化机械生产的方向发展。现代烹饪除部分手工烹饪以外,将在原有手工烹饪的基础上向工业化的食品生产加工方向变化,即由手工操作变为机械生产、由加工一只菜、一种点心变为生产上百上千甚至上万成批的菜点,由厨房单个加工变为工厂的车间。厨房内的许多大宗食品原料也由过去厨师在厨房加工逐渐地由工厂取代,正像过去从分档取料、剔骨铲皮开始的肉类加工发展到工厂处理加工一样,各种食品原料通过工厂加工,以分门别类的包装,满足厨房菜品制作的需要。未来厨房的食品加工将会逐渐地依赖于工厂车间生产,食品原料的半成品将成为厨房原料的主流,而只有小批量的和企业特殊生产工艺的菜品是由自己厨房加工完成。

随着厨房生产或加工食物的方式方法的变化,烹饪的社会性日益增强,人们对饮食营养保健和审美要求也日益提高。科学技术和生产力的发展,使食品机械加工大量地走进了现代厨房,在传统手工操作的基础上,半机械、机械和自动化机械生产成为当今厨房生产、加工的主要特色。烹饪机器是从手工烹饪脱胎而来且与手工烹饪加工并无根本区别,但由于加工方式上的变化、生产数量上的变化以及加工场所上的变化,其生产方式具有规模化、规范化、标准化等优势,既减轻了手工烹饪繁重的体力劳动,又使大批量的食品品质更加稳定,并能适应人们快节奏的生活需要。因此,从事厨房管理工作的人员,也应当密切关注现代科学技术在烹饪行业的发展,大力提倡现代设施设备在烹饪操作过程当中的合理运用。

许多现代化的厨房设备还可弥补传统设备的缺陷,如传统中式油锅是锅底受热,炸猪排时,炸不了多久,油就发黑、黏稠;运用现代化的油炸炉后,由于加热器设在中部,因此油锅下面温度低、上面温度高,油渣可以下沉,油能保持干净,既保证了产品的质量,又减少了浪费、节约了成本。

现代烹饪设备的运用,为饭店、餐饮企业的发展壮大提供了许多物质条件。企业要获得最大效益、求得最快的利润增长速度,就必须按照现代厨房规划的设计。现代厨房在硬件上应达到设备现代化、配置合理化、操作程序化、功能多元化;在软件上应达到管理科学化、工作规范化、分工明确化、质量标准化。

【小资料】

过去,我国餐饮业厨房采用传统的、手工的、作坊式的生产方式生产出来的菜点数量、质量、成本、价格、卫生等已难以满足饮食社会化的要求。生产方式落后必然导致管理难度加大。由于传统厨房生产的手工性、经验性和技术水平的差异性以及组织生产的落后方式,加上操作中无严格的技术标准,因而厨师大多凭个人技艺、经验工作,人为干扰因素多,管理者无法对产品质量、生产成本、工艺流程等进行控制,只能靠情、理对人进行控制。而现代烹饪的生产方式强调专业化分工,通过生产来对人控制,工作有严格的标准,产品生产要求规范化、数据化,这样确保了质量和成本的有效控制。

二、现代厨房加工中心的设计和建立

随着商品经济的发达,市场体系的完善,社会运行节奏的加快,人民生活水平的提高,烹饪社会化的需求急剧扩张,家务劳动特别是饮食社会化成为多数人的迫切愿望,而烹饪专业化则是饮食社会化的前提条件。此外,随着科学技术的发展,现代化的机械设备、质量的自动控制、包装材料和容器,以及储存、运输等方面的配套技术在餐饮行业越来越广泛地应用,从而加深社会分工的发展,引起烹饪生产过程各个环节的专业化。

在饭店企业内部,专业化把企业在多种经营条件下各个分散点和各生产单位分散的小批量生产,转换为集中的大批量生产,这就有利于采用专用烹饪设备、先进工艺及科学的生产组织形式与管理方式,从而增加烹饪制成品产量,降低成本,为中餐菜点工业化生产提供可能,同时也发挥了规模化经营的经济效益。

规模较大的饭店或餐厅、厨房较多的大酒店可通过建立"中央工场",对饭店内部或连锁分店的餐厅、厨房实行统一采购、集中储备、集中加工,把加工后的原料或半成品送至各店铺厨房,使其稍作加工烹调便可出售,既能保证产品质量、降低产品成本,又能减轻分厨房负担、加快经营效率。

饭店利用中心厨房生产,将厨房加工变为工厂的车间是当前餐饮的一大生产风格。对于饭店企业来说,就是将分散的、零星的厨房或店铺原料加工集中起来,由一个专门的原料加工小组统一进行,形成一定的加工规模,使各个厨房分享效益。而且保证了各点厨房产品的质量标准,统一了产品的规格水平。每个厨房根据菜单的要求和经营的状况每天提前通知加工中心,各厨房不需再用人员加工原料,这样大大减轻了整个分厨房的负担,同样也降低各厨房的加工费用和人员消耗的费用。

在有条件的饭店和酒楼,特别是有多个厨房的饭店,为了合理利用原材料,最好的方法就是设计厨房加工中心。将各个厨房每日所需的各种原材料总量汇总,根据每日生产任务情况统一负责订料,并根据各种菜品的加工规格统一加工,这样不仅节省人力,而且将原料合理分理、分档,最大限度地充分利用原材料,减少浪费和损耗,还能起到保质保量的效果。目前,许多地区大中型饭店都考虑到原材料的利用,设立了一个原材料的"加工中心",将购进的原料进行充分合理的加工,由一名厨师长负责,带领一个小组几名厨师,将饭店各个厨房的原料加工的工作全部承担包干,厨房各点每天下午把第二天所用的原料单送至加工中心,加工中心每天统一备货生产,根据各分点的不同规格、不同需求量配齐所需原料,第二天根据事先制定的时间,各厨房点凭原料单按订购数去中心领货。加工中心专门从事原料的订货、加工、发派以及原料涨发等工作,为厨房生产统一规格创造了条件。

三、现代厨房加工质量控制标准的制定

烹饪原料的加工控制,就是要求做到标准化、规范化,合理地加工原料,努力提高净料率,减少加工过程中的各种浪费,使加工半成品的成本得到有效的控制。

原料的加工是菜点生产的前提。如果原料加工无标准或不合格,菜点生产不但可能出次品,而且还不可避免地会增加成本,减少盈利。要使采购进来的原料发挥最大的作用,产生最高的效益,制定统一的加工规格标准是非常必要的。

加工规格标准,包括加工原料的名称、加工数量、加工时间、加工方法、加工质量指标等内容。这些方面必须明确执行,如加工质量指标,必须明确、简洁地交待加工后原料的各项质量要求,主要包括原料的体积、形状、颜色、质地,以至于口味等。如榨菜丝的成形质量标准是:丝长5厘米、宽、厚为0.3厘米,整齐均匀;干蹄筋油发水泡质量标准是:色泽微黄,整齐,蓬松,孔密,水泡洗后,有弹性不散碎,无油腻等。

原料质量、价格,由加工中心与采购部洽谈,饭店设立价格小组,与多家供货商每月报价一至两次;财务部有市场调研员,调查价格行情;厨房内部了解周边的价格行情。各部门之间互相监督,将原料价格控制在最低点。如美国中式快餐店"聚丰园"的中心厨房,从采购到加工厂都有严格的控制标准,对原料的冷冻程度、排骨中骨与肉的比例等都有具体规定。标准化生产必须严格按程序操作,把厨师个人对菜肴的人为影响降低到最低,乃至可以大量使用年轻的非熟练工人,重复地执行一定程序的操作任务,生产品质相同的产品。

相关链接

厨房有关规章制度

1. 员工必须按时上班,履行签到(或打卡)手续;进入厨房必须按规定统一着装,保持仪表、仪容整洁,洗手后上岗工作。
2. 服从上级领导,如对部门领导所安排的工作有异议,可先执行过后再向上一级领导申诉,不得违抗或消极怠工。
3. 工作时间内,不得擅自离岗、串岗、看书、睡觉等,不准干与工作无关的事。
4. 不得在厨房区域内追逐、嬉闹、吸烟,不得做有碍厨房生产和厨房卫生的事。
5. 不得坐在案板及其他工作台上,不得随便吃拿食物,不得擅自将厨房食品、物品交与他人。
6. 自觉维护保养厨房设备及用具,不得将设备带病操作,或将专用设备改作他用,损坏公物按规定赔偿。
7. 自觉养成卫生习惯,保持工作岗位及卫生包干区域的卫生整洁。
8. 员工不得擅自使用客用设施,不得随意使用客用餐具就餐。
9. 员工上、下班必须走员工通道,不得从餐厅通过。
10. 员工应团结友爱,不说不利于团结的话,更不应该打架斗殴。
11. 员工当班时间不得接待亲友来访,不得使用手机。

12. 员工当班时间不准穿工作服到餐厅，不得随意帮熟客加菜。

- 厨师应自觉钻研业务，精益求精。厨房管理者，根据厨房工作情况，为鼓励和检查厨房各岗位厨师敬业、乐业精神和实际业务水平，对厨房员工进行必要的业务考核。

1. 每半年定期由厨师长组织一次所有厨师参加的业务考核。
2. 各工种业务考核内容和范围，考核前一个月由厨师长负责通知。（附厨房各工种业务考核内容表，见表1-1）

表1-1 厨房各工种业务考核内容表

工 种	岗 位	业务考核内容及范围	考核方式	考核时间	备 注
中 厨	加工				
	切配				
	炉灶				
	冷菜				
	点心				
西 厨	加工				
	热菜				
	冻房				
	包饼				

3. 考核组委和评委由厨师长及厨房技术骨干和有关专家组成。
4. 厨师业务操作和理论考核分别采取百分制考评记分，成绩优秀者给予适当奖励。
5. 业务考核成绩记入个人业务档案，作为技术等级考核和选报深造、派外学习以及代表饭店参加各种烹饪竞赛的依据。

检 测

一、课堂讨论

1. 传统厨房与现代厨房的比较。
2. 厨房生产中建立原材料加工中心的好处。

二、课余活动

1. 参观大型餐饮企业厨房，了解厨房的设计与布局。
2. 查询网上厨房产品的发布信息。

三、课外思考

1. 厨房在饭店、餐饮企业中的地位是怎样的？
2. 厨师长在厨房管理中担负起什么样的角色？
3. 现代厨房生产的要求有哪些？
4. 现代厨房管理的主要任务是什么？
5. 厨房生产方式的演进与变化是怎样的？
6. 传统厨房生产与现代厨房生产各有什么特点？

第二章 厨房组织建构与设计布局

学习目标

◎ 掌握厨房机构设置原则
◎ 了解中餐厨房各部门的职能
◎ 熟识厨房人员配备的基本要素
◎ 了解厨房建立规章制度的要求
◎ 了解厨房布局安排的条件
◎ 学会对厨房作业区的布局安排

本章导读

根据厨房的规模,设计好厨房的组织机构是从事厨房管理的组织基础。厨房管理者不仅要设计好厨房菜品,管理好厨房人员的生产,而且还要学会设计和布局厨房各作业区。因为,厨房设计、布局是否合理,直接影响到厨房生产的成本控制和菜点的质量管理,也影响着厨房生产效率、卫生安全管理及员工的工作情绪。如何组织和布局好厨房生产作业的环境,关系到厨房管理能否严格有序、烹饪生产能否连续不断、优质高效。本章将系统地介绍厨房组织机构设置的原则,不同厨房人员的配置、厨房各主要部门的职能以及厨房各作业区及相关部门设计布局的要求,为实施下一步厨房生产创造了良好的条件。

第一节 厨房组织建构

引导案例

在南京一家拥有1 000个餐位的四星级饭店,厨房由原有的70多人减少到60人(包括初加工、理菜、卫生人员),而营业收入从原来的年收入4 500万元左右,发展到今天的年收入5 800万元。每天平均16万元,达到每个餐位每天160元的收入。为什么厨房人员减少了那么多,反而营业收入提高这么快?

这是因为该饭店对厨房组织机构进行了许多改革,建立了厨房加工中心,合理地组配人员,选用精兵强将,另配年轻能干的厨师和厨工,重新认证和调整菜单,排除许多费工费时的菜肴,设计标准菜谱,许多菜品在保持传统特色的基础上实行批量生产等。这些措施的实施,大大加快了厨房生产速度,简化了烹饪生产流程。由于有标准食谱和标准成本卡,每个厨师干什么、怎么干都一清二楚,又使菜品的质量和成本得到了有效控制。

点评:有效的改革和设计厨房菜单,确定生产标准,简化生产流程,不仅可以提高产品质量、加快生产速度,而且可以在劳动节约原则下重新核定各工种、岗位劳动量和各工种员工工作量,有效地控制好人工的成本。

厨房的生产和管理是通过一定的组织形式来实现的。厨房组织的状况,关系到生产的形式和完成生产任务的能力,关系到厨房的工作效率、产品质量、信息沟通和职权的履行。厨房的组织是管理的心脏,是为厨房生产和管理服务的网络。现代厨房组织管理的任务是建立完善的组织机构和一整套严密的管理制度,进行合理的生产分工,为企业的总目标而努力工作,真正发挥组织机构的集体效能,以实现组织机构管理的目标。

一、厨房组织机构设置

厨房组织机构是围绕菜品生产与管理这一目标建立起来的。它是由厨房内部的各构成部分及各部门之间的相互关系所组成的。由于规模和管理模式的差异,厨房的组织机构的设置也有各种形式。在设置厨房组织机构时,应根据厨房的实际现状,考虑各种组织机构方案并进行比较分析,使设置的厨房组织机构真正能起到生产与管理的纽带作用。

1.厨房组织机构设置的原则

厨房的组织机构系指厨房内部各个构成部分相互之间所确定的关系形式。在设置厨房组织机构时,必须遵循以下原则:

(1)垂直指挥的原则。在厨房组织机构设置中,侧重考虑垂直指挥原则。垂直指挥是指厨房每一位员工接受一位上级的指挥,而不接受数位上级的命令,以免造成员工无所适从。垂直指挥并不意味着管理者只有一个下属,而是专指上下级间,上报只对一个人,下传可以有多个人,要按层次去进行,不能越级,要形成有序的指挥链。垂直指挥还有另一种含义,就是下属要对自己的直接上司负责,不要超越自己的领导去处理任何问题,因为每个厨房管理者都有自己应该管辖和负责的事务,不当的处理只能造成管理的混乱。

(2)责、权对等的原则。责、权对等原则要求是:在设置组织机构时,必须在划清责任的同时,赋予相应的权利。在厨房管理中负责某项任务,就应肩负相当的职权。要有职有权、责任一致,否则,将无法保证任务的完成。在厨房组织机构的每一层次、每一个岗位都应赋予管理者相应的责权,从而保证厨房管理事务的完成。

(3)分工协作的原则。厨房的生产活动是一个复杂的劳动过程,在实际操作中是将厨房内部全部工作分成各种专业化任务,每位厨师不需要做完所有的工作,只需要完成烹饪操作过程中的某项任务,这就需要岗位分工,即将烹饪操作过程中某几个环节进行划分,形成相应岗位。原则上分工越细,厨师烹饪操作的专业性越强,菜品的质量就越好。在厨房整体运作上这些部门又必须协作,以便使厨房组织机构形成一个有机的整体。

(4)管理幅度适当的原则。管理幅度是指某一特定的管理人员可直接管辖的下属工作人员的数额。厨房内的生产人员数量应与厨房的生产功能、经济效益、管理模式相结合,与管理幅度相适应。管理幅度与组织层次有关联,在厨房总人数确定的前提下,组织层次越多,管理幅度就越小。反之,组织层次越少,管理的幅度就越大。因此在厨房组织机构设置中应尽可能缩短指挥链,减少管理层。

2. 厨房组织机构的设置

厨房中应该设立哪些岗位及岗位之间的关系,可以通过制定厨房的组织机构体现。在实际工作中不同生产规模和烹饪操作方式其组织机构图就有着不同的表现形式。

(1) 大型厨房组织机构。大型厨房是由若干个不同职能的中小型厨房组织所构成。为了便于日常管理,通常会设厨房中心办公室,设行政总厨、副总厨、秘书和成本会计。厨房中心办公室的主要职责是:下达各厨房的生产任务,制定烹饪操作流程和规范,策划和设计菜单,进行食品成本控制、监督、检查各分点厨师长,制定厨房的各项规章制度,负责协调各个厨房,负责新菜品的研制、开发和推广,对厨房的食品安全进行检查等。大型厨房的行政总厨主要主持厨房的全面工作,副总厨具体分管一个或数个厨房,并分别指挥和监督各分厨师长的日常工作,各厨房的厨师长负责所在厨房的具体生产和日常工作。大型厨房组织机构示意图如图 2-1、图 2-2 所示。

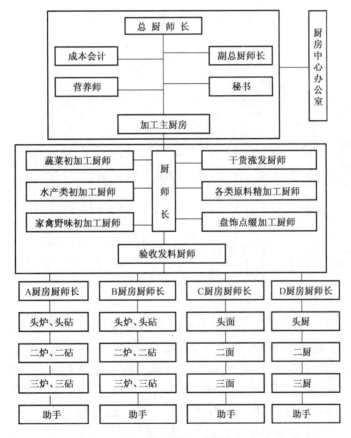

图 2-1　大型厨房组织机构示意图

(2) 中型厨房组织机构。中型厨房在规模、面积、人数、经营的项目等方面相对于大型厨房要小一些。中型厨房组织机构设置为中餐厨房和西餐厨房两部分,两个厨房生产兼有多功性。厨房生产是按菜点的烹饪工艺流程分成几个部门,每个部门设有领班,负责日常的管理和菜点生产。厨房还设有一名厨师长负责厨房的管理运作。这种组织机构分工较为明确,职责分明,便于督导和监控。中型厨房的组织和机构适合于中型酒店、中型餐饮企业运用。中型厨房组织机构示意图如图 2-3、图 2-4 所示。

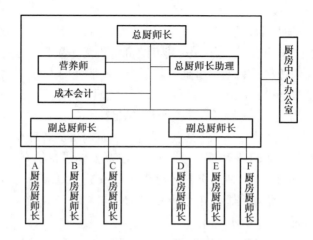

图 2-2 大型厨房组织机构图示意图

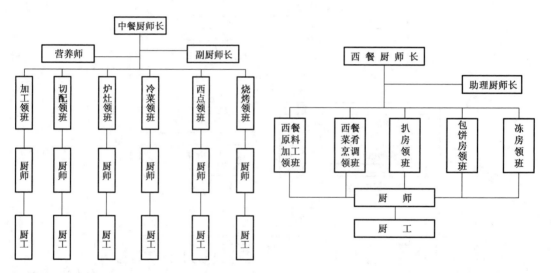

图 2-3 中型面点厨房组织机构示意图　　图 2-4 中型西餐厨房组织机构示意图

（3）小型厨房组织结构。小型厨房由于规模小,厨房面积有限,人员设备并不齐备,整个厨房生产由一名厨师长和若干厨师完成,同时这些厨师具备多面手的能力,为此这种厨房的组织机构较为简单,管理层次少,用工精炼,但是岗位分工不细,职责不明确,一般适合于小型的餐饮企业、风味美食店使用。小型厨房组织机构示意图如图 2-5 所示。

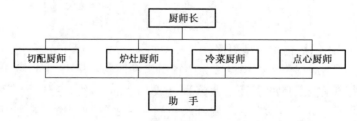

图 2-5 小型厨房组织机构示意图

二、厨房各部门职能

组织机构确定后,厨房内部各项工作便有了界定,再进一步明确各部门职责,使得厨房的工作分工更加清晰。厨房生产运作是厨房各部门、各岗位、各工种通力协作的过程,它们都承担着各自重要的职能。

1. 中餐厨房各部门职能

(1) 加工部门。加工部门又称主厨房、加工厨房,是烹饪原料进入厨房的第一生产部门。主要负责将蔬菜、水产、家禽、家畜、野味等各种原料进行拣摘、洗涤、宰杀、整理、干货涨发等加工处理,还要根据规格要求负责对烹饪原料进行刀工切割和原料的腌制上浆等工作,为配菜和烹调生产创造条件。

(2) 配菜部门。配菜部门又称案板部,负责将已加工的烹饪原料按照菜品制作要求对主料、配料、小料进行有机的组合配伍,供菜品烹调使用。该部门直接决定每道菜、每种原料的数量,对厨房生产成本控制起着重要的作用。它在所有的生产中起着加工与炉灶烹调两者之间的桥梁、纽带作用。

(3) 炉灶部门。需要经过烹调才可食用的热菜,都需要炉灶部门进行加工处理。炉灶部门负责将已经配制好的原料烹制成符合风味要求的菜品,并及时有序地提供菜品。该部门是形成菜品风味、特色,决定出品色、香、味、形、质地、温度、营养成分等质量的关键部门。

(4) 冷菜部门。包含卤水、烧腊部,负责冷菜的刀工处理、腌制、烹调及改刀装盘的工作。冷菜的切配、装盘场所要求较高,特别要在恒温、无菌环境中生产,员工及食品卫生要求也相当高。

(5) 点心部门。点心部门主要负责饭、粥、米、面类糕点、饺类食品的制作出品工作。广东厨房的点心部门还负责茶市小吃的制作和供应。

(6) 上杂部门。主要负责厨房出品菜肴中的蒸菜、汤菜及河海鲜类菜肴的制作,要求上杂厨师具有较高的技术水平,能熟知各类烹饪原料的性质及加工制作工艺,才能保证制作的菜肴符合酒店经营的需求,提高宾客的满意度。

(7) 打荷部门。主要负责厨房菜肴出品的盘饰制作、盛装菜肴的餐具准备工作、指挥并调节厨房上菜的速度和节奏,是沟通厨房和传菜部门的桥梁。一个好的打荷厨师能够保证厨房菜肴的有序出品,并能做到菜肴的出品美观,提升菜品的档次,体现酒店厨房管理的水平。

2. 西餐厨房各部门职责

(1) 西餐烹调厨房。负责各种西式烹饪原料加工切割处理工作,向西餐厅提供风味纯正的西式菜品以及客前菜点的烹制,为咖啡厅厨房提供各种汤和沙司等。

(2) 冻房。负责各式冷菜(各种色拉、烟熏、烧烤食品)和三明治等的制作,同时还制作各式盒餐(客人预定带出酒店进餐的食品)。

(3) 咖啡厅厨房。负责咖啡厅所需菜品和小吃的制作,同时负责咖啡厅的各式西点和快餐(汉堡包、热狗等)的制作。

(4) 包饼房。负责酒店供应的各式面包、蛋糕、饼团、甜品的制作,也负责各式黄油雕和糖雕的工作。

第二节 现代厨房人员配备与建章立制

引导案例

"包厨"管理缺少规范的制度

"包厨",是上世纪80年代后期衍生出的新生事物,实际上是一种厨房工资总承包。它是指餐饮企业、业主或投资者将厨房承包给一个厨师群体的负责人,由承包人招聘厨房工作人员(厨师),安排厨房工作,负责厨房管理,并根据工作内容、工作需要和双方议定的其他项目,拟定承包合同,确定厨房工资总额和取酬方式,由承包人统一发放和支配的方法。这种生产管理方式显现出许多不足之处:

1. 缺乏制度、管理混乱

缺乏制度、管理混乱是"包厨"方式的主要弊端,特别是一些不正规的游兵散将做"包厨"时,往往是几个人凑到一起,他们的主要任务,只重视菜品,而忽略了生产管理对菜点质量的影响和控制,生产中缺乏详细的计划和严密的组织,对出现的问题不能及时、周全地加以解决;在厨房管理中,没有一整套的规章制度和工作职责,对生产流程、卫生管理也不到位;使用一些没有经过专门训练和培训的厨师;对食品卫生、安全以及营养方面漠不关心,出现如工作服十分肮脏,抹布不卫生,如此等等,使得厨房内部管理出现种种问题。

许多"包厨"者根本没有能力研究厨房管理问题,也不会拟订管理制度和建立管理模式。所以,由于内部管理制度不健全,厨师的制度观念不强,一旦发生情况,将会对企业造成相当大的经济损失。

2. 人才流动太频繁

"包厨制"也是造成人员流动的主要原因,人员来去自由,企业管理者、老板甚至包括包厨者也难以控制他人的流动。

人员流动的原因是多方面的,由于是包厨制,造成一定程度上的薪资不公,普通厨师由于薪资不多,不高兴时,一走了之。另外,员工的工作规范、行为规范根本不是靠制度去约束,而是靠关系是否到位。这样,就很容易带来一些矛盾,造成不必要的人员流动。在老板与包厨者之间,也常常会出现一些矛盾。当双方正式开始合作时,还算比较好相处,有的合作后就不像协商和试用期那样好相处;或者开始时合作得很好,而包厨者居功,向老板提出更高的薪资要求,餐馆达不到,菜品质量出现滑坡,相持一段时间后,双方不欢而散。最终给餐饮经营带来了很大的负面影响。这也是人员流动的主要原因。

点评:厨房采用"包厨"的方式,因而对厨房菜品缺少自主权,企业的经营受别人牵制,更难形成品牌效应。目前包厨者良莠不齐、鱼龙混杂是其主要原因,但归根到底是缺乏很好的管理制度以及人才流动较频繁。

一、厨房生产人员配备

在厨房管理运作要素中,人是最活跃的要素。厨房生产管理者应根据经营目标、档次、根据厨房工作的具体需求按部门、工种配备相应的生产人员,以保证厨房能够正常运转。

厨房人员的配备就是通过适当而有效的选择、培训和考评,把合适的人员安排到各个岗位上。其包括两层含义:一是指满足生产需要的厨房所有员工人数的确定;二是指生产人员的分工定岗,即厨房各岗位人员的选择和合理安置。这就要求从事厨房生产人员必须具有良好职业素质和专业技术。厨房生产人员配备不仅直接影响到劳动力成本,而且对厨房生产效率、产品质量以及餐饮生产经营的成败有着不可忽视的影响。

1. 确定厨房生产人员数量的要素

合理地配备厨房生产人员数量,是提高劳动效率、降低用人成本的途径,是满足厨房生产运转的前提。不同规模、不同档次、不同规格要求的厨房,其生产人员的配备数量是不一样的,只有综合考虑以下因素来确定厨房生产人员数量才是科学而可行的。

(1) 厨房生产经营规模。厨房生产经营规模直接关系到设置多少岗位的问题,厨房规模大生产要求高,相对分工细,岗位设置要多,所要的生产人员就多;反之则少。岗位设置的多少,关系到生产人员数量的确定,并且岗位的设置、岗位的排班都会影响到人数的确定。

(2) 企业的类别和档次。不同类型的企业所提供的菜品有很大差别,简单的餐饮包括自助餐、快餐、便当,生产人员少,产品结构和工艺要求简单。档次高的饭店,产品制作工艺要求复杂,制作菜品水准高,需要的生产人员和设备也比较多,岗位分工较细。

(3) 菜单与生产的标准。菜单是厨房生产的依据,菜单的内容标志着厨房的生产水平和风味特色,如果菜单所制订菜品规格档次高,菜品烹制难度大,这就需要较多的技术水准高的生产人员。因此,生产人员数量多少与菜单的品质多少有很大的关系,若适宜大批量制作菜品,生产人员数量也就可以少一些。

(4) 厨房设备布局和完善程度。厨房人员数量的配备还需要考虑到厨房设备的利用和完善程度。采用现代化的加工机械代替传统的手工操作可以节省时间,减少生产人员。如果厨房配有一套先进的食品加工机械,如切片机、去皮机、搅拌机等烹饪机具,在这种机械化程度高的厨房里,生产人员数量就可相对少一些;反之,人数就需要多一些,另外,厨房采购烹饪原料的加工程度也决定着厨房生产人员数量。

(5) 餐位和餐座率。厨房主要是为餐厅服务的,厨房烹制菜品要依靠餐厅来进行推销和出售,餐厅的餐位数决定着厨房制作菜品量,决定着厨房生产人员数量,如果餐位数多,餐座率高,厨房烹制菜品数量大,所需生产人员就多,反之则少。

2. 确定厨房生产人员数量的方法

酒店在核算、确定厨房生产人员数量时可以先采用一种方法计算,然后采用几种方法进行综合确定。确定了生产人员数量,还可以在日常工作中加以跟踪考察,并进行适当调整,以确保科学用工,节约生产人员。

(1) 按比例确定生产人员。按比例确定人员数量,就是按就餐者人数的多少来确定生产人员的多少。国内旅游饭店一般15个餐位配1名厨房生产人员,规格高的特色餐饮企业或私房菜馆,甚至10个餐位就配1名厨房生产人员。这种按比例来计算厨房生产人员数量的方法比较简单,但需要具备一定的经验。按餐位比例确定厨房生产人员数量落实到具体饭店、餐饮企业其数量出入较大,其中一个重要因素是餐厅性质及使用率问题。当然由于该比例是按实际生产量所需的生产人员数量而定的,其中人数不包括休假人员,因此,在确定生产人员数量时应考虑到这些因素,亦可适当放宽厨房所需生产人员数量。

(2) 按岗位确定生产人员。根据厨房岗位生产需要来确定人数。实际工作中厨房每一个岗位的工作量不是均等的。应考虑到各岗位上的工作量、劳动效率、厨师的技术力量、班次和出勤率等因素。从以下举例可以看出不同岗位中所需生产人员数量的确定。

某酒店中餐共有400个餐位,厨房主要提供的菜品是江苏菜、广东菜,厨房内共设置7个生产岗位,即初加工、冷菜、炉灶、上杂、打荷、切配、面点,有关人员的分配为:

初加工岗位2人(主要负责蔬菜的摘拣、清洗)
冷菜岗位4人(3名厨师、1名助手)
炉灶岗位7人(6名厨师、1名厨师长)
上杂岗位2人(1名厨师、1名助手)
打荷岗位2人(1名荷王、1名助手)
切配岗位4人(3名厨师、1名助手)
面点岗位4人(3名厨师、1名助手)

二、厨房规章制度建设

健全厨房各项规章制度是厨房管理成功的根本保证。各项规章制度的实施,可以使每一个岗位的生产人员明确自己的职责和具体的工作任务,以保证厨房各项工作按标准、按程序、按规格要求有序进行。管理制度的建立是厨房管理运作的基本条件,也是厨房管理者的首要任务,厨房管理制度是实现厨房的经济指标和目标管理的根本保证,也是厨房实现生产与运行管理的法规。

1. 应用现代管理理念建立厨房规章制度

合理、可行的厨房各项规章制度是厨房管理获得成功的根本保证,规章制度制定得切实可行,可以保证厨房各项工作按标准、按程序、按规格实施管理,这是维护厨房生产秩序所必需的基本制度。它既要维护大部分厨房员工的正当权利,又要制约少数人员的不自觉行为,对厨房的生产管理是十分必要和切实可行的。制订科学的规章制度,实施厨房的科学和高效管理必须依靠完整的规章制度来执行。制度应成为实施厨房生产的全面法规,也是评价和奖励员工的依据,更是有效保护员工的根本利益。厨房所需建立的规章制度有:厨房组织纪律制度;厨房出菜制度;厨房员工带薪休假制度;值班和交接班制度;卫生安全检查制度;设施设备保养和使用制度;技术等级和业务考核制度;厨房员工培训制度;新产品开发制度;食品卫生安全管理制度;消防安全管理制度等。

2. 建立厨房规章制度的基本要求

建立规章制度是适应厨房科学化管理的主要途径,也是厨房管理运作的基本要求和保障,在现代厨房运作管理中,必须做到以下几点:

(1) 建立规章制度必须切合实际。规章制度的建立必须考虑到厨房的管理模式、规模、生产特点和员工的基本素质等实际情况。制定规章制度的最终目的在于厨房生产管理过程的执行,若建立的规章制度不切实际,即便再多,而员工无法执行,那也是没有价值的。

(2) 建立规章制度便于执行和检查。执行厨房的各项规章制度,要注意策略和厨房员工的行为规范,要使厨房员工自觉遵守规章制度,让他们知道做什么可以获得奖励、做什么获得惩罚。规章制度建立后,厨房管理者就要以身作则,严于律己,以确保制度的严肃性和可执行性。

(3) 建立规章制度要采用合理的方法。建立规章制度要有一定的群众基础,规范化管理要有全体员工积极参与,使之认识到建立规章制度的重要性和意义,从而提高执行规章制度的自觉性。同时要求规章制度既要严格又要具体,要考虑到规章制度是否符合企业的利益,从便于管理和照顾全体员工利益的立场出发,积极引进科学管理和先进经验,使规章制度体现规格化、标准化和具体化。

(4) 建立规章制度要适应厨房发展的需要。厨房规章制度的建立要符合企业不断发展的需求,符合现代厨房生产的需要,还要利于管理者的监督和便于执行,这就需要在建立规章制度时,对旧的规章制度进行重新修改和补充新的内容,删去不合理的部分,规章制度的不断完善和提高是厨房管理者的重要的工作任务。

3. 建立厨房规章制度的内容

现代厨房的各项管理制度主要包括以下几方面的内容:

(1) 厨房工作制度。厨房的工作制度是每一位厨房工作人员在生产过程中必须严格遵守和执行的基本准则。它的主要内容有,厨房员工的工作时间、工作态度、工作纪律、仪表仪容、上下班签到,以及员工用餐等方面的规定。

(2) 厨房值班交接班制度。厨房的值班人员必须遵守值班交接班制度,如,保证准点接班,认真填写交接班日志,保证接班期间的菜点正常出品。当遇到不能解决的问题要及时向值班经理汇报,应妥善处理各种突发问题。

(3) 厨房食品卫生制度。厨房食品卫生是厨房管理的重要环节,制度的制定应依据国家的《食品安全法》和食品卫生等相关方面的条例,根据当地政府和酒店所规定的卫生要求,制定厨房的食品卫生制度,包括食品在加工过程中的安全等。

(4) 厨房日常工作检查制度。厨房日常工作检查制度是为了确保厨房的各项制度切实得到贯彻执行,真正做到事事有人管理、人人有职责、做事有标准、操作有秩序,对厨房各项工作必须进行制度化、正常化的检查。

(5) 厨房设备工具管理制度。现代厨房的机械设备较多,为确保厨房设备的安全、快速的运行,对其保管、使用应分工到岗,由具体人员包干负责,如有损坏应及时汇报,联系修理,不带病操作和使用,包括厨具设备在使用过程中的安全等。

(6) 厨房奖惩制度。根据酒店规定,结合厨房具体情况,对厨房各岗位员工符合奖惩条件者进行内部奖惩。奖惩采取精神和物质相结合的办法,与员工的自身荣誉和利益直接挂钩。奖励的方式为授予荣誉与颁发奖状和奖金。惩处方式为降职、降级、停职、停岗和扣发工资、奖金甚至除名。

(7) 其他制度。包括厨房会议制度、更衣室管理制度、厨房纪律检查制度、员工节假日休假制度和员工加班制度等等。

第三节 厨房设计与布局

引导案例

透明的厨房已成为现代国际厨房设计的独特理念和风格。将厨房生产全面地展示在客人面前,有的通透、有的用玻璃隔开,厨房的所有生产过程全都暴露在客人面前。这种布局设计对生产人员、原料和设备的要求较高,不能有丝毫的怠慢。

在餐厅区域,各种鲜活类原料的活养也直接搬进餐厅,让客人放心地点选所需要的菜品。同时,一些特殊菜品的加工也从后厨房中移到了餐厅,在客人点选了菜品以后,由当值厨师立即当着客人的面进行烹制。这样,不论是食品原料的新鲜程度,还是厨师们的实际操作,都在客人面前一览无余。对于吃饭的人来说,看到生猛海鲜和独特技艺在面前展示,当然会更有食欲;然而对厨师来说,这就意味着自己的任何动作都要接受顾客的"监督",丝毫松懈不得。

点评:如今这种透明厨房的风格特色已在许多饭店采用,特别是烧腊、冷菜和海鲜的布局,再加上成品菜的明档展示,中国厨房、餐厅的设计已打破了传统的格局。

厨房设计就是要确定厨房的规模、风格、结构、环境和相适应的设备设施,以保证厨房生产科学地运行。厨房布局从某种意义上讲也是生产流程的布局,就是合理安排设备设施,保证生产人员高效的工作流向。厨房的布局与安排是否合理,将直接影响餐饮产品的质量、厨房的生产效率和厨房生产人员的工作情绪,也关系到投入的资金是否能得到充分的利用。

一、厨房设计布局要求

厨房的设计与布局是随着厨房新产品的开发,先进的烹饪设备、设施的运用以及市场需求的变化而不断地改进和发展。厨房的结构变化逐渐由综合型向功能型方向发展。影响厨房布局的因素很多,例如,建筑面积的大小、生产功能的差异,以及不同烹饪设备设施、不同的能源、不同的投资规模和档次等等。另外,在厨房设计布局时应有专业人员的参与,以避免造成厨房布局安排的不合理性。厨房布局安排的基本要求有以下几点:

1. 以企业经营策略为导向

各企业的厨房布局安排都不完全相同,它要考虑到企业的经营方针。经营目标不同,厨房布局安排上就有所差异。连锁式快餐厨房,要求提供餐食标准化、规格化和快速就餐的形式,所以需要餐厅大,厨房安排相对小,又采用中心厨房的配送,厨房只要有烹饪区、保鲜和冷藏区。还有许多快餐厨房都是敞开式的、透明的,这就要求厨房布局安排时,选用的各种厨具、设备设施要便于清洁和打扫。高档旅游饭店的厨房,要求具备各种宴会的接待能力,菜品质量高,档次高,制作工艺精美,因而在厨房布局与安排时,一是餐饮风味类型较多,如西餐厨房、日式扒房、东南亚风味厨房、粤菜厨房、包饼房等;二是厨房的人员配备齐全,分工较为细致;三是安排厨房的设备设施齐全。

2. 保证厨房生产工艺流程合理并提高劳动效率

必须保证厨房生产流程畅通,从菜单的策划到烹饪原料的采购、验收、入库、储存保管,再从烹饪原料的出库到菜品的加工切配、烹调直到菜品的销售,程序众多,工艺十分复杂。所以在布局安排时应考虑以下几方面:

(1) 以工艺流程的走向为依据,再布局安排相关设备设施。

(2) 依据人体的特点布局安排厨房的空间,便于取用物品和方便厨房生产,避免进、出厨房的物流的交叉与回流。

(3) 充分考虑厨房设备的使用状况,避免人流与物流的交叉。

(4) 合理保持各部门之间通道的畅通。

(5) 厨房各部门尽可能安排在同一楼层、同一区域,减少烹饪原料成品的搬运距离,力求靠近餐厅以保证生产流程的连续畅通,提高劳动效率。

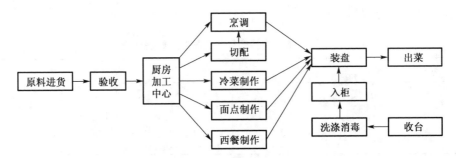

图 2-6　部分功能厨房作业流程示意图

3. 确保食品卫生和生产安全的需要

在厨房安排与布局时不仅要选好恰当的地理位置,而且要从卫生和安全的角度来考虑。厨房的重要环节就是食品卫生,这关系到消费者的身体健康,关系到企业的声誉。厨房卫生包括环境卫生、食品卫生、工作人员个人卫生等内容。厨房安全包括三个方面:一是食品原料本身的安全性;二是厨房生产过程中的安全性;三是生产人员自身的安全性,尤其是人身安全。在厨房的设计与布局中应充分考虑以下事项:电源线路的粗细及走向、电源功率的大小、设备设施控制系统的安装以及防火系统的设计等等。

二、厨房整体布局安排

厨房整体布局的安排,应根据厨房生产规模和烹饪风味的需要,充分利用现有条件,对厨房的面积和位置进行确定,对厨房的生产环境和设备设施进行综合安排。

1. 厨房位置确定

(1) 厨房位置的设置

① 设在底层:现在饭店的厨房大多都设在底层,不仅方便采购进货,便于垃圾清运。也有利于能源的输送,对企业的安排和卫生都有利。

② 设在上部:在设有观光餐厅和高楼层的酒店楼上,建有相应厨房。

③ 设在地下室:有些酒店将厨房设在地下室,这不利于烹饪原料运送和垃圾清运,菜品的传送也很困难。

(2) 厨房位置确定的要求

① 厨房必须确定在环境卫生的地方,附近不能有任何污染源。
② 厨房与餐厅应在同一层面,要有专用通道。
③ 食品原料进货通道与厨房要衔接,要有专用电梯保证食品原料及时补充。
④ 食品仓库与厨房的距离要适中,以保证领料渠道通畅。
⑤ 厨房必须确定在靠近或方便连接各种能源和公共设施的地方,以节省投资。
⑥ 要尽量离酒店客房有一定距离,防止气味、噪音干扰顾客。

2. 厨房面积确定

(1) 确定厨房面积的因素有烹饪原料加工量,经营特色风味厨房的生产量,设备设施先进程度和利用率。

(2) 厨房总体面积有按餐位数测算厨房面积、按餐厅面积来测算厨房面积。

按餐厅面积测算厨房面积:

表 2-1 不同类型餐厅餐位与对应厨房面积

餐厅类型	厨房面积(m^2)
自助式餐厅	0.5~0.7
风味餐厅	0.4~0.6
咖啡厅	0.4~0.7

表 2-2 餐饮部各部门面积比例表

各部门名称	占餐饮部分中的比例(%)
餐厅	50
客用设施(洗手间、过道)	7.5
厨房	21
清洗	7.5
仓库	8
员工设施	4
办公室	2

3. 厨房布局安排

① 统间式。统间式是小型厨房主要采用的安排形式,是将厨房加工区、烹饪区、洗涤区等生产区域布置在一个大空间内,平面安排紧凑,面积经济,各种制作工序流畅。这种形式具有通风采光好,厨房空间大,但物流路线容易交叉,尤其在排气效果差时,各生产区之间影响范围大。这种形式即使在中小型厨房,冷菜区也要保证分开安排布局。

② 分间式。分间式布局是将加工、洗涤、切配、烹饪、面点制作、冷拼等分别安排在专用房间内,相对独立管理,食品卫生责任明确,生产按烹饪专业流程分工;但厨房空间隔断多,场地面积浪费,设备设施投资多,使用率不高,透明度略差,不利沟通,食品原料运送困难,

劳动强度增大。

③ 统分间结合式。这种形式采用统间式和分间式优点,综合布局安排厨房,将冷菜间、加工间专门分设。切配间与烹调间采用无阻隔,便于沟通和食品原料进出、半成品的传递。面点间部分设备设施与烹调操作间可综合使用,既节省场地面积,方便设备、设施的投资,也有利于提高劳动效率。缺点就是开餐时生产人员交叉走动,食品卫生安全需要强化管理。

4. 厨房与餐厅衔接

厨房与餐厅越近,前后台的联系与沟通就越便利,出菜的速度就越便于控制,产品质量就越能达到规定要求。厨房与餐厅应有长边相连,尽可能缩短从厨房到餐厅的服务距离。其衔接形式一般有下面三种:

① 厨房围绕餐厅;
② 厨房置于餐厅中;
③ 厨房长边紧邻餐厅。

三、厨房作业间设计布局

厨房的整体布局安排就是对厨房整个生产系统的规划。在实际工作中由于规模、结构及经营方式的不同,厨房的布局安排不可能完全相同。中小型酒店的厨房,通常是一个具备综合性多功能厨房。而大型酒店的厨房一般是由多个分厨房组合而成,厨房相互联系又相互独立,分工较细。下面介绍各个生产区的布局安排实例:

1. 加工储藏区布局

在厨房的烹饪生产中,原料的初步加工包含着初加工和精加工两种,而在实际工作中厨房的加工与储存区主要是进行初加工,而精加工工作在切配区。有些大型的酒店厨房把初加工和精加工两者组合又称为中心厨房,这样有利于提高劳动效率。如图2-7所示。

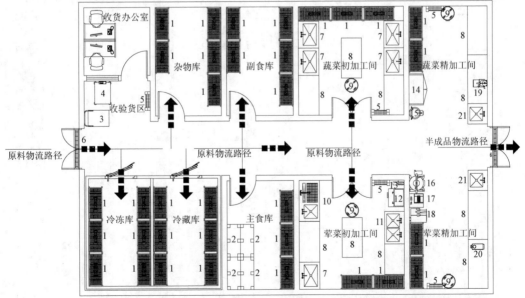

1. 四层货架 2. 粮油地架 3. 平板拖车 4. 电子地磅 5. 灭蝇灯 6. 风幕机 7. 大单星水池 8. 工作台
9. 移动垃圾桶 10. 单星宰杀水池 11. 双星水池 12. 开水器 13. 高压洗地龙头 14. 刀具砧板消毒柜
15. 蔬菜脱水机 16. 斩拌机 17. 肉片肉丝机 18. 锯骨机 19. 切菜机 20. 绞肉机 21. 单星水池

图2-7 加工储藏区布局示意图

2. 冷菜作业区布局

冷菜区由于比较特殊,在多数酒店都将其独立出来,专门设置冷菜厨房,负责制作各种冷菜及拼摆装盘。如图2-8所示。

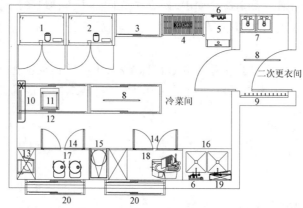

1. 成品冷藏冰箱　2. 半成品冷藏冰箱　3. 保洁柜　4. 四层货架　5. 制冰机　6. 净水器　7. 双星洗手池　8. 消毒灯　9. 挂衣架　10. 独立空调　11. 真空包装机　12. 双移门工作柜　13. 微波炉　14. 平台冷藏冰箱　15. 垃圾桶柜　16. 双星水池柜　17. 粉碎榨汁机　18. 肉类切片机　19. 刀具消毒柜　20. 传菜窗口柜

图2-8　冷菜作业区布局示意图

3. 面点作业区布局

面点作业区又称主食厨房或点心厨房,它负责制作各式点心和主食。如图2-9所示。

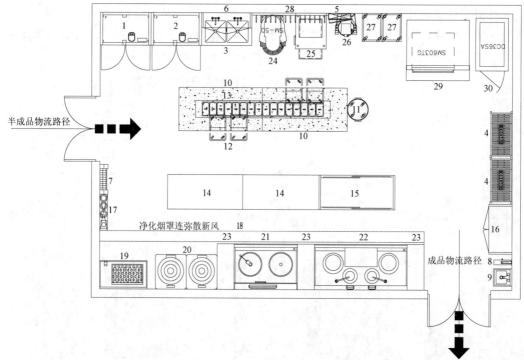

1. 高身冷冻冰箱　2. 高身冷藏冰箱　3. 双星水池　4. 四层货架　5. 刀具消毒柜　6. 食品添加剂吊柜　7. 灭蝇灯　8. 高压洗地龙头　9. 洗手星盆　10. 大理石面工作台　11. 移动垃圾桶　12. 面粉车　13. 吊天花层架连GN盘　14. 双层工作台　15. 双移门工作柜　16. 四门储藏柜　17. 烟罩自动灭火系统　18. 净化烟罩连弥散新风　19. 电炸炉　20. 电饼铛　21. 双头蒸笼灶　22. 双眼炒炉　23. 炉拼柜　24. 和面机　25. 自动翻转压面机　26. 搅拌机　27. 饼盘车　28. 工具挂架　29. 电烤箱连抽气罩　30. 分段式冷藏醒发箱

图2-9　面点作业区布局示意图

4. 切配区与烹饪区布局

厨房切配区和烹饪区两者是紧密联系的，在布局安排时，可将两个区安排在一起，便于快速出菜。也有酒店将两个区分割形成单独工作间，这样工作效率大大降低，出菜路线由直线变为了曲线。如图2-10所示。

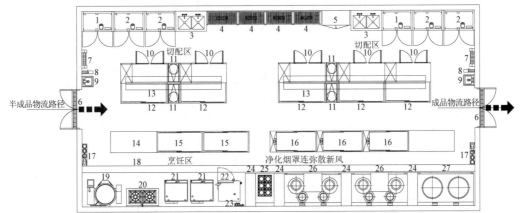

1. 高身冷冻冰箱　2. 高身冷藏冰箱　3. 双星水池　4. 四层货架　5. 刀具砧板消毒柜　6. 风幕机
7. 灭蝇灯　8. 高压洗地龙头　9. 洗手星盆　10. 平台冷藏冰箱　11. 垃圾桶柜　12. 单移门工作柜
13. 吊天花层架　14. 双层工作台　15. 双移门工作柜　16. 双移门暖碟工作柜　17. 烟罩自动灭火系统
18. 净化烟罩连弥散新风　19. 可倾式电汤锅　20. 双眼矮仔炉　21. 三门蒸柜　22. 万能蒸烤箱
23. 净水器　24. 炉拼柜　25. 六眼煲仔炉　26. 双眼炒炉　27. 双眼大锅灶

图2-10　切配区与烹饪区布局示意图

5. 烧腊作业区布局

烧腊区主要负责烧烤菜品的制作，在中、小型酒店如果没有烧腊区，一般都与冷菜区公用加工场所。有些酒店将烧腊菜品切配置于餐厅中，让顾客自由地挑选菜品，即通常所说的"明档"。在明档的布局安排中，应考虑采用更多悬挂的器物，尽量不要让炉灶放入明档区，选用不锈钢、电加热的设备，确保明档整洁、卫生，使菜品更富有吸引力。如图2-11所示。

四、厨房内部环境设计

厨房空间与环境布局安排实际上就是对厨房的工作环境及各种附属设施进行布局与安排的过程。

1. 厨房空间

首先应考虑的是厨房高度。在设计时，厨房的高度一般应在3.5～3.8米左右。这样便于安装各种管道、抽排油烟机罩，方便清扫和维修。如果厨房的高度不够，会使厨房生产人员有一种压抑感，也不利于通风透气，导致厨房内温度增高。反之，厨房高度过高，工程造价高，费用加大，卫生难清扫。其次空间隔断要科学合理，要充分利用空间，符合菜品生产流程需求。

2. 厨房墙壁

厨房的墙壁应力求平整光洁，墙面要用色淡的瓷砖贴面（一般使用纯白色和奶白色），要求从墙根贴至天花板接口处。这样处理过的墙壁既美观又易于清洁卫生，防止灰尘、油

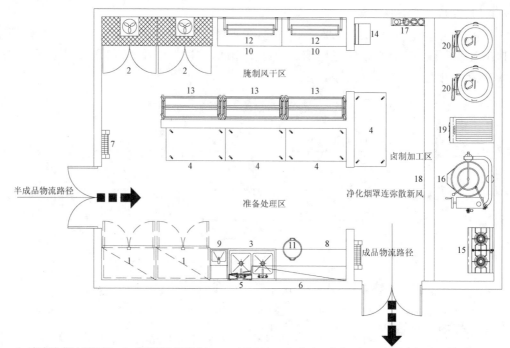

1. 高身冷藏抽湿冰箱 2. 高身腌制风干柜 3. 双星水池 4. 移动工作台 5. 刀具消毒柜 6. 挂墙双层板 7. 灭蝇灯 8. 工作台 9. 洗手星盆 10. 双层工作台 11. 移动垃圾桶 12. 挂墙烧腊挂架连滴油盆 13. 移动烧腊挂架连滴油盆 14. 蜜汁箱 15. 双眼矮仔炉 16. 可倾式电力卤煮锅 17. 烟罩自动灭火系统 18. 净化烟罩连弥散新风 19. 烤乳猪炉 20. 烤鸭炉

图 2-11 烧腊区布局示意图

渍污染后厨房产生异味。如果选用乳胶漆刷墙，由于厨房湿度大，易造成乳胶漆的剥落，导致食品污染，也不利于环境的卫生。

3. 厨房地面

厨房的地面尽量采用防滑地砖，通常要求使用耐磨、耐重压、耐高温、耐腐蚀的材料制成。砖的颜色不能有强烈的色彩对比，也不能过于鲜艳，否则容易引起人们的视觉疲劳。另外在铺设地砖时地面要求平整，不积水，向排水沟方向有一定的倾斜度，以便清扫时用水冲洗。

4. 厨房顶部

通常采用耐火、防潮、防水滴的石棉纤维板材料进行吊顶处理，最好不要使用乳胶漆。吊顶板材力求平整，不应有裂缝。暴露的管道、电线要尽量遮盖掉，因为顶部裂缝中易落下灰尘，管道和电线上最容易积污积尘，甚至滋生虫害，不利于清洁卫生。吊顶时要考虑到排风设备的安装，留出适当的位置，防止重复劳动和材料浪费。

5. 厨房门窗

厨房的门都应考虑到方便进货，方便人员出入，防止虫害侵入。厨房应设置两道门，一是纱门，二是铁门或其他质地的门，并且能自动关闭。厨房的窗户，既要便于通风，又要便于采光。在窗户的处理上，应设置一道安全窗、一道纱窗。若厨房窗户不足通风、采光，可辅以电灯照明、空调换气。有些厨房有完善的通风、换气设备，应将厨房的窗户封闭，防止员工习惯性的开窗，容易让蚊蝇进入厨房。

6. 厨房通风

通风可以有两种方式,一种是自然通风,主要以门窗作为通风换气的通道,利于室内外温差所引起的气流,达到换气的目的,但因厨房内油烟气味很浓,极易进入餐厅。另外处理不好,容易引致苍蝇、蚊虫的增多。另一种是机械通风。在厨房生产时,一旦机械通风开始工作,它可以使厨房的空气产生流动,进而形成压差,使餐厅气流压大于厨房的压力,使厨房燥热的气流和油烟不会流向餐厅,这样既调节了厨房污浊的空气,又防止了灰尘、蚊蝇的入侵。

图 2-12 厨房排风系统

7. 厨房排水

厨房排水系统通常需要有好的配套设备,其功能只要有最大排水量和不被异物堵住即可。厨房的排水分为两种形式,一种是国内常用的明沟排水,并且深度、宽度都要满足生产中最大排水量。对排水沟的设计要有一定流向倾斜,沟底两侧必须用白色瓷砖贴面,做好防水,防止水向外渗透,排水道必须加盖。另一种是暗沟,在国外的酒店厨房中有良好的设备,普遍采用管道排水。

8. 能源选择

厨房的能源主要有电、天然气、煤气、煤、油料等。能源选择应取决于厨房生产的需求和菜单的设计。在选择能源时应从经济角度出发,最好采用煤气、天然气和电力设备或其他能源相结合的办法,可以避免受困于任何一种能源供应。

第四节 厨房其他方面布局

引导案例

近来,鹏飞餐厅常常接到客人的投诉,有的说菜品的颜色偏深,有的说菜品中常出现小的异物,有的说菜肴的光泽不行。杜老板总是在抱怨,说厨师长在管理上有问题。厨师长也很苦恼,自己也找不到根源。于是,杜老板找来了餐饮管理专家到饭店诊断。专家来到厨房,发现厨房的光线较暗,以至于对菜肴的颜色把握不准,小的异物看不清。并指出厨房里通风效果不好,燃油炉灶、排风机的噪音超过了80分贝,这样会使厨师们的工作积极性受到影响,容易不耐烦、不专心,工作效率不高。专家建议杜老板需要重新设计和改造厨房,给厨师一个明亮、通透的良好工作环境,必然会带来菜品质量的提升和调动厨师的工作积极性。听了专家的一席话,老板无话可说,与过去所想的只要餐厅环境好能吸引客人就行的观点发生了碰撞。找到了事情的缘由,杜老板决定请人重新设计厨房,为厨房生产基地营造一个舒畅的环境。

点评：为了餐厅经营压缩厨房面积，为了餐厅美观而不顾厨房环境，这是许多老板的思路，到头来影响了菜品的质量，也挫伤了厨师的工作热情，甚至转向另一家而去。因此，在厨房设计布局中一定要注意这些重要的"细节"。

一、厨房布局中的"细节"安排

饭店往往在厨房布局中，舍得投入资金购买设备、设施，重视厨房各作业区域的规划布局，却容易忽视整个厨房布局中的某些细节，如传菜部、员工更衣室、厨师长办公室等区域的布局。其实，如果不完善安排好这些部门，即使厨房设施、设备再先进，也不能有效保证餐饮经营的顺利进行。

1. 厨师长办公室

厨师长是厨房生产经营管理的最高指挥者，他不仅要负责日常行政管理工作，更要亲临现场督导工作，还要处理协调与各部门之间的关系、开菜单等。因此，厨师长办公室是其日常工作中不可缺少的，其位置应尽量设在厨房内，要能便利地观察到厨房每一个作业点的工作状况，其目的是能观察到员工的一举一动，便于监督。这样就能够及时发现工作中的问题，及时解决改进，有效地控制食品成本、堵塞各种漏洞，便于亲临现场指挥协调工作。

2. 传菜部

传菜部是设置在厨房与餐厅的交接口处，它是沟通前、后台的连接点，它不仅仅将厨房烹制的菜点及时传递到餐桌上，而且也会将客人的需求通过传菜部传递到厨房，为客人提供更优质的服务。在规模较大的饭店，特别是生意兴隆的饭店应特别加强传菜部的管理。在传菜部建立餐厅桌号标示牌，所有餐厅入厨房的订菜单必须有一联对号入座夹在标示牌上，出菜时根据台号、菜品用有色划单笔划去相应的菜肴，设立专人划单，并不断地在标示牌上检查每桌菜的出品情况，及时与厨房沟通，控制好每桌菜肴的上菜节奏，能有效地提高宾客的满意度。

3. 食品仓库与厨房内的冷库

食品仓库一般是用来贮藏厨房生产所需的一些干货调味品、粮油等原材料，而冷库一般保藏一些容易腐烂变质的新鲜原料，如禽肉类、水产类、水果蔬菜类等。在计划经济时代，市场原料供给紧缺，为确保厨房生产的顺利进行，往往仓库和冷库设计得都较大，一次购买的数量很多，尽管能满足生产经营需求，但往往资金积压较多，原料新鲜度不好，不能完全确保菜品的质量。随着社会的进步，目前市场经济时代，市场货源充足，有些饭店管理层认为供厨房生产的原料随时都能买到，而且即时购买，原料新鲜能保证菜品质量，因此，在厨房设计时不考虑食品仓库与厨房内的冷库设置而走另一极端，这同样不利于厨房内的成本控制，也给厨房生产经营带来诸多不便。因此饭店应根据自身的实际情况，合理地设置食品仓库与厨房内的冷库，尽可能将其面积确定在合理的范围内，并尽可能地将其靠近厨房，方便员工领取使用，节省时间精力，有利于提高工作效率。

4. 员工更衣室

为了确保员工有统一标准的仪表仪容，以及卫生标准的要求，一般稍有一点规模的饭店其工作人员都必须更衣穿统一的工作服上班，因此在厨房布局中要考虑更衣室的位置。

许多饭店后场员工的更衣室都设置在厨房的生产区域,其实这样很不方便管理,素质差的员工会趁更衣之际顺便私拿厨房的食物,有条件的单位应设立独立的更衣处,没有条件的,最好也将更衣室设立在厨房的入口外围过道两侧。

二、其他方面的布局

厨房按照生产流程、经营风格、规模、投资金额等综合因素充分考虑后,根据各功能作业点的实际情况,分隔面积在各功能区域内,根据生产的特点确定其生产所需设备、设施的品种、数量、尺寸、放置位置等,并将其一一明确地标在图纸上画成厨房设备布局图,最后再按照设备布局图进行设备安装。厨房布局合理,厨师的工作效率就高。但是厨房布局是否合理不仅仅是设备、设施安装合理,还要注意整体和局部的布局,更要考虑到照明、室内温度、噪音和设备的摆放间距等具体环境布局。

1. 照明要求

厨房生产要有充足的照明,若照明不足,容易引起工作人员的视觉疲劳,发生工伤事故,也易使异物混入菜品中,严重影响产品的质量。因此厨房必须要有充足的照明,特别是各生产作业区在分布光源时,除分布均匀外,灯的安装也特别有学问,避免当某些设备的顶盖掀起或打开柜门时,不会遮住光线,灯光的颜色要选择自然色,以便看物品时不失真。另外,购买灯具时应尽量选择品牌灯,虽然一次性投资较大,但品牌灯使用寿命较长,多数在使用寿命时间范围内还可调换,长期使用反而能降低成本。

2. 温度控制

厨房生产需要使用大量能源,特别是烹调作业区,员工在操作过程中会产生大量的热量,如果在布局时不考虑通风散热,闷热的环境会导致厨房人员流汗太多,长此以往容易使工作人员的耐力下降,容易产生疲劳,且体力消耗过大还会使员工的情绪产生波动,严重影响工作效率及菜品质量。许多饭店管理者对此已经予以关注,并且采取了相应措施,有条件的单位将中央空调通进了厨房,没有条件的单位,也积极改善环境采取相应的措施。如在墙壁上安装电风扇、安装抽风机或新风系统,尽量让厨房里的空气流通,将热空气排出屋外,将厨房的温度控制在26℃左右的舒适度范围内。

3. 噪音控制

厨房是一噪声较大的地方。其主要来源是炉灶上方的脱排油烟系统、炉灶的鼓风机声、餐具的碰撞声、员工的喧哗声、冷藏设备的机器工作声及员工的操作声等等,这些声音不仅使员工容易产生疲劳,影响质量和工作效率,还会干扰饭店周围的居民。噪音音量解决不好,会严重影响饭店的正常经营。因此,在厨房设计中应采取消除噪音措施,选用优质、低噪音的材料设备,将厨房噪音控制在40分贝左右。消除噪声的措施是:一方面饭店在筹建阶段要在墙壁或天花上砌消音砖,装消音设备,另一方面也要加强厨房的内部管理,培养员工良好的工作习惯,尽量减少人为发生的噪音。

4. 设备摆放

厨房生产需要大量的设备、设施,这些设备、设施的安装除了考虑到生产流程的畅通。还要考虑到设备使用过程中将来能有维修的空间,更要考虑到员工的操作空间。一般来说,员工操作时其手臂伸展的正常幅度在1米左右,双臂最大伸展幅度也在1.75米左右,因此,厨房用具其摆放位置都不应超出人体正常伸展范围。厨房的通道间隔,一般炉灶与打荷台的间隔不低于60厘米,主通道通常在1.8米左右,如果通道的两侧都有人站在固定的位置干活,其通道要在2米左右,具体设备之间有多少距离才算合适,没有固定的尺寸,还得要根据厨房的实际情况调整,以方便工作为准。

5. 洗碗间布局与设备

无论经营大小餐厅,必须有清洗消毒餐具的地方,这就是洗碗间。洗碗间应有足够的空间,以摆放设备和餐具、厨房用具。对于洗碗间的设计布局,应根据现有空间结构和配备设备的规格、型号,结合洗涤工作量综合考虑。

为了保证顾客用餐卫生,提高全民健康意识,首先应重视洗碗间的建立,才能更好地完成各类餐具的洗涤、消毒工作。就其设计布局方面,应考虑到尽量减少厨房、餐厅工作人员的来回走动传递的距离,以方便餐饮的生产。

洗碗间的位置,应紧临餐厅和厨房,以方便工作人员拿取餐具器皿和传递脏的餐具。这不仅在节省员工传送餐具的走路距离,而且距离近还可以减少传送过程中的污染机会和破损几率。在布局设计中,洗碗间的位置切勿离餐厅过近,过近容易造成洗碗间过分暴露,顾客直观洗碗的工作。洗碗间与厨房和餐厅之间应有必要的分隔,一方面以杜绝洗碗的噪音流传到餐厅,另一方面,也避免洗碗间的水、油及泔水污染附近工作区域。

相关链接

厨房日常工作检查制度

为了确保厨房的各项制度切实得到贯彻执行,真正做到事事有人管、人人有责任、办事有标准、操作有程序,对厨房各项工作有必要进行制度化、正常化的检查。

1. 对厨房各项工作实行分级检查制。总厨师长组织分点(各部门)厨师长(3人以上),对厨房进行不定期、不定点、不定项抽查;分店厨师长组织所属主管对其班组进行定期、定点、定项检查;领班对所属员工日常工作进行逐日检查。

2. 检查内容除卫生(另有专门制度)外,还包括店规店纪、厨房纪律、岗位职责、设备使用和维护、食品储藏、菜式质量、出菜制度及速度、原材料节约与综合利用、安全生产等各项规章制度的执行和正常生产运转情况,如厨房收尾工作检查可设置表格如表2-3。

表2-3 厨房收尾工作检查表

岗 位	检查内容	处理完好	处理不当	备 注
原料加工间	原料入库			
	垃圾处理			
	水鲜活养			
	工具清洁归位			
	场地清洁			
	水、电、气关闭			
	门窗关锁			

续表 2-3

岗 位	检查内容	处理完好	处理不当	备 注
配菜间	涨发原料换水			
	原料分类存放			
	原料生熟分开存放			
	原料存放加膜加盖			
	用具清洁归位			
	场地清洁			
	冰箱内原料分类存放整齐			
	水、电关闭			
炉灶间	调味汁、糊、芡汁加膜入库			
	调味缸清洁			
	用具清洁归位			
	油锅、汤汁处理			
	炉灶、烤箱、蒸箱清洁			
	调料收藏			
	场地清洁			
	水、电、气阀关闭			
冷菜间	原料生熟分开加膜、加盖入库			
	调味汁加盖收藏			
	餐具、用具清洁归位			
	设备、设施整齐干净			
	场地清洁			
	水、电关闭			
	紫外线消毒灯开启			
	门窗关锁			
点心间	原料分门别类收藏			
	冰箱整洁			
	馅心、成品、半成品分类存放			
	用具清洁归位			
	笼锅、烤箱等设备、设施清洁			
	场地清洁卫生			
	水、电、气阀关闭			
	门窗关锁			

检查人：　　　　　　　　　　　　　　　　　　　　　　　　　　　检查时间：

3. 各项内容的检查可分别或同时进行。

4. 检查人员对检查工作中发现的不良现象，依据情节作出适当处理，并有权督促当事人立即改正或在规定的时间内改正。

5. 属于个人包干范围或岗位职责内的差错,追究个人的责任;没有明确个人负责,属于部门、班组的差错,则追究其负责人的责任,同时采取相应的经济管理措施。

6. 对于屡犯同类错误,或要求在限定时间内改进而未做到者,可加重处罚。

7. 检查人员应认真负责,一视同仁,公正处理。每次参加检查的人员、时间、内容和结果应做好详细记录,检查结果应及时与部门和个人沟通,并与其利益挂钩,资料留存。

检 测

一、案例分析

隆兴大酒店厨房人员的设置安排

隆兴大酒店位于 L 市著名商业区,是一家集客房、餐饮、康乐、购物多功能于一体的综合型四星级酒店,酒店餐饮规模较大,有供应地方风味零点厅 100 个餐位;有以团队、会议、婚宴为主的多功能厅 380 个餐位;酒店 3 楼有 16 个宴会包间;32 楼有旋转观光餐厅 150 个餐位;还有西餐厅及咖啡厅约 130 个餐位,酒店共设有 4 个厨房。对应上述餐厅餐位,各厨房应该配备多少人员?请按小组回答问题。(提示:根据人力资源管理要求,尽量做到人员精简、高效、够用为度。)

1. 一组:"零点厨房"所需人数?
2. 二组:"宴会厨房"所需人数?
3. 三组:"西餐厨房"所需人数?
4. 四组:"旋转餐厅厨房"所需人数?

二、课堂讨论

1. 厨房的位置怎么确定最能方便生产?
2. 根据当地某一家饭店或餐饮企业的中餐厨房设计布局的状况,对其进行分析探讨。

三、课后思考

1. 厨房组织机构设置的原则是什么?
2. 如何确定厨房生产人员数量?
3. 厨房布局安排有哪些要求?
4. 厨房环境设计应从哪几方面入手?
5. 洗碗间的设计布局要求有哪些?

第三章 厨房生产运行管理

学习目标

◎ 了解厨房产品生产的流程
◎ 掌握各流程生产环节的控制
◎ 掌握产品设计的基本思路
◎ 会设计宴会菜单和营养菜单
◎ 掌握标准食谱的设计方法
◎ 熟悉标准食谱的作用与内容
◎ 掌握菜品研发的原则和程序
◎ 会设计和研发厨房的产品

本章导读

厨房生产运行管理是厨房管理人员对厨房菜点的整个生产、加工、制作过程所进行的有效的、有计划的、有组织的和系统的管理与控制过程。在厨房运行管理中,从狠抓厨房作业流程管理和自身产品设计工作做起,必须根据各个岗位的特点制定操作标准和规范操作流程,让每一个员工知道应该做什么、必须怎么做,以确保同一菜品在任何时候都能保持一样的质量标准。本章从流程管理出发,对厨房产品设计和要求进行了多方位阐述,并紧紧围绕市场,将内部管理与外部需求紧密地联系在一起,不断开发新产品以适应市场的需求,保持企业旺盛竞争力。

第一节 厨房产品设计运作

引导案例

1. 没有监督,就没有有效的落实

身为美国著名快餐大王,肯德基的连锁店遍布全球 60 多个国家和地区,店面数量多达 9 900 多个。面对这么多的店面,肯德基是如何做到相信其下属能循规蹈矩呢?

有一次,上海的肯德基有限公司收到了 3 份从国际公司寄来的鉴定书,在该鉴定书中,国际公司对上海外滩的肯德基餐厅的工作质量分 3 次进行了鉴定评分,分别为 83 分、85 分、88 分。上海肯德基公司的负责人对这一鉴定非常惊讶,不知道这 3 个分数是怎么评定的。

原来,肯德基国际总公司专门雇佣和培训了一批员工,让他们佯装成顾客,秘密潜入店内进行检查评分。这些"神秘顾客"来无影去无踪,而且没有时间规律,这就使得肯德基各个店面的负责人和员工时时感受到来自公司的压力,丝毫不敢懈怠。正是通过这种方式,肯德基在广泛了解基层实际情况的同时,也有效地执行了对员工的工作监督,从而使各项制度落实到位。

2. 苏州"夏之宴"菜单

自古以来,我国饮食就有四季之别,春夏秋冬有四季食单。根据不同的季节设计不同的主题宴席在民间也较流传,如春回大地宴、夏日清凉宴、七月流火宴、中秋硕果宴、冬季冰花宴等。苏州四季宴中的菜点,突出季节时令性,展示精湛的技艺,体现苏州菜清雅之风骨。

冷菜:湖塘月色
    虾子白切肉 兰花苏茭白 秘制新卤鸭 姑苏压酒菜
    带子盐水虾 糟香豆腐干 娄东熏鲳鱼 葱油萝卜丝

热菜:新风太湖三虾 生炒怪味鳝片
    吴中瓜姜鳜鱼 桃园三品结义
    荷叶粉蒸肉相 珍宝鸡火蒸菜
    清凉西瓜童鸡

点心:苏式金钱方糕 御赏点西施舌

主食:焖烧绿豆新粥

水果:时令水果拼盘

菜单赏析:菜单以苏州夏季的食物原料为主体,从冷菜"湖塘月色",到本地盛产的茭白,给人的最大特色是清夏之气。每至夏令时节,新鸭上市,苏州餐馆的卤鸭肉嫩味鲜。端午时节,太湖虾籽满盈,是苏州人吃虾的最好季节,带子盐水虾、新风太湖三虾,应节而食。夏季食鳝鱼正当时,有"小暑黄鳝赛人参"之说;瓜姜鳜鱼,也是夏季的开胃炒菜。用新鲜的荷叶包制粉蒸肉,一股清香之味喷薄而来,带给人爽爽的清凉。汤菜西瓜童鸡,西瓜清香飘逸,为传统苏式菜肴。苏州点心薄荷方糕更体现清凉之味。整个宴席菜单,体现了浓浓的夏日清凉惬意之感。

点评:厨房需要科学而有效的管理,才能保证各项工作有序的开展。厨房产品设计得巧妙并蕴含丰富的文化,定将会提升餐饮企业形象、产生意义深远的影响。

菜单是厨房生产活动的总纲,是厨房生产成本控制的依据和指南。它不仅规定了厨房生产的品种范围,还规定了菜点销售的价格。因此,对菜单的合理设计与定价,不仅关系到厨房的生产与成本的控制,关系到消费者的切身利益,而且也决定着企业盈利水平的高低。

在餐饮运作与管理中,菜单的筹划与制定是餐饮经营中一项至关重要的核心环节。它是在市场调研、餐饮市场的细分定位并确立目标市场的基础上进行的。因此,企业菜单的制定必须遵循目标市场供需关系平衡及餐饮消费时尚导向的原则,深入细致地分析同业竞争对手的产品情况,并结合本企业的餐饮硬件设施、技术水平、服务水准、成本控制、预算收益等特点,运用易于被目标市场接受的定价策略和方法进行菜单的制定工作。

一、菜单设计的依据

菜单设计是一项技术性很强的工作，它是围绕企业定位、目标市场、客源状况等多种因素而精心设计的。一般来说，菜单设计的依据需从顾客层和管理层两个层面去考虑，要以顾客的需求为中心，树立顾客第一的营销意识，以餐饮物质条件为基础，综合分析影响市场供给和需求的各种因素。

```
                        菜单设计
                           ↓
   顾客需求————客源市场————餐饮运作
      ↓            ↓           ↓
    价值观       餐饮营销      餐厅主题
    消费状况     市场调查      产品特色、品质
    社会经济状况 分析研究      技术力量
    人口结构     市场分割      服务水平
    民族因素     餐饮定位      设施设备
    宗教因素     餐饮规划      成本控制
    人文背景     法规限制      盈利能力
                 市场形象      同行竞争
                              沟通反馈
```

1. 确定经营品种

经营品种的确定并不是随心所欲的事，其实它是一种市场定位，其定位的准确度直接影响到酒店经营的成败。定位时应结合酒店所处的地理位置、档次、规模和周围酒店的经营状况等，定位后附近有无竞争对手，都必须考虑周全。

厨房经营品种的确定直接受制于酒店的选址及档次，因此酒店的定位、整体装修风格、氛围应先一步，厨房的生产经营活动须围绕着这一大环境而制定，若厨房经营品种的制定脱离这一大环境，则给餐饮经营带来困难。这里选介两种档次的定位方案。

例1：人群密集区

此类地区往往是商业区，购物、娱乐等休闲场所较多，其人流量大，人流群体中市民及外地游客较多。针对这一地区餐饮市场，其定位可以市民消费为主体，装修能融入大自然的田园风光，让人有回归自然感更好，菜肴经营品种如家常菜、农家菜、风味小吃等，如四川的大蓉和、南京大牌档等贴近百姓生活，无论是环境氛围，还是价格品种，市民都能接受，自然生意火爆。

例2：僻静区

此类地区一般远离闹市，比较偏僻安静，但此类地区也有其优势，一般基础设施较完善，交通也便捷，具有相当大的停车场地。针对这一类地区餐饮市场的定位可以高档次、超大型并辅以综合性娱乐设施配套经营，消费者吃、喝、住、娱一条龙，经营品种以档次、特色为先导，追求新、奇、特、异、全，让客人到此用餐有一种身份象征的感觉，吸引有车一族群体消费，像南京江宁小厨娘的青龙山庄、长沙的徐记海鲜（新长海店）等餐饮，生意比较火红。

2. 体现菜品品质要求

一份成功的菜单,必须建立一个全面的菜品品质概念和形象。菜品的品质,是实现菜单设计诉求的关键,是菜品食用性、营养性、技术性和艺术性的综合。在设计过程中应考虑以下几个因素:

- 菜品风味
- 色香味形
- 营养成分
- 质量标准
- 卫生状况
- 产品时效
- 盛装器皿
- 开发创新

3. 突出营养配膳

随着生活水平的提高,人们越来越重视健康饮食的新观念。现代餐饮菜单的制定,应注意每一个菜品的营养均衡,注意人体所需的蛋白质、脂肪、碳水化合物、维生素和无机盐五大营养成分的平衡。在菜单设计的过程中,必须充分体现这一需求,做到品尝性、欣赏性和营养性高度统一,并严格执行餐饮业的卫生标准和防疫标准。

4. 重视菜单时效性

任何菜单并不是一成不变的,其使用时间应具有周期性、频率性、针对性、灵活性和实用性等特点。在菜单设计的过程中必须充分考虑到使用时间的效度,即菜单的总体和局部实施执行时间的分配、新品推出的时机、餐饮促销活动的计划等等;此外,在菜单设计过程中,还必须主动适应和预见餐饮市场需求关系的变化和发展。

5. 成本控制及盈利能力

餐饮盈利主要依赖以下几个指标:餐位数、餐位、周转率、营业时间、顾客消费水平、劳动力及其他成本开支等。菜单上的菜式品种作为一种商品是为销售而生产的,设计菜单时要从产销两方面考虑菜点的成本和价格,根据国家有关物价政策和饭店、餐厅的规模等级、客源市场、经营目标确定餐饮产品的总体毛利率,严格进行成本控制。

二、经营需求中的菜单制定

1. 市场经营中的菜单设计

(1) 固定性菜单。每个餐厅都有一本相对固定的菜单。固定菜单并不是绝对固定、一成不变的菜单。经营特色定势、客源市场定位、餐饮质量定规,是固定菜单的核心内容。其菜品不管是传统的,还是创新的,在餐饮企业长期经营的实践中,受到广大顾客的好评,就成为品牌,这就是通常所说的名店名厨名菜名点;而不适应餐饮市场需求的菜品,则逐渐地在菜单中消失。所以反馈、评估、修订成为固定菜单确立过程中的一系列动态环节。

固定菜单是餐厅相对稳定的菜品,在经营过程中一定要做好标准菜谱,即保证做到原材料采供标准化、菜品加工烹制标准化、产品质量监控标准化、餐饮服务销售标准化、成本控制标准化,以充分保证产品规格的一致性。

在固定菜单的经营过程中,必须处理好基本固定和灵活应变两者之间的关系,综合分析研究和评估各种菜式品种的获利能力和受欢迎程度,在继承本店传统精品的基础上,深入进行餐饮市场需求的调查,积极创新,以市场和顾客为中心,充分满足顾客的进食欲望和购买需求。

(2) 循环性菜单。循环菜单是按一定天数、周数或月数的周期循环使用的菜单,适用于旅游饭店团体包餐、长住型商务客人以及公司单位员工的工作餐安排等。

循环菜单使用的周期长短不一,从数日到数月各不相同,其实施主要考虑到顾客预定的需求和饭店餐饮经营的需要。代表性的有季节性菜单、长期客户餐饮消费的循环菜单等。和固定菜单相比,循环菜单的优势较为明显,它以市场变化为导向,以顾客需求为中心,具有餐饮经营的活力。

(3) 即时性菜单。即时性菜单,即不固定也不循环,是仅供限定的天数内或某一餐饮活动中使用的菜单。使用时间的即时性、短暂性是它的基本特征。即时性菜单的推出具有明确的目的性并受到使用范围的制约,它的表现形式一般为:

- 美食节等餐饮促销活动菜单;
- 每日精选菜单;
- 每日宴会菜单;
- 自助餐形式菜单;
- 名厨名菜名点回顾展菜单;
- 创新菜推广活动菜单;
- 主题庆祝活动菜单等。

使用即时性菜单可提高餐饮管理和营销人员的主观能动性,促使其创新意识、成本意识、服务意识和销售意识的不断增强。实施即时性菜单,必须加强餐饮作业时效的计划、组织和管理,只有这样,即时性菜单的诉求才会有重点。

2. 不断变化的菜单设计

餐饮在经营过程中,往往要设计多种不同的菜单,除了常使用的固定菜单以外,还必须根据经营状况及时开设不同客人、不同场面宴请的灵活性菜单。在餐饮经营中,为了增加企业菜品的新鲜感,强化顾客的购买能力,在菜单的设计中需要做好以下几方面:

(1) 固定性菜单、循环性菜单、即时性菜单三者相互结合,菜单要常换常新,始终有一种新鲜感。

(2) 制定季节性菜单、团队包餐菜单、长期客户菜单,并建立菜肴信息和"客史"信息档案。

(3) 制定完整的年度、季度、月度的餐饮促销活动的计划,并根据计划设计菜单。

(4) 进行市场调查,即餐饮时尚、潮流的调查。时尚、潮流具有很强的时效性,所以菜单设计必须体现这一特点。

(5) 充分利用营业时间资源,挑战自身的营运极限。如采用国际先进的时段定价收费法等。

三、宴会菜单的设计与运用

将各种菜肴、点心等遵照一定的原则,进行排列组合编制成宴会菜单的工作称为宴会组合。它是制作宴会和上菜顺序的依据,通过菜点可以体现宴会的全部内容,也体现出企业烹调师的技术水平的高低。宴会菜品开列得科学合理,可以使与宴者得到完美的精神享受和物质享受。

1. 宴会菜单的配制要求

宴会菜单的设计组配,主要是合理配备菜肴和面点,而菜肴是整个宴会中最主要的部分。宴会菜肴的质量、特色决定着整个宴会活动的成败,同时也影响到一个饭店的声誉。

(1) 注重营养平衡,把握宴会档次。人类从吃饱、吃好,走向吃得科学、健康。社会的发展,人们对健康的要求更强烈。宴会作为饮食文明的重要举措,人们更加关注其合理配膳。我们吃饭的目的,是为了获得健康,从食物中获得六大营养素,即蛋白质、脂肪、糖类、矿物质、维生素和水。通过消化、吸收和新陈代谢作用而补充人体需要的营养成分,以供给能量,保证身体的正常发育和健康。营养学是吃的科学,它的原理是平衡膳食。合理营养,要求饮食种类要齐全,食物必须多样化,各种营养素的比例要适当,以解决营养素的不足或过多。《中国居民膳食指南(2016)》是 2016 年 5 月 13 日由国家卫生计生委发布,是为了切实符合我国居民营养健康状况和基本需求而提出的膳食指导建议,并制定成法规,自 2016 年 5 月 13 日起实施。

《中国居民膳食指南(2016)》指出:食物多样,谷类为主;吃动平衡,健康体重;多吃蔬果、奶类、大豆;适量吃鱼、禽、蛋、瘦肉;少盐少油,控糖限酒;杜绝浪费,兴新食尚。

宴会是以丰盛精美的菜点招待客人,一般都以山珍海味、鸡、鸭、鱼、肉为主体,而忽略了豆类、薯类、蔬菜、水果的配搭。只注重菜点的调味和美观,而忽视了合理营养、平衡膳食的原则。传统的宴会菜点的配备与现代营养学的要求还存在一些不足之处。这就要求设计宴会菜点时,在保持传统宴会风味特色的基础上,注意原料菜点的多样化,既要有富含蛋白质、脂肪的肉类食品,又要配备富含维生素的蔬菜、水果,适当配一些豆类、薯类、笋类和菌类的菜品,以达到营养比较全面的目的。在菜肴的调味上不要太油腻和咸,菜品的选择上不要过多的动物性食物和油炸、烟熏菜品。养成吃少盐清淡的膳食菜品,以保障人体的健康。

宴会的档次以其价格而定。一般以用料价值的高低、选料精粗、烹制工艺的难易程度、菜肴的贵贱及席面摆设来区分。据此划分有高、中、普通三级。与宴会相适应的菜肴也相应分高、中、普通三个档次,可以从用料的贵贱、制作的繁简、造型的精粗几方面来划分。高级宴会的菜品特点是:用料精良,制作精细,造型别致,风味独特;中级宴会的菜品特点是:用料较高级,口味纯正,成形精巧,调味多变;普通宴会的菜品特点是:用料普通,制作一般,具有简单造型,经济实惠,口味丰富。

宴会形式一般分国宴、晚宴、便宴、招待会,宴会有寿宴、婚宴、庆功宴、节日宴等不同内容。菜肴的安排就要围绕宴会的形式、内容来组合安排,同时做到与整席其他内容合拍。如做成"欢迎"氛围的菜品,以表达对外国友人到来的高兴;用"寿桃"烘托祝寿喜庆的席面气氛;根据宾客的饮食特点、风俗习惯配置菜肴等。如果是儿童生日宴,可使用"一帆风顺""前程似锦"等名称。总之,要使宴会造型生动,使菜品配合贴切、自然,须紧紧围绕宴会主题。突出宴会主题对宴会气氛的营造至关重要。但是也不要为了突出主题,而去胡编乱造菜名,造成文不对题、牵强附会现象。

(2) 了解宾客个性,突出时令特点。制定菜单,首先应对客源做一番了解,如国籍、民族、宗教信仰、饮食嗜好和禁忌、年龄、性别、职业、体质等。并依此确定品种,重点保证主宾,同时兼顾其他。要充分尊重客人的饮食习惯,不同的国家有着不同的饮食习惯。如回族信奉伊斯兰教,禁食猪肉、驴肉、动物血、茴香等;蒙古族信奉喇嘛教,禁食鱼虾,不吃糖醋菜。日本人偏爱清淡、爽脆的菜肴;俄罗斯人偏爱肥浓香辣的菜肴。不同年龄对菜肴也有不同的要求,如老年人较偏爱酥烂、软嫩、清淡的菜肴;而青年人则偏爱香脆酥松的菜肴。男人较喜欢辣香咸的菜肴;女人则较喜欢酸甜菜肴及甜品。我国人民的食俗还有"南甜、北咸、东辣、西酸"之说。了解宾客个性,配宴时"投其所好,避其所忌",才能使宾客满意。如果忽视这一点,那么就会事与愿违,甚至造成不良影响。制定菜单还必须根据宾客的具体要求(如设宴目的、饮宴要求、用餐环境),进行合理地设计,只有这样,才能真正满足宾客的需要。在宴会人数上,如果人多菜件少,应盘大量足;而人少件数多,应味美质精。要根据各人不同的需要而合理配宴配菜。

宴会菜肴要突出季节的特点,力求将时令佳肴搬上餐桌,突出时令风格,这里包含三个意义:一要按季节精选原料,起用鲜活原料,达到丰美爽口的特点;二要按时令调配口味,酸苦辣咸,四时各宜。原则上是春夏偏重于清淡爽脆,色泽要求淡雅;冬令偏重于味醇浓厚,色彩要深一些,盛器常选用以保温性能好的火锅、煲、沙锅之类的器皿;三要考虑到食医结合的关系,根据季节的不同,适当配置滋补肴馔,摄生养体。《黄帝内经》上说得好:"春多酸、夏多苦、秋多辛、冬多咸,调以滑甘,以补精益气。"在配置宴会菜肴时,应与采供人员密切配合,选质优鲜嫩的动植物原料来制作宴上佳肴,才能保证宴会的成功。

(3)用丰富的烹饪技法来突出特色。不论何种宴会,都应在用料、刀法、烹调技法、口味、质感、色泽等方面有所变化。在制定菜单时,须要注意风格的统一,又应避免菜式的单调和工艺的雷同,努力体现变化的美。如果一桌菜肴中相继出现炒鸡丝、爆鸡花、黄焖鸡、炖鸡汤,或连上三道菜都是炸制的菜,就会使客人感到重复、无味、单一。所以宴会菜贵在一个"变"字,应当是"远处观花花相似,近处看花花不同"。因此,在制定宴会菜肴时,要防止口味雷同、烹调方法单调、色泽不鲜明、质感无差异的现象。在器皿的选择上也要做好杯、盘、碗、碟、盅的合理搭配。

在调味技艺上也要体现丰富变化的风格。人们对宴会菜品的要求,关键一点是对菜品口味的品评要求。一桌菜肴,口味单调无奇,也激不起宾客的兴趣,而清鲜浓淡跌宕起伏,才能使客人留下深刻的印象。现代保健医学认为,多吃油荤和过咸的食品会引起高血压、冠心病、肥胖症等病症,所以世界饮食潮流是"三低""两高"(即低脂肪、低盐、低热量、高蛋白质、高纤维素)。对于宴会菜肴的配置来说,更要特别注意,特别是高级宴会,都不能重油大荤,而要清淡味鲜。在菜品味型的组配上,以清鲜为主,但也要做好各种复合味型的变化,酸、甜、苦、辣、咸、香、鲜的不同组合,绘制一幅多彩多姿味美图。这些美味,讲究"淡而不薄,肥而不腻,甘而不哝,酸而不涩","酸不鞔胃,淡不槁舌,出于食客,往往称善。"(《易牙遗意序》),只有浓淡相宜的菜肴,才能真正受到宾客的好评。

宴会肴馔的设置,离不开本地、本店的特色,充分体现本地、本店的特色也是菜肴制定的一项重要特点,与众不同的地方风味和本店特色菜肴,具有带来回头客的重要意义。宴会菜肴应尽量利用当地的名特原料,充分显示当地的饮食习尚和风土人情,施展本地、本店的技术专长,运用独创技法,力求新颖别致,显现风格。不要一味地去模仿他人或其他地方的菜肴,要提倡吸取其精华,创出自己的特色。要充分发挥本店厨房设备及厨师的技术力量,制定独特个性的品牌菜肴和创新菜肴。

2. 宴会菜单的风格特色

随着对外开放和我国加入世贸组织,我国餐饮水平又发生了翻天覆地的变化,经济和交通的飞速发展,人们的饮食水平和原料的利用与以前相比从内容到形式都发生了一系列的变化,许多人从家庭的餐桌走到了饭店、宾馆。而各饭店在经济发展的大潮中遵循市场规律,出现了优胜劣汰、适者生存的局面。商业的竞争,各企业都以自己的特色和质量吸引着四面八方宾客。进入21世纪,宴会菜单的设计也呈现出许多新的内容,以实用为主体,以吃饱为适度,各企业为了迎合当今人们的进食需求,无论是菜点制作还是菜单编排上都出现了一些新的风格,特别是一些旅游饭店,菜品数量因人而异,热菜一般5~8道,而且开拓出风格各异的宴会菜单形式。

(1) 菜肴配置的变化。随着社会发展及人们生活水平的提高,国民的饮食思维开始发生变化,理性消费逐渐开始形成。开放大潮不断深入,不少外国的菜点走进了我们的市场,国内各地方特色的菜点都在今天的市场大潮中涌现出来。传统的以地方风味为主体的宴会风格体系逐渐向多元化方面发展,中外合璧的成分越来越多,许多特色菜、新潮菜随着宾客的要求不断地呈现在人们面前,使得宴会菜品组配的内容更为丰富。如:

中西合璧宴　　　　湘鄂风情宴
绿色食品宴　　　　海鲜火锅宴
美容保健宴　　　　粤闽海味宴
乡土风味宴　　　　湖泊水乡宴
特色花卉宴　　　　生态食品宴

(2) 宴会名目的增多。宴会名目在继承传统精华的基础上,又出现了许多新的内容,如:

原料宴:黑色宴、海鲜宴、菌菇宴、螃蟹宴、茶肴宴
地域宴:运河宴、太湖宴、长江宴、长白宴、珠江宴
功用宴:长寿宴、美容宴、食疗宴、健脑宴、滋阴宴
仿古宴:三国宴、六朝宴、东坡宴、红楼宴、乾隆宴

3. 宴会菜单的时代变化

(1) 数量由铺张趋向适中。我国传统宴席比较追求原料的名贵,崇尚奢华,往往菜点的数量多多益善,没有科学根据,菜点数量少则十几道,多则几十道,往往使宴会剩菜很多,甚至有的菜没有动筷就原样送回,这不仅造成食物资源的浪费,而且还使客人暴食暴饮,有损于身体健康。

宴会设计要讲究实惠,力戒追求排场,要本着去繁就简、多样统一、不尚虚华、节约时间、量少精作的几条原则来制定宴会的格局,格局太繁,不仅浪费金钱,而且也浪费时间,只要能注意原料的合理搭配、讲究口味的变化,同时考虑宾客食量的需要,就一定能够使宾客称心满意。

(2) 营养由失衡趋向均衡。我国人民自古以来就有热情好客的传统,款待嘉宾时,其宴会都讲究形式隆重,菜肴多样,以表达对宾客的情谊。每次宴会往往使就餐者进食多量的食物,冷菜、热菜、大菜、点心等等一摆就是一大桌,各式荤菜占90%以上,脂肪与蛋白质含量过高,影响人的正常消化、吸收和新陈代谢作用,很不符合平衡膳食、合理营养的科学饮食原则。这样长此以往,会导致人的身体疾患,造成营养缺乏症、冠心病、高血压等,所以有

必要改革掉传统宴会营养过量的旧习惯,提倡根据就餐人数实际需要来设计宴会,并适当增加素菜在宴会中的比例,特别要设法搭配有色蔬菜,以保证有足够数量膳食纤维,来维持肠道的蠕动,这样做既可调剂口味,使清淡与油腻相结合,又能使宴会营养均衡较合理。

(3) 卫生习惯由集餐趋向分餐。团聚会餐,同饮共食,这是我国遗传下来的传统宴会方式。长期以来,我国人民的吃饭方式普遍采用集餐。如迎宾宴会、节日聚餐、会议包餐、喜寿宴饮等场合,以至千千万万个家庭用餐都普遍使用这种集餐方式,而且一直被人们认为是一种"传统习惯"。对此,科学的回答是否定的。从卫生角度来看,这种集餐方式极易传染疾病,是一种不良的进餐习惯,必须加以改革。

两千多年前,我国就提倡"食不共器",唐代以前,我国饮食都是各客分餐的。唐宋以后,随着高桌大椅的盛行,人们趋向会餐共食。目前,许多饭店企业已注意到这个方面,提倡单上式、分餐式、双筷制和自选式,许多高档宴会的上菜基本都是分餐(各客)制,既卫生又高雅。但这种方式还不够普遍和深入,特别是民间的宴饮还出现大量集餐的现象,如不加以杜绝,长此以往,势必要影响国民的身体健康。

四、营养菜单的设计

一个不注重营养的人,可能出现严重缺乏数种氨基酸及 B 族维生素、轻微缺乏维生素 C、D、E 及钙、铁、碘等微量矿物质的症状,在一天当中有一段时间,血糖可能特别低。

人们的饮食活动关乎自己的身心健康。每天人们会做两件事:让自己健康或是生病。当然,程度有别,从完全的健康状态到半健康、半生病、严重生病,主要取决于你所选择的食物,无论疾病还是健康,都不是偶然的。所以,饮食与人类的健康是紧密连在一起的,作为餐饮企业的菜单设计更是至关重要的。

1. 合理配膳与营养平衡

调配好各种营养素之间的比例关系是菜单设计的重要条件。因为人体是由各种营养素按比例组成的,而菜单设计则要求所供给的各种营养素与人体所需要的营养素保持平衡。所以,菜单的设计尤为重要。

(1) 保证三大营养素的合理比例。即碳水化合物占热能总量 60%～70%;蛋白质占 10%～15%;脂肪占 20%～25%。膳食中这三种营养素的含量最高,代谢中互相关系最密切,这种比例关系不宜轻易打破。

(2) 碳水化合物的供给要适量。碳水化合物主要由谷类、薯类、淀粉类食物供给,它们之间在供给上不受比例限制,但不能重复,不能过量。如谷类已满足需要时,薯类又作为副食或零食供给很多,就会造成热能过剩。同时要控制饮酒、食汤及其制品。

(3) 脂肪的供给要以植物油为主,减少动物脂肪。脂肪中饱和脂肪酸、单不饱和脂肪酸、多不饱和脂肪酸之间比例最好是 1:1:1。不要单纯吃动物性脂肪或单纯吃植物油。而应该按比例食用。

(4) 蛋白质的供给要考虑氨基酸的组成。理想的膳食蛋白质,不仅应包含所有 8 种必需氨基酸,而且这些氨基酸之间应有一定的比例。因为人体所需要的氨基酸必须齐全和适量,才能被身体充分利用。如谷类中赖氨酸含量低而豆类中又富含赖氨酸,若能予以搭配即可大大提高其生理价值。氨基酸的供给:成年人每日摄入的蛋白质中 15%～20% 应由必需氨基酸来供给,以维持氮平衡。10～12 岁儿童需要有 33% 由必需氨基酸供给,以保证生长发育的需要。

(5) 矿物质的供给以钙和磷为主。膳食中钙、磷比例要适当,儿童为2∶1或1∶1,成年人为1∶1或1∶2;必需微量元素之间的比例也应重视。各种维生素之间虽无固定比例,但供给过多或过少在代谢中也互有影响,故应按"每日膳食中营养素供给量"的规定供给。

2. 营养菜单设计的要领

餐厅在设计菜单时可以采取各种各样的策略方式,但必须特别关注营养,以满足现代人饮食健康的需求。在设计营养菜单时一定要注意以下内容:

(1) 减少菜单菜肴中的脂肪和胆固醇,提供可替代的瘦鱼肉、鸡肉、小牛肉等。大多数鱼类和贝壳类水生动物都属于低胆固醇肉类,可供选择。

(2) 减少钠,现代的许多顾客都希望避开含钠量大(盐类)的食品。为了满足顾客的要求,在食谱中要尽量减少盐的用量,顾客需要盐时,可以临时增加;可以提供酱和醋汁类低钠调料。

(3) 采用减热量策略,在菜单内容中减少脂肪和糖类的数量,多提供一些低脂低糖的水果和蔬菜。另外,也可考虑减少分量,即设计一些必要的半分量菜肴,以供顾客之需。

(4) 采用减糖策略,如在烤制菜品中减少用糖量并不会影响食品的味道,有时肉桂、豆蔻之类的调料也会给食品增加甜味。

在经营和设计菜单时,还应该考虑如何满足顾客特殊的饮食要求。服务员和厨师应经常按顾客的要求提供满意的服务,企业也应积极主动地收集顾客意见,收集服务员反馈的信息,以备在设计菜单时参考。

3. 营养菜单设计的依据和方法

人们需要健康的体魄,就必须补充合理的营养,补充营养就是补充食物,按比例调配食物的种类和数量就是设计食谱和菜单。所以说食谱是用餐的计划。菜单食谱的设计科学合理与否,对人们的身体至关重要,而餐饮企业的菜单设计就必须与现代人们的饮食观念相匹配,这也是新时期对餐饮企业的基本要求。

由于历史的渊源、经济条件的限制和怕麻烦的心理,人们往往没有计划用餐的习惯,没有把身体不健康、常生病与每日用餐不科学联系起来。"病从口入"这句谚语是人们公认的,"病从口入"一方面指用餐不讲卫生,一方面指饮食没有选择、没有约束、没有计划。

设计食谱并不麻烦,只要掌握了内容和方法,大多数人都可以设计出来。食谱主要由三组数据组成。

一是划分劳动强度的数据,即要付出的劳动力的数量。

二是各种劳动强度所需要的热能供给数。

三是根据热能和其他需要应提供的营养素即食物需要数。

这是菜单设计时的一个参考值,它的计算方法是先按就餐者的年龄、性别、身高等算出或查出标准体重。成人的算法为:

$$标准体重(千克) = 身高(厘米) - 100$$

设计菜单的方法与步骤是多种多样的。主要内容是根据平衡膳食的原则与要求,对人们每日用餐的各种食品的数、质量按一定比例进行调配,使之符合科学用膳的原则。

我们在设计菜单食谱时,常常是根据不同的职业、年龄、性别等特点来设计菜单,以满足不同客人的需要。现代饭店、餐馆一般设计方法步骤大致为：

第一步：确定副食品数量

第二步：确定蔬菜数量

第三步：确定主食数量

4. 设计菜单的注意事项

(1) 用有关的几个比例数衡量食谱设计的准确性。

- 食品的总重量与各种食品重量的比例
- 三种热源质的比例
- 每个人一日三餐的进食量

(2) 采取食物互补的办法，来实现平衡膳食的要求。平衡膳食的核心要求是按比例调配食物，防止偏食。制定菜单食谱时要对副食经常进行调整，以达到杂食的目的。例如50克瘦肉所含的蛋白质相当于1个鸡蛋或250克牛奶或100克豆腐所含的蛋白质，它们之间也可以互换食用。主食间可以粗（杂粮）细调配，蔬菜的品种花样就更多，这样就更有益处。

第二节 厨房生产流程管理

引导案例

北京奥运会期间，奥组委规定奥运村的食物由奥运餐饮服务商提供，在奥运村里不会出现任何品牌的名字。理由是奥运会着力打造的是中国美食，而不是给个别品牌做宣传。

在奥运村的厨房里，来自各地的6 000名大厨将被分为西餐组和中餐组，中餐组又细分为调制汁料和热菜加工两个组。而汁料的调制对整个菜品的口味起着至关重要的作用。为保证所有调汁小组调制出同样口味的汁，每个人都要随身携带一个小册子，上面写着每种汁所需调味品及每种调味品的固定配比，每个小组都必须按照各个菜品所指定的生产流程来制作，以确保每个菜品的质量稳定和统一。因此，无论是在奥运村，还是在国际广播中心，只要是同一种菜品，绝对是同一个味道。

点评：标准化、流程化生产使厨房菜品的质量走上了统一而稳定的轨道。

厨房产品的制作是经过多道工序生产完成的。厨房生产运作是按一定工作流程密切配合而进行的。厨房生产作业流程主要包括加工、配份、烹调三大阶段。针对厨房生产流程不同阶段的特点，明确制定操作标准，规定操作程序，则是厨房管理的主要工作任务。

在厨房生产过程中，每道工序、工种、工艺之间相互联系，密切配合，这除了制订厨房各部门、各工种、各岗位的责任制和工作程序外，管理者必须根据标准化质量管理的要求进行厨房生产的合理质量控制和管理。

一、加工阶段管理

加工阶段生产流程，包括原料的初加工和原料的深加工。初加工是指冰冻原料的解冻、鲜活原料的宰杀、洗涤和初步整理;深加工是指原料的切割成形和浆、腌。原料的初加工和深加工工作,是厨房生产的基础。因此,加工阶段的管理工作十分重要。加工阶段的原料质量标准直接影响到厨房菜品的质量,对产品成本的控制至关重要。

1. 初加工环节中的管理

(1) 冰冻原料的解冻

● 冰冻原料加工前,首先要经过解冻处理,使原料恢复软嫩的状态,尽量减少汁液和水分的流失。解冻的温度不宜过高,将解冻原料提前从冷冻库放至冷藏库,是既方便而又节省能源的好办法。冰冻原料的解冻温度要求在10℃以下,切不可将冰冻原料直接投放在热水中,造成原料的外部变色,而使质地、营养、感观受到损坏。

● 原料解冻需要一定的时间,原料暴露在空气中或浸入水中,都会造成原料氧化、被微生物侵袭和营养流失。因此,在原料解冻时,最好用聚乙烯薄膜包裹,然后再投入水中或自然化解。

● 解冻时间越长,原料受污染的机会和汁液流失的数量就越多。因此,尽量缩小外部解冻和内部解冻所需时间的差距,解冻时,可采用勤换解冻媒质方法(如经常更换用于解冻的碎冰和凉水等),以缩短原料内外解冻的时间差。

● 尽量在原料半解冻状态下进行烹调加工处理。有些需要用切片机切割的原料,只要略作化解,即可加以切割。

(2) 原料利用率的提高 原料利用率,是指加工后可用做菜的净料和未加工的原料之比。原料的利用率越高,其成本就越低。因此,提高原料的利用率是十分必要的管理工作。具体做法可以采用对比法,即厨房管理人员对每次新使用的原料进行加工测试。测定原料利用率后再交由加工人员或助手操作,在加工操作过程中,用原料毛料和加工成品分别进行称量计重,随时检查,看是否合乎标准。对未达标准则查明原因,不断对比并改进加工方法,以提高原料的利用率。

要经常检查下脚料的利用和垃圾桶里的物品,检查是否还有可用部分未被利用,促使所有员工对出净率给予高度重视。有些如果是技术问题造成,要及时采取有效的培训、指导等措施;若是态度问题,则更需强化检查与督导,并采取相应的处罚措施。

(3) 原料加工数量的控制 原料加工的数量,主要取决于厨房销售的菜肴、使用原料的多少。加工数量应以销售预测为依据,一般情况下,加工数量以满足生产为前提,留有适当的储存周转量,避免加工过多而造成质量降低。厨房应根据餐厅营业情况,统一向采购部门申领原料,然后集中加工制作。这样,可以较好地控制各类原料的加工数量,并能保证厨房生产的顺利进行。

2. 原料加工成形的规格化、规范化管理

确保质量仅仅有优质的食品原料是不够的,还应在厨房加工和生产的整个过程中按岗定位,分工负责,认真实行规范化的操作规程,减少失误,避免差错,增加制作菜肴的成功率,以保证全面提高菜品质量。

加工切配需要定人定岗。食品原料的加工、切配与烹调关系密切。刀工、切配是形成菜肴外形和结构的基础,倘若加工的原料厚薄不一,深浅不等,形态有异,它将为烹调中准确地运用火候、滋味的渗透调和造成困难,影响成菜质量。所以,要根据规范的要求,对厨房切配岗位按其加工流程中各项操作程序与不同的加工特点分成多个岗位,按规格操作。

使其刀工的成形达到长短一致、厚薄均匀、粗细匀称、整齐划一,达到菜肴艺术中的统一美。

表 3-1　原料加工规格表

成品名称	用料	加工规格
肉丝	里脊、弹子肉、大排肉	长 8 cm、粗 0.3 cm×0.3 cm
肉片	里脊、弹子肉、大排肉、五花肉	长 6 cm、宽 4.5 cm、厚 0.3 cm
肉丁	里脊、弹子肉、大排肉	长、宽、厚均为 1.2 cm
……	……	……

二、配份阶段管理

配份阶段的控制需要管理人员经常地进行规格标准的核实,在正常的工作中是否按要求使用了称量、计数和计量工具,因为即使最熟练的配菜厨师,不进行称量都是很难做到精确。在西方,厨房的配菜厨师都配备有小型称量计算器,他们对每一份菜品都进行称量,根据标准食谱的要求,以确保每一份菜品的规格统一。日本餐厅的厨师也是严格根据标准来计量的。按标准配份,不仅风格一致、数量相等,而且便于成本的核算与管理。

配份控制的另一个关键是凭单配发,配菜厨师只有接到餐厅客人的订单,或者规定的有关正式通知单才可配制,保证配制的每份菜肴都有凭据。另外,要杜绝配制中的失误,如重复、遗漏、错配等,使失误降到最低限度。这里查核凭单是控制的一种有效方法。

1. 配份阶段的管理

配份阶段是决定每份菜品的用料及其成本的关键。产品销售出去,没换回应有的利润,这是厨房管理的失败,也是餐饮经营的失败。配份阶段的控制是把握经营盈利所必需的。在配份时如果每份 500 克的菜肴,只要多配 25 克,那么就有 5% 的成本被损失,这种消耗即使只占销售额的 1%,也是十分可观的,因为餐饮成功的管理要取得的利润幅度,一般是销售额的 3%~5%,所以某一种或几种产品损失掉销售额的 1%~2%,就相当于丢掉成功经营一半的利润,所以配份是食品成本控制的核心。

配份阶段的管理是菜品质量的保证。如果客人两次光顾你的餐厅,或两个客人同时光顾,而你配给的同一份菜肴却是不同的规格,客人必然不会满意。因此,配份管理是保证质量的重要一环。

2. 配份数量的控制

配份数量控制可以保证每份配出的菜肴数量合乎规格,成品饱满而不超标,使每份菜品产生应有的效益;它又是成本控制的核心,因为原料通过加工、切割、上浆,到砧板岗位其单位成本已经很高。差之毫厘,谬之千里。配份时如疏忽大意,或者大手大脚,会使饭店原料大量流失,菜肴成本居高不下,为准确控制成本平添诸多麻烦。因此,配份的数量控制至关重要。其主要手段是充分依靠、利用标准食谱规定的配份规格标准,养成称量、计数的好习惯,切实保证就餐顾客利益,又对企业的经营负责,塑造好的产品形象和声誉。

表 3-2　切配料头规格表

料头名称	用料	切制规格要求	配制菜肴
姜片	老姜	长 1 cm、宽 1 cm、厚 0.1 cm	宫保鸡丁等
蒜片	大蒜	长 1 cm、宽 1 cm、厚 0.1 cm	爆腰花等
葱花	细葱	长 0.5 cm 的粒	鱼香肉丝等
……	……	……	……

3. 配份质量的控制

菜肴配份,首先要保证同样的菜名,原料的配份必须相同。按标准食谱进行培训,统一用料配菜,并加强岗位监督、检查,则可有效地防止乱配的现象发生。

菜肴配份,以方便下一道工序的操作为原则。应考虑烹调操作的方便性。因此要求每份菜肴的主料、配料、小料配放要规范,即分别取用各自的器皿,三料三盘,这样烹调岗位操作就十分便利,为提高出品速度和质量提供了便利。

配菜工作中程序的管理,要严格防止和杜绝配错菜(配错餐台)、配重菜和漏配菜出现。一旦出现上述疏忽,既打乱了整个出菜次序,又妨碍了餐厅的正常操作,这在开餐高峰期间是很被动的。控制和防止错配、漏配菜的措施,一是制定配菜工作程序,理顺工作关系;二是健全出菜制度,防止有意或无意的流失。

三、烹调阶段管理

厨师长抓菜品的出品质量,其主要环节重点落实在烹调炉灶岗位。烹调过程是最终确定菜肴色泽、质地、口味、形态的关键,是形成菜品风味、风格的核心环节,是厨房技术实力的根本体现。因此,这是厨师长菜品质量管理工作的重中之重。

烹调阶段主要包括打荷、炉灶菜肴烹制以及与之相关的打荷盘饰用品的制作、大型活动的餐具准备和菜肴退回厨房的处理等工作程序。

1. 按标准要求规范操作

首先,应从烹调厨师的操作规范、制作数量、出菜速度等方面加强管理。必须督导炉灶厨师严格按操作规范工作,任何图方便的违规做法和影响菜肴质量的做法都应立即加以制止。

其次,应严格控制每次烹调的生产量,这是保证菜肴质量的基本条件,少量多次的烹制应成为烹调控制的根本准则。在开餐时要对出菜的速度、出品菜肴的温度、装量规格保持经常性的督导,阻止一切不合格的菜肴出品。剩余食品在经营中被看做是一种浪费,即使被搭配到其他菜肴中,或制成另一种菜,这只是一种补救办法,质量必然降低,也无法把成本损失补回来。由于这些原因,过量生产造成的剩余现象应当彻底消除。

2. 烹调质量管理

烹调阶段的质量管理主要应从烹调厨师的操作规范、烹制数量、出菜速度、成菜温度以及对不合格菜肴的处理等几个方面加以督导与控制。

首先应要求厨师服从打荷派菜安排,按正常出菜次序和客人要求的出菜速度烹制出品。

在烹调过程中,要督导厨师按规定操作程序进行烹制,并按规定的调料比例投放调料,不可随心所欲,任意发挥。尽管在烹制某个菜肴时,不同厨师有不同做法,或各有"绝招",但要保证整个厨房出品质量的一致性,这就是规格标准。

表 3-3 调味料用料规格表

名称 用料	豉蚝汁	……
豆豉	300 g	……
蚝油	110 g	……
大蒜末	95 g	……
泡红辣椒末	75 g	……
陈皮末	40 g	……
老抽	165 g	……
……	……	……

3. 烹调操作要求

控制炉灶一次菜肴的烹制量也是保证出品质量的有效措施。坚持菜肴少炒勤烹,既能做到每席菜都出品及时,又可减少因炒熟后分配装盘不均而产生误会和麻烦。因此,开餐期间,尤其要加强对炉灶烹调岗位的现场督导管理,既要控制出菜秩序和节奏,还要保证出品及时用于服务销售,以合适的温度、应有的香气、恰当的口味服务顾客。对不符合规格的菜品,一定要控制在厨房的内部,以保证走出餐厅的菜品万无一失。

四、冷菜、点心的生产管理

在中餐厨房,冷菜部和点心部是厨房生产相对独立的两个部门,其生产与出品管理与热菜有不尽相同的特点。冷菜品质优良,出品及时,可以诱发客人食欲,给客人以美好的第一印象。点心虽然多在就餐的最后或中途穿插出品,但其口味和造型同样能给客人以愉快的享受并留下美好的记忆,起到画龙点睛的作用。

1. 冷菜生产质量控制

冷菜的生产同样要经过初加工、切配、烹制、装盘等生产环节,但因其属于开胃菜范畴,并早于热菜之前上桌,对其又有特殊的要求,即:讲究色彩的丰富、口味的变化、成形的美观、刀路的清晰、数量的精巧等。

(1) 冷菜分量控制。冷菜与热菜不同,多在烹制成熟、晾凉后切制装盘。每份数量及装盘形式,既关系到客人的利益,又直接影响成本控制。虽然冷菜多以小型餐具盛装,但也并非越少就越给人以细致美好的感觉,应以适量、饱满、恰到好处为度。

(2) 冷菜的质量与出品管理。中餐冷菜和西餐冷菜都具有开胃、佐酒的功能,因此,对冷菜的风味和口味要求都比较高。风味要正,口味要准确,要在咀嚼品尝时味美可口。

(3) 保持冷菜口味的一致性。可采用预先调制统一规格比例的冷菜调味汁、冷沙司的做法,待成品改刀、装盘后浇上或配带调味碟即可。冷菜调味汁、冷沙司的调制应按统一规格比例进行,这样才能保证风味的纯正和一致。

(4) 突出特色,杜绝漏洞。冷菜由于在一组菜点中最先出品,总给客人以先入为主的感觉,因此,对其装盘的和色彩的搭配等要求很高。不同规格的宴会,冷菜还应有不同的盛器及拼摆装盘方法,给客人以丰富多彩、不断变化的印象。同时也可突出宴请主题,调节就餐气氛。

冷菜的生产和出品,通常是和菜肴分隔开的。因此其出品的手续控制亦要健全。餐厅下单时,多以单独的两联分送冷菜厨房,按单配份与装盘出品同样要按配菜出菜制度执行,严格防止和堵塞出品中的漏洞。

表 3-4 冷菜装盘规格表

菜名	用料		盛器	装盘要求	备注
	名称	数量			
白斩鸡	熟鸡	1/2 只	8英寸圆盘	剔骨	
……	……	……	……	……	……

2. 点心生产质量控制

点心是白案组加工生产的产品,是对套餐、宴会菜品的补充,好的点心能给客人留下深刻的印象和美好的回味。点心的形式很多,但总体比较精细,大多小巧玲珑,口感清馨,在席间往往会起到锦上添花的作用。

(1) 点心的个性特点。根据工种的特点,白案的工作宜采取与其他工种不同的管理方法。它通过和面、揉面、搓条、下剂、制皮、上馅、成形、熟制等不同工序生产而成。其品种大多以"个"的形式包捏完成。其分量和数量包括两个方面:一是每份点心的个数;二是每只点心的馅料及其配比。前者直接影响点心的分量和成本,后者随时影响点心的风味、质量和价格,因此加强点心生产的分量和数量控制也是十分重要的。

(2) 制定点心规格标准。在点心的生产操作过程中,要控制点心分量,有效的做法是对生产的点心进行实验,规定各类点心的生产分量(皮剂重量和馅心重量)和装盘规格标准,然后根据其规格标准进行督导管理并依照执行,以保证点心的产品质量的一致性。

(3) 不符合标准不出售。点心正好与冷菜相反,它重在给就餐客人留下美好的回味。点心多在就餐后期出品,客人在酒足菜饱之际,更加喜欢品尝、欣赏点心出品的造型和口味,或者打包带走。因此,这要求对点心质量加以严格控制,确保出品符合规定的质量要求,并对点心的生产、销售做好记录,对于质量不合格、不达标的产品坚决不出售。

表 3-5 点心制作与装盘规格表

品名	主料		配料		制作要求	盛器	装盘数量
	名称	数量	名称	数量			
鲜肉包子	肉馅	30 g	面粉	25 g	收口	8英寸圆盘	每客4只
……	……	……	……	……	……	……	……

第三节 标准食谱设计与制定

引导案例

Red Lobster 是美国迄今为止经营最为成功的餐饮企业之一,主要为北美洲顾客提供各类海鲜菜肴。Red Lobster 海鲜连锁店是由佛罗里达州的一个餐馆老板创建的。至 1993 年,它 25 周年时,这个公司在 49 个州拥有 600 家餐馆,为 1.4 亿位顾客提供价值 1 412 万美元的海鲜。Red Lobster 还拥有 57 家加拿大餐馆。

Red Lobster 成功的部分秘密就是它建立了一个好的声誉,即可以提供一贯的质量和各种各样的海鲜。一贯的质量并非偶然的结果,它来自于对于购买海产品的严格的质量规定,来自于经检验的厨房设施,来自于给每家餐馆传递生产细则的独特方法。

Red Lobster 现在是全世界最大的购买海产品的餐馆之一,它吸引了来自将近 50 个不同国家的供应商。它使用了极尽严格的购买手册,并尽力与供应商建立长期的合作关系。Red Lobster 的经营者不仅要熟悉餐饮业,而且还需要有海洋学、海洋生物学、金融学、食品制作过程方面的知识。他们与供应商和食品制作者共同工作,以确保他们的捕捞与制作符合 Red Lobster 的高质量标准。既然 Red Lobster 可以确保高质量的供应,那么它是怎样让 650 家连锁饭店一致地符合标准的呢?答案的重要内容之一,就是标准化的厨房营运系统。

在这里,人们尝试了不同的食品准备方式,被推荐的烹饪法和备料准则进一步得到了发展,甚至关于碟子上食品如何切割和摆设的细节都加以规定。Red Lobster 是如何将这些细节传递给这个庞大系统的各个部分的?方法之一就是通过"Lobster 电视网络"的运作。Red Lobster 制作了录像带,教授备菜和服务技巧。将录像带放入 VCD 中,所有餐馆的经理和他们的员工就立即会看到新的项目,新的组合菜肴,以及促销和服务的新观念。Red Lobster 是北美最成功的连锁餐馆之一,它的每周顾客评价在同类餐饮业中是最高的。这个公司的历史和目前的持续增长,大部分要归功于它完美的厨房营运系统,这一系统确保了在合理价格上的一贯性、标准化的服务。

点评:维护恒定统一的产品质量,是企业持续经营取得成功的基本保障。内部运营系统的标准化正是企业走向辉煌的基础。

为保证菜单上各种菜品的质量达到规定的标准,并保持有一定的稳定性,同时也为了有效地进行餐饮成本控制,有必要对餐饮生产进行标准化控制。为此,要对固定菜单上的各类菜品制定标准菜谱,以保证餐厅中出售的各类菜品质量标准化和统一性。

一、标准食谱的应用与效果

标准食谱起源于西方国家的饭店经营管理。具体地说,它是明示菜品制作的具体配方。它需要具体的配料、每种配料所需的数量、制作工序、每份的大小和相应的设备、配菜以及菜品制作时所需要的具体数据,以及菜品的制作成本、价格核算方法等内容的书面控制形式。

标准食谱与普通食谱有许多区别。普通食谱的主要内容包括：加工餐饮产品的原料、辅料以及菜品的制作过程两大部分。普通食谱的作用主要是作为厨师等餐饮产品加工生产者的生产工具书。而标准食谱是厨师和管理的基本工具，它可以用来培训厨师、指导服务员服务、控制食品成本；也可以用来确保顾客得到质量与数量稳定的产品。在标准食谱的主要内容中，除了普通食谱的部分内容之外，另有关于餐饮产品经济核算方面的内容。它的作用主要是供餐饮管理人员作为餐饮成本核算、控制的手段。

使用标准食谱不仅是餐厅食品和成本控制的工具，同时也反映了一个餐厅的餐饮风格。在标准食谱的具体内容中，从企业经营的角度来看，还有另外的效果。

1. 强化标准份额

标准份额是每份菜品以一定价格销售给顾客的规定数量。每份菜品每次出售给顾客的数量必须一致。比如一份鱼香肉丝分量是 300 克，那么每次向顾客销售时，其分量应该保持一致，必须达到规定的标准份额。规定和保持标准份额具有下列两大作用：

（1）防止顾客不满。确定和坚持执行标准份额，使餐厅每次提供的菜品和饮料的数量相同，避免引起顾客吃亏、不满或受骗的情绪。每次供应的菜品数量稳定，会使顾客产生公平感，从而增加回头客。

（2）防止成本超额。如果菜品饮料的份额不同，则其涉及的原料消耗的成本也会不同，这样往往会引起成本超额。一份盐水鸭如果份额为 250 克，则其成本为 6 元；若是 300 克，成本费就需要 7.2 元。份额不标准，就难以进行成本控制，而销售价格并不会因为菜品的份额控制不准而发生变化，这样就会引起餐厅利润的波动。

2. 加强技术培训和规范操作

在正确使用标准食谱时，必须要注意一些问题：在修改传统食谱前，必须要对原来使用的食谱进行修改、制定和测试，以期达到当前的较佳的境地；实行新的标准食谱，需花费一定的时间，食谱确定后，必须对厨房生产人员进行培训，使他们掌握新的食谱，达到标准质量要求；在使用标准食谱的过程中，它是规范的、不可随意变化的，这就如同机器加工产品一样，由此，给人们的感觉往往是比较机械的，甚至感到使用标准食谱会扼杀自己的创造性和主动性，这需要人们正确处理好标准食谱与创新的关系。

二、标准食谱的具体内容

标准食谱设计的内容主要有以下几个方面：

1. 菜品名称及基本技术指标

菜品要有一个标准的名称，这个名称应与印刷菜单上的名称保持一致。基本技术指标主要包括菜点的编号、生产方式、盛器规格、烹饪方法、精确度等等。它们虽然不是标准食谱的主要部分，但确是不可缺少的基本项目，而且它们必须在设计的一开始就要设定好。

2. 标准配料量

厨房生产的一个控制环节就是要规定生产某菜品所需要的各种主料、配料和调味品的数量。在确定标准生产以前，首先要确定生产一份标准份额的菜品需要哪些配料，每种配料需要多少用量，以便提供质价相称、物有所值的菜品。这是保障产品质量的前提条件。

3. 标准烹调程序

规范烹调程序是对烹制菜品所采用的烹调方法和操作步骤与要领等方面所作的技术性规定。这一技术规定是为了保证菜品质量,对厨房生产的最后一道工序进行规范。它全面地规定了烹制某一菜品详细的烹调程序、所用的炉灶、炊具、原料配份方法、投料次数、坯型处理方式、烹调方法、操作要求、装盘造型和点缀装饰等,使烹制的菜品质量有了可靠的保证。

4. 烹制份数和标准份额

在厨房中,有的菜品适合一份一份地单独烹制,有的则适宜或必须数份甚至数十份一起烹制。因此,标准食谱对该菜品的烹制份数必须有明确的规定,以便正确计算标准配料量、标准份额和每份菜品的标准成本。标准食谱对每种菜肴、面点等的份量、份数进行了规定,是以保证菜品质量为出发点的。

5. 烹饪时间与温度

西餐菜谱对烹饪时间和温度有着明确的要求。这也是西餐菜品标准化做得较成功的主要原因。时间和温度关系密切,有些菜品需要长时间的小火加热,而有些菜品需要短时间的旺火爆炒。标准食谱应对时间和温度有明确的规定,尽量避免使用"片刻""一会儿""热油""温油""六成油"等等不准确的词语。

6. 每份菜品标准成本

标准食谱对每份菜品标准成本作出规定,就能够对产品生产进行有效的成本控制,可以最大限度地降低成本,提高餐饮产品市场的竞争力。标准食谱对标准配料及配料量做出了规定,由此可以计算出每份菜品的标准成本。由于食品原料市场价格的不断变化,每份菜品标准化成本也就要及时做出调整。

7. 成品质量要求与彩色图片

通过标准食谱对用料、工艺等的规范,保证了成品的质量,标准食谱为此对出品的质量要求作出规定。但因为菜点的成品质量有些项目目前尚难以量化,所以在设计时,应制作一份标准菜品,拍成彩色图片,以便作为成品质量最直观的参照标准,其外观使人一目了然。

8. 食品原料质量标准

只有使用优质的原料,才能加工烹制出好的菜品。标准食谱中对所有用料的质量作出规定。如食品原料的规格、数量、感官性状、产地、产时、品牌、包装要求、色泽、含水量等,以确保餐饮产品质量达到最优效果。

三、标准食谱的制定与使用

标准食谱的设计制定是一项工作量较大且十分细致复杂的技术工作。它是厨房生产管理的重要手段,为了保证企业的菜品质量,我们必须认真做好、高度重视。一般标准食谱的设计项目:包括菜品名称、照片、产品特点、适用季节、食用对象、主配料的分量、制作程序及方法、烹调时间及温度、上桌时所达温度和餐具的规格等内容。标准食谱上的用料分量要经过反复实践科学地确定,绝不能凭空估算,工作程序的语言要采用恰当的专业术语。

1. 确定主、配料原料及数量

菜品的原材料有许多品种,不同的产地、部位、季节和品种都存在着不同的差异,所以,对某一菜品来说,其质量的好坏和价格的高低很大程度上取决于烹调菜肴所用的主料、配料的种类与数量,标准食谱首先在这方面做出了规定,为了确保菜品的质量,对原料的产地、部位、季节等都作相应的规定,为菜品的质价相符,物有所值,以及风格特色做出了重要的保证。

2. 规定调味料品种,试验确定每份用量

我国调味品市场琳琅满目,就菜肴的调味品而言,同一菜品运用不同品牌的调味品就会产生不同的味觉差异,所以对某一调味品品种都要进行认定,使其固定下来;并对各种调味品的分量进行量化,对全部数量单位给予说明,以保证菜品的口味与味型准确无误。

3. 根据主、配、调料用量,计算成本、毛利及售价

这是标准食谱设计过程中最细致、最复杂的工作环节。菜品原料的用量必须根据自己企业的生产情况和销售价格规定,一一对各种原料的数量作出规定,然后通过试烹进行测定。原料配份与使用量确定以后,将所有原料价款相加后得到的总价款数,就是制作一份或几份的标准成本,根据菜品的成本就可计算出某一菜品的毛利和售价。

4. 规定加工工艺流程与制作步骤

在确定工艺流程和制作步骤时,主要是对具体的技术环节作出规定。如主、配料加工切制的形状、大小、粗细、厚薄等,原料切配后的处理环节,如预热处理方法、型坯处理方法、浆糊使用的种类等。同时对烹调加热过程的技术要求更应作详细要求,如加热的方式、加热的温度与时间,调味料投放的次序、勾芡的技术要求等。

5. 选定盛器,落实盘饰用料及式样

菜品通过加工、烹制成熟后,接下来就是菜品的装盘工序。对于某一菜肴成菜后应根据菜品整体形态、色泽确定盛器的大小、形状和色泽。同时,也应明确规定其装盘方法以及点缀装饰的效果,如黄瓜、番茄、胡萝卜、雕刻花卉等都应作统一的盘饰规定,以保证某一菜肴的风格统一性。

6. 明确产品特点及质量标准

每个菜品都有自己的特点,应将每个菜品的风格特色及其质量标准单列出来,主要从色泽、口感、味觉、触觉、营养和形态诸方面明示,使每个制作者和顾客都一目了然。

7. 填置标准食谱

将标准食谱的各项内容一一核对后,填写标准食谱卡,将主、配、调料的用量、品种、制作程序以及菜品的特点、装盘等分别填入标准食谱卡中,然后制作一份标准菜品,拍成彩色图片,以便作为成品质量最直观的参照标准。最后填写设计时间、编号及设计人员,一菜一页,然后装订成册。

8. 按标准食谱培训员工,统一生产出品标准

标准食谱确定以后,厨房所有人员就必须严格按此标准执行,要维持其严肃性和权威性,减少随意投料乱改程序而导致出品质量的不一致、不稳定。在厨师培训中(特别是新员工)便可直接利用标准食谱作为培训员工的依据,使厨房生产走上统一的质量标准行列。如表3-6为标准食谱样本表。

表 3-6 标准食谱

菜品名称				编号	
类别				分量	
成本				售价	
盛器				毛利率	
质量标准					
用料名称	单位	数量	单价	金额	备注
制作程序	1.			标准照片	
	2.				
	3.				
	4.				
	5.				

9. 采用食谱管理软件利于经营和及时调整

标准食谱确定以后,便可将所有的材料输入计算机中,以方便检阅和查找。利用食谱管理软件制作标准食谱文档,将具体内容用微机来管理,这样不仅方便管理,而且便于调整和修改。

为了便于及时对标准食谱做出调整,所有的材料最好用微机编制、备份、定期或随时对某些品种作调整时,在原来材料的基础上加以修订即成。

第四节 厨房产品设计与研发

引导案例

无锡某大酒店餐饮部从开业以来就确立了以技术占领市场的指导思想,即以无锡本帮菜为主,以川、粤菜为重点,辅以西菜和日式料理的指导方针,走在了无锡烹饪界的前列,多次与四川烹饪界名流广泛交流接触,从而使饭店的厨师对川菜有了深层的理解,达到了质的飞跃,即从简单的引进发展到现在的引进、移植、改良和创新。

移植改良拓宽市场,生搬硬套则行不通。毕竟锡城的市民有着自己传统的饮食习惯和口味爱好,通过对宾客满意程度的了解建立客史档案,他们大胆地对引进菜肴在原料、做功、口味上进行改良。如针对江南人爱吃湖鲜的爱好,制作了干煸大虾、泡菜条烧白鱼等菜肴。在做功方面如给樟茶鸭子配上精饼后,使其在选型、口味上都上了一个台阶,而芹香肉松加上宫灯围边后成了宴席上一道脍炙人口的美味佳肴。口味上,他们根据客人的不同需求而改良,如麻婆豆腐在不失其"麻、辣、烫"的风味特点基础上,可根据客人对"麻、辣、烫"

的适应度而相应调整。乡村田边鸡、鱼香金衣卷、虾肉苹果夹、南瓜回锅肉、辣子大虾、川卤牛尾等一系列菜肴都是受客人好评的改良型川菜。

创新赢客源,创新才有勃勃生机。多年来不断地通过与川菜、粤菜、宫廷菜、清真菜、西菜、日本料理以及其他各派菜系的交流学习和自身不断地潜心研究,反复推敲和不断地征求客人的意见,优化改良,做出了一些适合社会各界、各地区以及海外游客的创新菜。如锡式川菜采用本地特产"太湖三白"为原料与川菜的调味和烹饪手法相结合,在保持了太湖特产鲜、嫩、滑、爽的基础上丰富了口味,这些菜肴有凉粉仔虾、酸菜白虾、麻酱游水虾、红汤香辣银鱼等。而如"鱼香烤鳗排"一菜则以本地区特产河鳗为原料,运用日本料理中烤鳗的烹饪手法,使用川菜中较受日本客人喜爱的鱼香味为调味手段,将三者完美结合,在保持原料的鲜嫩不受影响的同时,提高菜肴的香味,增加了菜肴的回味,此菜肴深受日本客人的喜爱。另外又如采用了粤菜的选料方法,引进西菜中的原料及烹饪手法,配以川菜中特有的调料并运用江苏菜注重拼摆、讲究造型的特长,将它们完美地组合后制作出来的黄油大虾,不但深受中国客人的青睐,亦受到了很多欧美客人的赞许。采用粤菜选料广泛,江苏菜制作严谨、注重造型,川菜突出口味、注重调味的各派之长而创新的菜肴则更多,诸如干烧鱼翅、蒜泥仔鲍、三味鲜鲍片、栗子胖鱼头、渝州干烧牛蛙腿、豆花鱼片、顶级焗鱼嘴等一系列菜肴。这些菜肴的口味适应性广,已成为饭店的精品特色菜肴。

点评:不断开发迎合市场的创新菜品是吸引客人前来就餐并使企业生意兴隆的前提。

厨房运行管理中的另一重要内容就是如何适应现代市场、满足客人需求的菜品持续开发与创新的问题。这已成为企业上层管理者对厨师长工作评估的一项重要内容,也是厨房生产运作中必须履行的管理职责。

菜品的开发创新相比厨房其他运作管理有更大的难度,创新不仅仅是厨师长一个人的事情,而是厨房整个团队的创造力。但如何调动厨房所有工作人员的积极性,发挥每个人的聪明才智,这是厨房生产管理中的一件大事。为此,必须建立一个有效的关于菜点开发创新的运行机制,从制度上保证和激励广大厨房工作人员的积极性。

一、菜品研发的基本原则

创新菜随着社会之需要,在全国各地发展迅速,相当一部分创新菜点以新颖的造型、别致的口味被广泛应用,获得了良好的经济效益和社会效益,充分显示了创新菜存在和发展的价值,但也发现许多企业的不少创新菜存在着不合情理、制作失当的现象,还需要不断完善和推敲研究。在创新过程中,除在原料、调料、调味手段以及名、形、味、器均有突破外,同时也要注意营养的合理性,使菜品更具有科学性和食用性。

1. 迎合市场,强调食用

(1)关注市场。创新菜点的酝酿、研制阶段,首先要考虑到当前顾客比较感兴趣的东西,即使研制古代菜、乡土菜,也要符合现代人的饮食需求,传统菜的翻新、民间菜的推出,也要考虑到目标顾客的需要。

在开发创新菜点时,也要从餐饮发展趋势、菜点消费走向上做文章。要准确分析、预测未来饮食潮流,做好相应的开发工作,就要求我们烹调工作人员时刻研究消费者的价值观念、消费观念的变化趋势,去设计、创造而引导消费。

未来餐饮消费需求更加讲究清淡、科学和保健,因此,制作者应注重开发清鲜、雅淡、爽口的菜品,在菜品开发中忌精雕细琢、大红大绿,且不用有损于色、味、营养的辅助原料,以免画蛇添足。

(2) 强调食用。可食性是菜品内在的主要特点。作为创新菜,首先应具有食用的特性,只有使消费者感到好吃,有食用价值,而且感到越吃越想吃的菜,才会有生命力。不论什么菜,从选料、配伍到烹制的整个过程,都要考虑菜品做好后的可食性程度,以适应顾客的口味为宗旨。有的创新菜制成后,分量较少,叫人们无法去分食;有些菜看起来很好看,可食用的东西不好吃;有的菜肴原料珍贵,价格不菲,但烹制后未必好吃;有些创新菜的制作,把人们普遍不喜欢的东西显露出来,如猪嘴、鸡尾等。客人不喜欢的创新菜,就谈不上它的真正价值,说白了就是费工费时,得不偿失。

2. 注重营养,适应大众

(1) 注重营养。营养卫生是食品的最基本的条件,对于创新菜品这是首先应该考虑的。它必须是卫生的,有营养的。一个菜品仅仅是好吃而对健康无益,也是没有生命力的。如今,饮食平衡、营养的观点已经深入人心。当我们在设计创新菜品时,应充分利用营养配餐的原则,把设计创新成功的健康菜品作为吸引顾客的手段,同时,这一手段也将是菜品创新的趋势。从某种意义上说,烹饪工作者的任务较重,应该引导人们用科学的饮食观来规范自己所创制的作品,而不是随波逐流。从创新菜开始尤为重要。

(2) 适应大众。一个创新菜的推出,是要求适应广大顾客的。经统计调查,绝大多数顾客是坚持大众化的,所以为大多数消费者服务,这是菜肴创新的方向。创新菜的推出,要坚持以大众化原料为基础。过于高档的菜肴,由于曲高和寡,不能带有普遍性,所以食用者较少。因此创新菜的推广,要立足于一些易取原料,价廉物美,广大老百姓能够接受,其影响力也十分深远。如近几年家常菜的风行,许多烹调师在家常风味、大众菜肴上开辟新思路,创制出一系列的新品佳肴,如三鲜锅仔、黄豆猪手、双足煲、麻辣烫、剁椒鱼头、芦蒿炒臭干等等,受到了各地客人的喜爱,饭店、餐厅也由此门庭若市,生意兴隆。我国的国画大师徐悲鸿就曾说过:"一个厨师能把山珍海味做好并不难,要是能把青菜、萝卜做得好吃,那才是有真本领的厨师。"

3. 易于操作,利于消费

(1) 方便操作。创新菜点的烹制应简易,尽量减少工时耗费。随着社会的发展,人们发现食品经过过于繁复的工序、长时间的手工处理或加热处理后,食品的营养卫生大打折扣。许多几十年甚至几百年以前的菜品,由于与现代社会节奏不相适应,有些已被人们遗弃,有些菜经改良后逐步简化了。

另外,从经营的角度来看,过于繁复的工序也不适应现代经营的需要,费工费时做不出活来,也满足不了顾客时效性的要求。现在的生活节奏加快了,客人在餐厅没有耐心等很长时间;菜品制作速度快,餐厅翻台率高,座次率自然上升。所以,创新菜的制作,一定要考虑到简易省时,甚至可以大批量的生产,这样生产的效率就高,如上海的"糟钵头"、福建的"佛跳墙"、无锡的"酱汁排骨"等等都是经不断改良而满足现代经营需要的。

(2) 利于消费。一个创新菜的问世,有时是要投入很多精力与时间,从构思到试做,再改进直到成品,有时要试验许多次。这也是我们不主张一味地用高档原料的缘故。菜品的创新是经营的需要,创新菜也应该与企业经营结合起来,所以,我们衡量一个创新菜的成功与否主要看其点菜率情况,顾客食用后的满意程度。如果一道创新菜成本不高,我们又注意到尽量降低成本,减少不必要的浪费,有良好的经济效益,那么这个菜就有生命力。相反,如果一道创新菜成本很高,卖价很贵,而绝大多数的消费者对此没有需求,它的价值就不能实现;若是降价,则企业会亏本,那么,这个菜就肯定没有生命力。

我们提倡的是利用较平常的原料,通过独特的构思,创制出人们乐于享用的菜品。创新菜的精髓,不在于原料多么高档,而在于构思的奇巧。如"鱼肉狮子头",利用鳜鱼或青鱼肉代替猪肉,食之口感鲜嫩,不肥不腻,清爽味醇。"晶明手敲虾",取大明虾用澄粉敲制使其晶明虾亮,焯水后炒制而成。其原料普通,特色鲜明。所以,创新菜既要考虑生产,又要考虑消费。与企业、与顾客都有益。

4. 体现特色,遵循规律

(1) 突出风格。中国是具有悠久历史与文明的国家,在中华大地上产生了各式各样的文化和风俗,表现在菜品中则体现为多地域、多民族、多风格的鲜明特点。在中国流传着许多优美的故事以及由此衍生出的名菜、名点。而今,全国各地餐饮企业,利用中华民族的优秀文化传统,经过当代烹调师的研究,产生了许多名宴、名菜点。如西安的"曲江宴""仿唐宴""饺子宴",无锡的"西施宴""乾隆宴""太湖宴",南京的"随国宴""仿明宴""秦淮小吃宴",以及全国各地的"红楼宴""明金宴""东坡宴""孔府宴"等等,这些菜品的开发与创制,都离不开文化和风俗的特点。

具有中华民族特色的餐饮活动,离不开中国的文化风俗,春节、元宵节、中秋节、重阳节食俗以及生日宴、祝寿宴,其菜品的设计,都吃的是文化饭、风俗饭,创新菜品若脱离了本土的文化,也就失去了它的民族个性特色。

只有民族的才是世界的,早已为人所熟知。在合家欢笑的氛围中,"花好月圆""团圆饼""月圆饺"的创制,反映了我国人民传统的团圆习俗,反映着我们民族传统的文化心理。创新菜、时令菜的制作,在与传统文化风俗相吻合时,它产生的效果将是深远的。

(2) 反对浮躁。从近几年来各地烹饪大赛中广大烹调师制作的创新菜肴来看,每次活动都或多或少产生一些构思独特、味美形好的佳肴,但也经常发现一些菜品,浮躁现象严重,特别是不遵循烹饪规律,违背烹调原理。如把炒好的热菜放在冰凉的琼脂冻上;把油炸的鱼块再放入水中煮等类似的制作。

历史上任何留下不衰声誉的创新菜,都是拒绝浮躁、遵循烹饪规律的。许多年青厨师不从基本功入手,舍本求末,在制作菜肴时,不讲究刀工、火候,而去乱变乱摆,有的创新菜就像一堆垃圾,根本谈不上美感,有些人盲目追求菜肴和口味的变化,却像涂鸦一样不知所云,让人费解。

浮躁之风的另一种现象,即是把功夫和精力放在菜品的装潢和包装上,而不对菜品下苦功钻研,如一款"五彩鱼米",他投入的精力在"小猫钓鱼"的雕刻上,而"鱼米"的光泽,切的大小实在是技术平平。装饰固然需要,但主次必须明确。由此,急功近利的浮躁之风不可长,而应脚踏实地把每一个菜做好。

二、菜点研发的基本程序

新菜品的开发程序包括从新菜品的构思创意到投放市场所经历的全过程。这样的过程一般可分为四大阶段,即:酝酿与构思、选择与设计、试制与完善和标准制定。在具体制作中又有若干方面需要慎重考虑,某一个方面考虑不周全,都会带来菜品的质量问题。所以,每个环节都不能忽视。

1. 酝酿与构思

新菜点开发过程是从寻求创意的酝酿开始的。所谓创意,就是开发新菜品的构想。虽然并不是所有酝酿中的设想或创意都可变成新的菜品,寻求尽可能多的构想与创意却可为开发新菜品提供较多的机会。所以,所有的新菜品的产生都是通过酝酿与构想创意而开始的。新创意的主要来源来自于广大顾客的需求欲望和烹饪技术的不断积累与突破。

2. 选择与设计

选择与设计就是对第一阶段形成的构思和设想进行筛选、优化与构思,理清设计思路。在选择与设计创新菜点时,首先考虑的是选择什么样的突破口。如:原料要求如何?准备调制什么味型?使用什么烹调方法?运用什么面团品种?配置何种馅心?造型的风格特色怎样?器具、装盘有哪些要求?等等。

对于所选品种,其原料不得是国家明文规定受保护的动物,也不得是有毒的原料。可以是动物性原料,也可以是植物性原料作为主料。烹制方法尽量不要使用营养损失过多或对人体有害的方法,如老油重炸、烟熏等。

选择品种和制作工艺以符合现代人的审美观念和进食要求的,使人们乐于享用的菜品。为了便于资料归档,创制者应为企业提供详细的创新菜点备案资料,准确全面地填写创新的品种资料入档表,以便于修改和完善。

3. 试制与完善

新菜品构思一旦通过筛选,接下来的一项工作就是要进行菜品的试制。在选择与设计的过程中,实际上就对菜品的营养、卫生、色泽、香气、口味、形状、器具、质地等进行全方位的考虑,以期达到完美的效果。在这些必要的指标外,还有几个方面需要特别加以关注。

(1) 菜点取名。菜点名称,就如同一个人名、一个企业的名称一样,同样具有很重要的作用,其名称取的是否合理、贴切、名实相符,是给人留下的第一印象。我们在为创新菜点取名时,不要认为是一件简单的事情,要起出一个既能反映菜品特点,又能具有某种意义的菜名,才算是比较成功的。创新菜点命名的总体要求是:名实相符、便于记忆、启发联想、促进传播。

(2) 把握分量。菜点制成后,看一看菜点原料构成的数量,包括菜点主配料的搭配比例与数量,料头与芡汁的多寡等。原料过多,整个盘面臃肿、不清爽;原料不足,或个数较少,整个盘面干瘪,有欺骗顾客之嫌。

(3) 出品包装。创新菜研制以后需要选择餐具和适当的盘饰美化,这种包装美化不是一般的商品去精心美化和保护产品。菜品的包装盘饰最终目的在于方便消费者,引发人们的注意,诱人食欲,从而尽快使菜点实现其价值——进入消费者的品评中。所以,需要对创新菜点进行必要的、简单明了的、恰如其分的装饰。要求寓意内容优美、健康,盘饰与造型协调,富有美感,体现食用价值,反对过分装饰、以副压主、本末倒置。

(4) 试验成型。根据上述的品种选择及其他因素大致确定以后,下一步就是新菜品的试验阶段。根据原料的特点,按一定形式的组合,配以不同的调料,使用相应的烹调方法,这就成为一道新菜品。

当然,新菜品的产生、定型是有一个过程的,有些菜点需经过反复多次,再接受客人的评判，不断改良而确定。只要推出的菜点有特色，营养合理，味美可口，人们都能接受并推广，这个菜点就会流传下去。

应该说，创新菜点是在不断试验、总结的基础上而形成的。通过试验，再进一步确定菜品的质量、营养价值、生产工艺流程，最后再确定菜品的标准成本和销售价格。

（5）市场试销。新菜品研制以后，如果企业对某种新产品开发实验结果感到满意，就应着手把这种新产品推向真正的市场进行实验，其目的是在于了解消费者对这种新产品的接受程度以及市场规模大小，然后再酌情采取相应的对策。

市场试销就是指将开发出的新菜品投入某个餐厅进行销售，以观察菜品的市场反映，通过餐厅的试销得到反馈信息，供制作者参考、分析和不断完善。通过市场试销就能及时了解就餐客人的反映，为产品的正式定型做好充分准备。赞扬固然可以增强管理者与制作者的信心，批评更能帮助制作者克服缺点。对就餐顾客的评价资料与信息需进行收集整理，好的意见可加以保留，不好的方面再加以修改，以期达到更加完美的效果。

4. 标准制定

根据市场试销的反馈信息，再进一步依照客人的意见进行修改、论证和完善，最后确定菜品的质量标准，编写出标准菜谱。

三、菜点研发的着眼点

餐饮菜品的开发与创新，实质是卖点的创新。菜品的卖点，就是从菜品本身的色、香、味、形、器、技法等诸方面加以考虑，以使顾客能够感觉到有新意的菜品。必须正视这样的现实，今天的市场，是"卖点至胜"的市场。没有"卖点"的菜品就很难吸引消费者，从而导致企业处于没有利润增长点的困境。

1. 挖掘菜品卖点

所谓菜品的"卖点"，它是指在一定时间内，投入餐厅销售后，能够刺激顾客购买、消费，快速创造商业价值的各种自然要素与社会要素的泛称。卖点如同一座金矿，期待人们开发，一旦开发成功，就回报给企业巨大的经济效益。

人们所感兴趣的东西，都可能是卖点。卖点是生产、经营的热点。寻找卖点，关键是搜索热点信息和把握消费动向，吸引并且满足消费者购买欲望。

（1）流行性卖点。流行性卖点是伴随着消费者心理行为的热点转换而形成的商业价值。比如，餐饮产品中的流行菜以及一些造型的菜品。它的流行期较短，来势较猛，消失也较快。从这一点来说，需要企业不断地有新菜品投放餐厅。

（2）稳定性卖点　稳定性卖点是能够在比较长的时间里被消费者所接受并能够获得长久的商业价值。比如，餐饮企业中的传统名菜、看家菜、品牌菜等。

2. 新菜品的设计思路

所谓新菜品，是指"菜品整体"中任何一个方面的更新和变革所带来的菜品原料、方法、口味、造型、品种的创新。根据菜品的创新程度，新菜品可以分为全新菜品、革新菜品、改良菜品、新品牌菜品等类型。在餐饮经营与制作中，新菜品的制作思路可以从以下几方面去考虑：

（1）投其所好。根据目标顾客群体的喜好筛选相适宜的菜品构思和设计点子，而不必兼顾所有顾客。如年轻人喜欢新奇、方便、噱头、颜色鲜艳、造型独特的菜品。各种菜品新异的造势菜和新原料的引进利用等,都可令许多顾客兴趣大增。

(2)供其所需。不论新、老菜品,有无创意,只要消费者有确切的、一定规模的需要,就可以开发生产相应的菜品。如仿古菜、民间菜以及乡村餐厅、农舍饭庄、知青餐厅,只要有需要都可设计策划,并可开发新的菜肴。

(3)激其所欲。用奇特的构思或推出特色的餐饮项目,激发顾客的潜在需要。如饭店及时推出的每天特选菜、每日奉送菜、活动大抽奖以及烟雾菜、桑拿菜等,以引起顾客的购买欲求。

(4)适其所向。预测分析顾客需求动向和偏好变化,适时调整菜品的内容,开拓和引导市场。如根据市场需要最先推出美容食品、健脑食品、长寿食品、方便食品等,以满足顾客的广泛需求。

(5)补其所缺。首先要了解市场的行情,分析现在的餐饮市场,还缺少什么,需补充什么,不论产品价值大小,只要市场有一定的需求量,这是一种非常可行、有效的新菜品开发思路。如市场上缺少拉丁餐厅,可开发巴西烧烤,或者饭店外卖儿童节、情人节、重阳节食品等。

(6)释其所疑。开发出的菜品让消费者买得放心、吃得明白,减少顾客的疑问。如有些饭店餐厅提供食品监测设备、绿色生态食品、无味精食品、人工大灶食品等。

3. 设计菜品系列

菜品系列构思与设计,是适应不同顾客的消费需要,在设计中主要取决于目标市场的顾客需求特点以及需求量的结构状况。

(1)不同功能的菜品系列设计。由不同质量、性能及价格水平的菜品组成的产品系列,可以满足不同消费层次、不同购买动机的顾客的需要。如同是靓汤、沙锅、椰盅推出系列性品种:

靓汤系列:虫草炖老鸭、桂圆乌鸡煲、南腿炖肫花、松茸菌炖鲍脯、文蛤豆腐汤、五子瑶柱王、百合山药炖猪手、莲藕炖仔排、瓦罐煨牛尾、浓汤银杏腰片等;

沙锅系列:沙锅鱼头、沙锅羊肉、沙锅冻豆腐、沙锅菜核、虫草炖乳鸽、清炖蟹粉狮子头、天麻炖鸽、枸杞炖牛鞭、腌肉炖河蚌、鲍鱼炖鸭、山龟炖羊、霸王别姬、清炖金银蹄等;

椰盅系列:椰盅炖乌鸡、淮杞鹌鹑盅、椰盅人参鸡、火鸭炖瓜球、鸽蛋鸭舌盅、椰盅鲍脯鸭、蒜子鳝段盅、咖喱羊盅、鱼翅盅、参杞水鱼盅、海马三鞭盅等。

菜品系列越多,品种越齐全,对顾客的品牌认知来讲就意味着特色和专业化。

(2)不同用途的菜品系列设计。适用于不同用途、不同环境条件的同类产品系列,是企业产品开发设计的基本思路。如江苏南京饭店的"龙马精神",此菜在菜品的配料上注重男、女之间生理上的差异,配料中男女有别,形成了独特的菜品风格。

宴会的主题不同,其菜品的风格也有所差别。寿宴、婚宴的菜品其配料有异,造型有别;乾隆宴、东坡宴、板桥宴、红楼宴等各有区别;乡土宴、宫廷宴、小吃宴等境况、场景、菜单各有千秋;长江宴、运河宴、敦煌宴、珠江宴等各有不同的风格特色。另外,同样一个菜,可做点菜、套餐、宴会,其表现方式有所变化。

(3)不同规格的菜品系列设计。由不同容量、大小的产品组成的产品系列,用以满足不同消费者对菜品的不同需求。这是由市场消费者的差异化决定的。因此,企业在产品开发设计时通常都可生产出不同规格、型号的系列产品。

如：同一种菜肴有大盘、中盘、例盘，还可以名菜微型化，甚至出售半份菜等。

（4）不同外观的菜品系列设计。由不同外观、造型、质感、口味的菜品组成的产品系列，其基本风味、特点相近，能够较好地满足消费者个性化的需要。如浙江嘉兴粽子系列化，馅心多样化；西安饺子宴的各式不同的饺子；扬州富春茶社的杂色包子，馅心各不相同；造型设计风格不同的瓷器餐具系列等等。

4. 开发具有魅力的菜品

顾客上餐厅要是吃到的总是那些经年不变的陈套菜肴，那他们满可以待在家里自炊自用，还有什么新鲜感可言。

一份成功的菜单，少不了那些年复一年始终受人垂青的佳肴美食，但是，餐厅经营成功与否的标志，则是在于顾客能否在这里尝到前所未闻、别具魅力的精美菜品。

（1）开发低热量菜品。这已是报刊、网络、电视节目中的热门话题：减肥、节食等。多种迹象表明，人们的饮食习惯正在改变，受到青睐的往往是某些低糖、低盐、高蛋白食品，这些健康食品的研发成了人们普遍关注的新课题。

（2）增设儿童菜品。现代社会儿童进餐厅用餐的次数和机会越来越多，很多家庭携子女上餐馆就餐的次数逐渐多了起来。许多时候儿童还是用餐的主角。所以企业应充分考虑到儿童口味淡、爱甜酸的特点，开发一些适合儿童们喜爱的菜品。

（3）开发美容、长寿菜品。爱美之心，人皆有之。人们进食的目的不仅仅是填饱肚子，而且为了自己的健康、长寿和美容等。在菜品的研究和开发中如能考虑到这些因素，也会起到很好的效果。如利用芦荟、黄瓜、胡萝卜、山药等美容食品原料制作一些美容菜品定会得到广大女士的欢迎；而利用芝麻、花生、玉米、荞麦等长寿食品原料制作的长寿菜品也肯定会吸引广大老年朋友的青睐。

相关链接

回归初心，用"匠心"打造产品

餐饮业的核心是满足人类对"吃"的原始需求，因此其经营的本质是经营产品，任何花哨的推广、豪华的装修、细致的服务等在消费者对美食的追求面前，都退居其次。互联网产品经理思维在餐饮行业的应用，就是围绕如何打造令用户满意的产品而展开，回归初心，用"匠心"精神来雕琢产品，赋予产品会说话的属性，触发用户免费为品牌传播。

在互联网大潮的侵袭下，越来越多的餐饮企业开始走向线上，无论是O2O商业模式的打造，还是借助互联网进行宣传推广，餐饮企业都意欲从网络中寻找新的出路。许多餐饮企业在借助互联网营销手段为餐厅引来流量的同时，又不约而同地开始回归产品本身，强调好产品之于餐厅的重大意义。

牛肉面在中国台湾的街头很常见，是台湾的"全民小吃"，但能够吸引世界各地的美食家专程前来品尝，吸引米其林大厨专程造访的牛肉面却为数不多。台湾"牛爸爸"牛肉面便是其中之一，以至于他推出一款一万新台币一碗的"天价"元首级牛肉面，食客依然叫好不断。

"牛爸爸"王聪源表示，元首牛肉面采用澳大利亚、美国、加拿大、新西兰四国牛肉，六块牛肉厚实且油花分布均匀，入口即化，牛筋晶莹剔透，牛腱富有弹性，汤汁鲜香美味。

王聪源1990年创立"牛爸爸"，自此，他开始了"路漫漫其修远兮"的求索之路。为了寻找最适合做牛肉面的顶级牛肉，打造一碗真正意义上的顶级牛肉面，26年来他不断从牛肉选择、烹饪手法、餐具厨具等方面悉心研究。他认为,烹饪讲究人面合一,手法、心灵与菜品的契合,他不断试验最能激发牛肉面美味的餐具与厨具。所以,现在的"牛爸爸"牛肉面,里面的每一块肉都要经过清洗、修型、烹煮、调味、冷冻、切块、选别、浸泡等工序,烹饪一块肉往往需要4~7天时间,且每一块肉又被切成了特定的形状,是最符合美味原理的形状;牛身上的不同部位配合大骨熬出五六种浓郁汤汁,是与20多种特制面条相得益彰的美味基础。

王聪源说,他的目标就是将"牛爸爸"做成世界第一牛肉面店。从40岁开面馆做牛肉面的王聪源,26年来专注做好一碗面,精益求精,将一碗面做到了极致。一间200平方米的店面,没有过多的营销策略,却做到了世界闻名,各大媒体免费为他宣传,皆源自"匠心"的力量。

(资料来源:鹤九.互联网+餐饮:一本书读懂餐饮互联网思维.电子工业出版社,2016)

检 测

一、课余活动
1. 将班级分成小组,每组同学根据春、夏、秋、冬四季分别选择制作宴会菜单一份。
2. 根据当令季节,设计某一菜品的标准食谱。

二、课堂讨论
1. 菜单设计的思路与感想。
2. 厨房产品研发的必要性。

三、课外思考
1. 原料解冻注意的要点有哪些?
2. 如何保证冷菜、点心的产品质量?
3. 菜单设计的主要依据是什么?
4. 如何使宴会菜单设计更具有针对性?
5. 营养菜单的设计要领有哪些?
6. 标准食谱的作用及其内容是什么?
7. 菜点研发的基本原则是什么?

第四章 厨房食品原料管理

学习目标

◎ 了解厨房原料的采购程序和方式
◎ 掌握食品原料采购质量的控制
◎ 掌握食品原料验收的方法
◎ 掌握原料的储藏管理方法
◎ 了解原料发放管理的制度

本章导读

原料的质量直接关系到菜品质量的优劣。现代饭店、餐饮企业需要建立一整套原料采购、验收、储存及领发程序和制度,以确保厨房生产有序的开展,确保菜品质量的稳定和成本控制有效合理地完成。而及时采购、恰当供给各类合格原料,是厨房提供优质菜品所必需的前提条件;原料的验收是控制进货产品是否符合生产标准的必要保证;储藏是对原料的妥善保管,发放则是原料有计划的出库,它一头连着采购,一头系着生产。本章将从原料管理的诸方面入手,系统阐述原料的进、收、存、发等环节的程序、要求和制度,通过学习,可掌握对原料提供的各个关键点实行有效的控制,并为下一步厨房生产做好各项准备。

第一节 原料采购管理

引导案例

北京全聚德集团的原料采购

北京全聚德烤鸭集团公司在20世纪90年代后期建立了食品厂,实现了各集团各直营店成鸭等原料的统一采购,为集团的产品质量提供了有力的保证。

全聚德在进货把关上的"严"是出了名的,负责成鸭采购和鸭坯加工的主任说:"这里是整个集团质量保证的头道关口,我们的口号就是合格率100%,顾客满意率100%。"

全聚德食品厂选购鸭子是找较固定的货源,这些供应厂商都是经过集团反复筛选过的,对其饲养规模及卫生条件等硬件标准有着很高的要求。首先集团采购部门会到定点供应商那里,进行定期实地考察。鸭场的经营规模,最好是有从繁殖、育种、喂养到屠宰和初加工等一条龙式的配套设施,具备这样规模的厂家才能提供量大、质高的成鸭;在鸭场的卫生条件上,集团也很重视,对定点鸭场有几点特别的要求:①鸭舍的墙上要贴浅色瓷砖,通过瓷砖表面的净污程度,反映鸭场的卫生条件,可以督促工作人员及时打扫。②喂养鸭子的饲料必须经集团认定,否则会影响鸭子的卫生指标和成鸭肉质的口感。③鸭场附近不能有污染源,鸭子的饮用水统一是深井水源,经流水槽流动喂养。只有检查合格的鸭场才有资格与集团建立合作关系。

资格审查只是进货的第一步,集团对成鸭的收购标准更加严格。首先,是鸭子的品种选择,传统风味要求,全聚德用鸭必须是纯种北京鸭,通体白毛,无杂色毛。成鸭一般40天出栏,孵育后,先经过30天左右的自然喂养,再进行10天的人工强行填喂,这样育成的鸭子既可以保证肥度,又使肉质不至于老化,毛鸭的重量基本能达到6斤上下。接着才是收购成鸭时的质量检验。鸭场所送的鸭子必须是现宰现送,保证新鲜度,如果是隔夜货,将被尽数退回。然后是检验鸭身有无破皮和淤血,因为,破皮不利于上色,影响烤鸭的外观;淤血会使肉色发黑,产生一定的腥味,按要求进货检验员要一只一只验收,对于不合格的鸭子坚决退货。

为了保证鸭子的新鲜程度,供货商经常趁道路通畅的夜间就开始送货,天热的时候,还预先将刚宰的鸭子用冷水过一下,防止鸭子"闷膛"产生异味,别的条件也都以全聚德的要求为准。有时,集团要300只鸭子,供货商要准备500只,供集团挑选。因为全聚德鸭子的用量一直很稳定,即使在淡季,一天也要5 000~6 000只,旺季可达1万只以上,而且收购的价格也比其他地方高出不少,所以供货商们都很珍惜自己的商誉。很多供货商都看好全聚德这个客户,想通过低廉的价格或其他方法占有一席之地,但某主任说,虽然降低成本很重要,现在实行的统一进货也已经降低了部分成本,不过集团最看重的还是原料的质量,我们宁可进价高一些,也要保证所进原料的质量达标。

点评:建立原料生产供应基地是大型企业应该考虑的问题,它能够保证企业原料的供应品质和规格标准,使厨房产品达到最佳的境界。

任何企业在尽一切可能地创造条件让客人满意的条件下,都追逐着利润的最大化,抓住生产各个环节、降低成本。对于饭店和餐饮企业来说,原料是最直接的管理因素,同时也是最直接的管理手段。厨房的一切生产活动都是围绕这一因素展开的。它不仅直接影响菜点质量的优劣、菜点品种的丰富,而且它还是控制厨房成本最有效的因素。作为厨房生产的领导者、控制者,每个厨师长尤其是总厨师长,必须把住"原料关",科学统筹、全面协调、严格监控、充分合理科学地利用原料,在确保菜点质量的同时,加强原料的管理与运用,扩大菜点的利润空间,保证本企业或本部门的经营绩效。

原料的管理环节较多,影响因素也很复杂。依据原料的进店流程,大致可以分为烹饪原料的采购、烹饪原料的验收、烹饪原料的储藏及烹饪原料的发放等四个方面。

一、原料采购管理及其要求

1. 采购管理的作用

原料的采购是从食品资源市场获取所需的经济活动过程,它是厨房生产运转的第一个步骤,也是确保厨房生产产品高质量的首要环节。随着餐饮市场经济的发展、技术的进步、竞争的日益激烈,原料的采购已不是传统意义上的商品买卖,现代原料采购已发展成为争夺餐饮市场、节省餐饮成本和增加餐饮利润的一种有力手段。原料采购已经成为餐饮经营的一个核心环节。

所谓原料的采购管理是指对原料采购过程的计划、组织、协调和控制等。厨房生产的正常运行依赖于烹饪原料的保障,厨房菜点质量稳定也以原料的供给为基础。因此,组织好原料的采购工作就显得尤为重要。

(1) 节约成本、提高餐饮营业利润。在餐饮经营的惯例中,原料的成本占到成品售价的50%左右,随着餐饮市场竞争的日益激烈,为了吸引消费者,许多企业推出"特价菜""打折菜",让利给顾客等诸多因素的影响,原料的成本通常要占到菜点价格的60%~70%左右。通过科学采购,从而降低原料的供应成本是切实可行的,虽然节约的成本未必是一个多大的数字,但节约下来的不是成本,而是纯利润,加之烹饪原料的年用料量巨大,因此,加强原料采购管理,节约的年成本将非常可观,而这些年成本实际就是餐饮企业增加的年利润。

(2) 加强采购管理,可以加速资金周转。在原料的采购过程中,需要与供应商一起对原料供应共同研究,通过合理方式达成共识,合理设置付款方式,以此加速餐饮企业资金周转,为更高的企业资本周转率作出贡献。

(3) 为餐饮企业提供信息。由于采购人员每天都与原料市场打交道,时时洞察原料市场的瞬息变化,如原料价格的波动、新原料的供给、供应商的优劣等,这些信息能对餐饮经营提供很大帮助,有利于餐饮经营的良性循环。

(4) 确保餐饮经营中菜点质量的稳定。由于烹饪原料是菜点制作的基础,烹饪原料的质量稳定往往决定着厨房生产产品的质量稳定,如原料的老嫩、原料的产地、原料供给的时间、原料的加工方法和原料鲜活状况等等,随着这些因素的变化,原料品质相差甚远,制作出的菜点也就自然各不相同了。

(5) 减少库存,避免原料浪费。现代中大型餐饮企业通常由多个厨房生产班组组成,如中餐宴会厨房、中餐零点厨房、各式风味厨房、西餐厨房、自助餐厨房以及冷菜、点心、水果厨房等等。而每个厨房或生产班组都需要原料的保障做后盾,科学合理地协调各个生产厨房,做到原料的合理调配,通过调控手段,从而在保证原料供给的情况下,减少库存,尽量提高原料的利用率,避免原料的浪费。

(6) 发现新原料,有利于菜点的推陈出新。创新是当今社会迅猛发展的根本原因,是餐饮经营企业在激烈竞争中立于不败的重要手段,也是餐饮企业稳住老顾客、争取回头客的最直接有效的方法。这就需要不断挖掘新原料,时时关注市场上新原料的供应,这将对菜点推陈出新非常有利,而利用新原料的创新,是从无到有的"新",极易获得顾客的认可。

2. 采购进货要求

餐饮经营以原料采购为起点,又以原料的中心展开。组织好原料的采购工作对厨房生产及餐饮的经营具有非常重要的意义。

(1) 了解货源市场,把握原料性质。烹饪原料品种繁多,即使同种原料,由于某一性质的变化,其品质也千差万别,加之原料上市的地点、供货渠道、供货时间和价格变化等市场因素的影响,增加了采购工作的难度。这就要求采购人员加强学习,了解烹饪原料知识,把握原料的性质,依据厨房的产品制作要求,保证原料的供应。采购人员必须多跑市场,对当地及其周边地区的货源市场了如指掌。

(2) 合理安排,确保原料的供应。采购的首要任务,就是为厨房生产提供原料,但由于有些原料需要的数量少、要求高和时间紧,原料的供给就十分困难,这就需要采购人员在平时工作中积累经验,准确把握市场。如大量常规使用的原料,可以依库存情况稳定供货,对于非常用又急用的少量原料,可以由供货商供货、自行购买和向同行酒店调拨相结合,运用灵活机动的方法,确保原料的供应。

（3）严格控制进货"四要素"。所谓进货的"四要素"就是指"价格、质量、数量和时间",四个方面总体要求就是以低廉的价格,即时购买符合厨房生产要求适量的原料,保证厨房生产的正常运转。

① 价格。原料的价格是原料最敏感的因素,也是决定原料成本的关键因素。大量使用的原料与小量使用的原料,长期使用的原料与短期使用的原料,常规供应的原料与特供原料的价格往往有着很大差别。在制定原料价格过程中,可通过多渠道询价、比价、自行估价和与供货商议价等多种方法综合使用,使价格趋向合理。

② 质量。不同的菜点制作对原料的要求各不相同,对原料的质量要求也不一样,烹饪原料的质量是指烹饪原料对于其所制作菜点的适用程度。适用程度越高,原料的质量越高。适用程度越低,则原料的质量越差。

③ 数量。采购数量多,价格就便宜,支出就少,占用资金相对就少。但如果数量过大,则会造成原料使用时间延长,占用资金的时间就长,甚至原料保管不当,造成原料浪费,增大原料的支出成本。因此制定原料采购数量时,应根据资金的周转率,库存的成本、原料本身的性质及原料需求的计划综合考虑,核算出一个能保证厨房所需的最经济实惠的采购数量。

④ 时间。餐饮经营的最大特点就是生产时间短、销售速度快。烹饪原料采购计划的制订要准确,该进的原料必须在规定时间里进来,超时供应直接影响生产,轻则造成营业损失,重者直接影响总体营销,损害企业信誉。提前供应又造成原料积压,增加原料的保管成本,重者造成原料品质的下降,甚至变质,造成经济损失。

以上进货的"四要素"相辅相成,互相影响。为了保证低价,忽略了品质要求,导致净料低,造成可使用原料的数量大大缩小,增加人工成本,导致可用原料的单价成本依然很高。为了低价,超出计划量购买原料,由于使用时间的延长,原料的品质下降。为了控制数量一旦原料供应不足,又增加原料采购成本,造成成本的增大。为了保质量,不顾原料的全面综合使用,一味地追求单件产品的原料质量,最终依然造成原料成本的增大。因此,在制定原料采购计划时,必须将价格、质量、数量、时间等因素综合考虑,方能真正做到"价廉物美",扩大餐饮经营的利润空间。

二、原料采购方式和程序

（一）原料采购方式

目前,烹饪原料的采购方式很多,由于企业性质不同,规模有大有小,经营特色各异,故而选用什么样采购方式要根据自身的需求而定,在餐饮正常经营中,通常是几种方式并用,既为了满足正常的生产需求,也达到最佳的经济效果。

1. 按采购区域划分

（1）本地采购。本地采购通常以省市级为界,烹饪原料的采购多属此类。

（2）外地采购。外地采购通常指省市以外,一些特色原料或独特原料的采购属于此类。

2. 按采购形式划分

（1）自行采购。是指采购员与财务人员自己去货源产地或一级市场的采购行为，许多大型宾馆饭店或集团公司或连锁餐饮企业多采用此类，它的优点是避免中间环节，降低原料成本。不足是人力资本及运输资本增加。

（2）委托采购。是指采购人员委托供货商或代理商提供货源的采购方式。委托采购减少人力资本和运输成本，但供货商和代理商从中赚取差价。这种采购在宾馆饭店最为常见，常规采购多属此类。

3. 按采购政策划分

（1）联合采购。是指餐饮连锁集团由总部负责统一采购供货，由于集中采购，数量较大，原料性质统一，因此在价格上通常享有批发价或优惠价，有的甚至有自己的原料基地。除了餐饮连锁集团外，几家层次相近的餐饮企业组成一个进货单位共同进货也属于此类。

（2）定点采购。是指将需要长期供应的常规原料，相对固定在一家或几家供货单位的采购方式。常见的供货单位如大卖场、粮油单位等，采用这种采购方式采购的关键是要把握供货商的诚信度。

（3）直线式采购。是指只能向一家或几家采购原料。这有两种情况：一是指令性采购，因某种原因政府或企业规定只能向其采购，如"十运会"期间，南京当地政府有关部门规定所有接待单位必须实施指令性采购。二是货源单位独此一家，别无所有，只能向其购买。它与定点采购的最大区别在于定点采购是相对的，一段时间或是发现问题后可以随时更换，而直线采购则是绝对的，不能更换。

4. 按订约方式划分

（1）要约采购。是将需要采购的原料与供货商或以书面形式或以口头形式订立合约，按照订立的合约进行采购，此种采购适用于数量较大或异地供货或是紧俏的特殊原料。一旦订立合约，就必须按合约采购，不得单方更改。

（2）口头电话采购。是指双方不经过订立任何合约，而是以口头或是电话洽谈方式而进行的采购行为。这种采购方式方便宜行，采购成本较为低廉，是宾馆饭店常用的采购方式。

（3）书信传真、电报采购。此类采购是指双方借助书信、传真或电报的往返而进行的采购行为。这种采购一般宾馆饭店用得很少。

5. 按价格方式划分

（1）竞价采购。就是通常所说的"货比三家"，它是指将所需要采购的原料询查至少三家供货商的报价，从中选取质量上乘、价格低廉的供货商作为采购对象的采购方式，宾馆饭店的绝大多数原料都用此法。

（2）定价采购。是指在一段时间，双方共同商议原料的价格，按照确定好的价格供货，在规定时间内，价格稳定，不得更改。此类多适用于价格较为稳定或是变化不是很大的烹饪原料。

（3）市场采购。市场采购是指按照当时的市场价格实施的采购行为。市场采购通常适用于数量较少而又急需的临时性采购，这类采购不宜多用，常会增加采购成本。

6. 按采购时间划分

（1）长期固定采购。是指采购行为是长期固定性的采购，定价采购多属此类。

(2) 非固定性采购。是指采购行为不固定，需要时进行的采购行为。

(3) 计划性采购。是指根据原材料需求计划进行的采购行为。

(4) 紧急采购。是因特殊原因造成原料在没有预见性的情况下，急用而采取的采购行为。

除上述的采购方式外，还有投机性采购和秘密采购等。投机性采购是指原料价格低廉时放大采购数量，以规避原料涨价风险的采购行为。如严冬大雪前的蔬菜采购、节前的肉类、水产采购等。秘密采购则是指某种原料还没有上市而被某企业所发现，同时又不想让竞争对手知晓的采购行为。采用这种采购方式采购的原料进店后一般都将可能被发现的来源线索掐断，如包装的销毁、专人采购等等。

(二) 原料采购程序

餐饮行业的食品原料采购是一项很繁杂的工作，采购人员应在实际工作中注意总结摸出规律，这样不但可以减轻采购工作的难度，提高工作效率，从而确保准时提供符合要求的食品制作原料，保证厨房生产的正常运行，为企业生产的有序进行提供保障。

1. 食品原料的采购程序

食品原料的采购与其他工业产业的原料有所不同，一般情况下，食品原料的大多数常用品种的供应商已经确定了，有的饭店开业前，经过询价、比价、议价、竞价等活动，将常用的常规性原料的货源已经安排妥当，需要原料时只要跟他们订购送货即可。而其他工业产业的采购正好相反，先申购原料再联系寻找供货商，通用的方式是招标。食品原料的采购程序如图4-1所示。

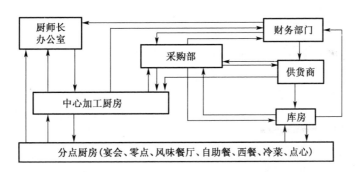

图4-1 食品原料采购程序示意图

上述食品原料采购程序示意图中，共包括21条通道，可见食品原料的采购是一个复杂的过程，每个环节环环相扣，步步相随，马虎不得，不论哪个环节出现故障，都会影响原料的正常供应，造成供应不畅，影响生产的有序进行。

2. 原料的采购步骤

(1) 请购。请购过程包括分点厨房根据客情和当日的原料结余情况，制定原材料的申购，申领通知单交由厨师长审核，审核后申购单交由中心厨房，中心加工厨房结合原料库存情况进行汇总，汇总后由总厨签字生效，再送至采购部，采购部接到订购通知逐一核实后与供货商联系，一一确定完成。申领单则送至库房，库房接到通知后，一一核查，没有的原料要立即通知采购部采购，确保没有疏漏。对于需要采购部自行采购的原料，也要一一落实，直到申购、申领原料全部落实后，请购过程方告结束。

在这一过程中要注意以下问题：

第一，提出请购时，分点厨房和中心加工厨房一定要对客情充分了解，并要结合本部当天原料的结余情况仔细制定请购计划，既要保证食品原料够用，也要避免原料过多造成积压，增大库存成本，造成损失。

第二，采购部和库房必须一一查核，弄清请购的每一项内容，由于食品原料的品种多，同一食品原料的规格、标准不尽相同，订制的原料必须与厨房请购的原料要求一致，避免影响厨房的生产。

第三，各分点厨房及中心厨房必须保存好请购记录，以备查验和领货之用。

（2）进货。进货过程包括库房发货和供货商供货两大部分，库房发放是指库房按照申领单准确发货。发货后，将申领单送达财务核算人员。供货商供货是指供货商按照申购单将原料一一核实后准时送达中心厨房，同时将原料的各项证明、发票单据一并交给中心厨房。中心厨房接货时要汇同财务部成本核算人员、采购人员一同验货。验货完毕后，财务部人员将验货数据汇同库房送达的申领单做好当天厨房总成本。如果各分点厨房成本独立核算，还要计算出当天各分点所发生的成本开支，反馈给总厨和中心厨房将原料加工后分发或入库，并做好净料率、库存数的数据统计工作。

在这一过程中，要注意以下问题：

第一，中心加工厨房要严把验货关，它直接影响着厨房的成本，不得草率验收。同时索要并保管好各项证明、合格证书等资质证明备查。

第二，中心厨房分货时，要按照各点厨房的订购单逐一称量归类保证分货的准确，避免各点原料错拿、多拿、少拿现象的发生。同时坚持先进先发，后进后发的原则，先发库存的原料再发新的进货。

第三，做好数据统计工作，为厨师长管理提供方便。数据包括净料率、库存数，以及当日发料数等等。数据要力求准确，统计要及时，一般当天完成。

（3）审核付款。原料验收完毕后，财务部参与验收的成本核算人员应将所有验收单和发票归类统计，由厨房验收人员和采购人员鉴定，分期付款的、入账现付的立即报批，经有关领导审核批准后，向供货商付款。

三、采购数量与质量控制

采购数量与质量是采购工作不可缺少的衡量标准，也是采购工作的重点内容。

（一）采购数量的控制

由于餐饮经营的特点造成原料采购的数量经常变化，数量多了，一方面加大库存成本，占用流动资金。另一方面很多原料经存放后，食用品质下降，甚至丧失食用价值。更有甚者，还会造成污染，加大了生产风险。数量少了，又影响正常运转，到手的生意也要告吹，对企业的声誉也造成不利影响，若再补充采购，又增大了采购成本。因此采购的数量要维持在既要充足又不能过多的状况。

1. 原料采购数量的影响因素

在采购过程中，对于采购原料的数量确定，反映了厨房管理人员的职业素质和水平。在核定采购数量时，应充分考虑以下因素：

（1）原料本身的性质。在采购的原料中，有的原料耐藏性好，比如粮食类原料、干货制品,蔬菜中的土豆、洋葱、大白菜等,在考虑降低采购成本的前提下,数量可以放宽些。而贮藏性差的原料,如新鲜的叶用蔬菜、水产等,数量够用就行。

(2) 客情状况。酒店客情好,生意盈门,采购原料的数量可适当放宽,客情冷淡时,采购原料的数量补足即可,不能放宽。

(3) 贮藏条件。有的酒店原料贮藏条件较好,冷冻库、保鲜库、室温库等齐全,在能够保持原料品质的前提下,原料可适当放宽,否则就不能放宽。

(4) 标准贮存量。标准贮存量通常是指最高贮存量。它是由财务人员和厨房总厨师长共同对库房的状况、原料的性质与周转,以及流动资金情况,确定原料采购的间隔天数,再核算出各项原料的标准贮存量,在确定标准贮存量时,常需增加一个保险贮量,这是为了避免因预测不准或突发性事情造成供货商延迟送货而带来原料的供应不足。

$$标准贮量 = 日消耗量 \times 采购间隔天数 + 保险贮量$$

(5) 最低贮存量。为了避免出现实际用量大大超出预测而造成原料的短缺,影响生产,在制定标准贮量的同时,还会制定一个原料最低贮存量。

$$最低贮量 = 日消耗量 \times 发货天数 + 保险贮量$$

(6) 其他因素。如供应商的供货能力、条件、信誉、企业的周转资金,突发的气候条件以及原料的价格等,这些都会影响原料的采购数量。

2. 原料采购数量的控制方法

采购数量的控制方法有多种,常见的有以下几种:

(1) 根据实际用量采购。这种采购方法比较适用于那些质量不容易控制,数量变化较大的鲜肉鲜禽、水产海鲜以及一些鲜蛋、易变质的蔬菜等食品原料。一般以各点厨房的定量为准。选用这种方法,企业一般要求供货商的供货能力强、信誉要好。请购时应考虑各点厨房或中心加工厨房应有一定保险存量,另外还有一些因特殊要求而又不可拒绝的服务项目需要现购的食品原料,也使用这种采购方法。

(2) 最低贮量采购。最低贮量采购法,就是指当库存的食品原料达到最低贮量时,再依照具体情况实施原料采购,这种采购方法比较适用于那些质量相对稳定、贮藏性能良好、数量变化不是很大的粮油制品、调味品、罐头制品、干货制品等食品原料。采用这种方法,企业一般预先确定供货商并签订合约,每间隔几天送货一次或是电话提前一天通知供货商,次日将原料备齐送到。

(3) 可调拨联合采购。这里的联合采购,通常是指餐饮连锁集团或是一家酒店的各分点厨房联合起来进行原料采购,由于连锁集团的各家酒店或是一家酒店的各分点厨房在请购原料时都会存在一个保险量,因此联合购买时,可对这些保险量总和适当减少,因为由于同属一个集团或是一家酒店,食品原料"内部"调拨使用比较方便。

(4) 即时采购。即时采购适用于价格高、使用频率较低或是极不易贮存、数量又较少的原料。另外不需加工或稍微加工即可上桌的成品原料的购买也可用这种方法。如客人指明需食用什么酒店的某道菜,又如某客人指明需要永和豆浆等。用这种方法采购速度要快、时间要短,数量上也很容易控制,一般不会出现较多剩余的情况,它是一种无库存的采购方法。

以上四种方法是企业现行采购中常用的方法。为了更好地对采购数量进行控制,酒店应结合自身的规模、经营状况、组织结构以及供货商的状况等因素综合考虑,将几种采购方法结合起来使用,以达到控制的最大效果。

(二) 采购质量的控制

任何产品的质量都是以原料的质量为前提的,餐饮经营中提供的菜点质量如何,原料起着非常重要的作用,没有高质量的原料作保障,厨师的技术再高,厨房设备再好,也制作不出高质量的菜点来。当然,这里的质量是相对而言的,是综合考虑了原料成本下的质量,总的来说,采购的原料质量必须符合厨房的使用要求。

1. 统一采购标准,签订合约控制

为了采购人员对原料质量的透彻把握,采购到符合要求的原料,也为验收原料时提供依据。因此,制定原料的采购标准是非常重要的。采购标准通常可以按照菜单的要求制定,它通常包括:原料的部位、产地、等级、规格、外观、色泽、新鲜度、清洁度、品牌与生产厂家、外包装、原料质量的特殊要求以及单件原料的重量等等。虽然制定采购质量标准工作量很大,但它是一劳永逸的事情。有了采购质量标准后,应及时分发给原料的供应商、采购人员和原料验收人员。要求供货、采购和验收必须都以此为标准,确保采购的原料质量件件达标。

原料质量标准订立以后,要以合约形式与供货商用书面或口头订立供货质量保证协议,以明确责任及违约后的处理方法。企业一旦发现供货商的质量不符合要求时,无条件退货并且及时补足符合质量要求的原料,如影响生产造成损失的,还要从货款中扣除部分用以赔偿等。这样不仅防止供应商以次充好,也可减少采购人员、验收人员与供货商的矛盾,有利合约双方和谐相处,实现共赢。

2. 严格供货商选择

在众多的供货商当中,应选择那些供货能力较强、资信优良、发货准时、发货数量准确、价格合适和售后服务良好的供货商作为合作伙伴,尤其是在供货原料的质量方面必须得以保证,对那种资信较差的供货商应尽早剔除,终止供货以免影响厨房正常生产,给企业带来损失。

供货商违背质量要求常用的手段:

(1) 以次充好。这是供货商违反质量协议最常见的一种,多发生于干货品和蔬菜、水果中。干货中的档次较多,其中一些干货价格相差很大。如海珍品中的鱼翅等。蔬菜不是新购的新鲜蔬菜,而是直接从批发市场拉回的二手蔬菜,水果则是生熟不达标等等。

(2) 故意掺假。多发生于肉制品及水产制品中,如鲜肉、甲鱼的注水现象,中央电视台曾经播放过新闻,供货商用打点滴的方式注水、生猪直接灌水、活禽填喂沙土等。这些原料常因污染而造成使用价值降低,甚至会给食用者带来危害,影响酒店声誉。

(3) 更换品种。更换品种对于较有经验的厨房人员来讲,虽然蒙混过关较难,但受利益驱使,供货商还是会使用这种手法。如经常用人工驯养的或大棚种植的食品原材料代替自然生态环境中生长的原料。

(4) 改变原料规格。改变原料规格多见于单件组成的原料当中,有的为了增加原料的总重量,有的为了降低单价实际价格而私自改变原料规格,降低了原料的使用价值。如酒店需要作为"各客"使用的迷你小鳜鱼,重量常超标;小龙虾、螃蟹的单件重量低;听装鲍鱼的头数多等等。这些原料虽然新鲜,但不适合指定菜肴使用,依然属于劣等原料。

（5）改变生产日期、保质期。这种方法多见于瓶装、听装或是袋装的整装原料,或涂改,或私自打印,或模糊不清,验收此类原料时一定要认真仔细,这些原料是违背《食品卫生法》的,企业是不允许使用和出售的。

3. 加强验货力度

验收工作是保证原料质量不可缺少的程序,在验货时,验货人员应由厨房专业人员、财务审核人员、采购人员共同验收。厨房专业人员则具体负责原料质量的检验,厨房验收人员直接对总厨负责。为了把住原料质量关,现在很多酒店都专设厨房加工中心,集中验收,同时回避了请购的各分点厨房的参与,以免因腐败而使劣质低等的原料进入厨房。各分点厨房在领货时进行再次验收,杜绝因验收人员失误而引起的低劣原料进入厨房。

4. 使用检测手段

对于原料中一些暗含的质量标准,需要通过手段进行检测,如蔬菜中的农药含量必须用检测农药的试纸进行测试,对农药超标的蔬菜坚决回避,避免食客食用而中毒。

四、原料采购价格控制

确定最优惠的原料采购价格是采购管理工作中的一项重要工作,采购价格直接关系到原料采购成本,决定着厨房生产的菜点的售价及利润空间,直接影响企业的经济效益。

（一）影响原料价格的因素

原料的价格是原料采购的"四要素"之一,它与原料的其他三要素密切相关,同时还受约于供求关系的变化、原料的采购渠道与方式、市场价格的波动、原料的季节、产地等各个方面。

1. 供货商的原料成本

供货商的原料成本是餐饮食品原料采购中影响原料价格的最根本、最直接的因素,它也是在与供货商进行谈判的价值底线。赔本的买卖,供货商是不会做的,这就需要在与供货商谈判前,搜集一些价格信息。一般情况下,大多数常用原料确定的供货价格一般在市场价与供货商成本之间。

2. 原料采购数量

采购数量多,价格就相对较低,反之,则价格相对较高。这里也包括供应时间的长短。签约供应时间长的,由于供货数量的总额较大,价格相对较低,供应时间短的,供货数量总额就小,价格相对较高。

3. 原料的自身性质

原料的品质、规格、上市状况等因素直接影响着原料的采购价格。品质好、规格要求复杂、刚上市的原料价格相对较高,反之,价格较低。有的原料由于自身性质的不同,原料价格相差几倍。

4. 原料采购环节

原料从产地到市场一般经过原料批发商、原料批发供应商、原料批发零售商等环节,在原料的供应环节中,每个环节都必须提取一定的利润。因此,如原料直接从产地购买与从市场购买,二个原料的采购价格之间会存在较大差距。这就是现在的一些大的餐饮集团设立原料基地或直接与原料产地签约供货的原因之一。

5. 供货商的竞争对手及企业与供货商的关系

供货商竞争对手少,原料几乎可以垄断市场,则原料采购的成本较高,但这种竞争对手的多少随着时间推移会由少逐渐变多,因为较高利润的诱惑,其他人也会慢慢加入进来。另外企业与供货商关系稳定和谐,付款快捷,也会增加企业与供货商进行原料价格谈判时的砝码,拿到较为优惠的价格。

(二)原料采购价格的控制方法

原料采购价格的控制方法较多,由于各企业的规模、经营方式、生产条件、采购人员与结构等不同,因此选择的控制方法也不一样。但不论采用什么样的控制方法,采购前必须对原料行情有所了解,并进行初步预测,做到心中有数。

1. 限价采购

限价采购是指对某些原料的采购价格进行硬性规定,要求供货商确保质量、数量的前提下,按照规定的价格保障供货。这种方法适用于原料价格波动较大,波动频繁或是价格较高的原料的采购。

2. 竞价协议采购

竞争协议采购是指对那些价格较为明朗的原料,多与几家供货商联系,让他们竞争性的报价、在考虑其他同等条件下,与报价较低的供货商签订供货协议,保证供货。

3. 集中采购

集中采购的方法,前面已有陈述,通过原料采购数量的增加,降低原料的采购价格。

4. 自行采购

自行采购是指酒店专门设有厨房加工中心,加工人员、采购人员、司机以及财务出纳共同组成采购小组,直接去原料产地或一级批发市场采购,减少原料供应环节,控制原料价格。使用这种方法要注意的是,原料采购后,即使原料的质量不符合要求,也难以退货,因此,采购时要严把质量关。

5. 战略采购

战略采购是指原料采购的目的不是为了满足现在生产的需求,而是为日后的生产采购价格较低的原料。如对一些耐贮藏的常用原料进行适量的贮量采购,以增加采购数量而降低原料的采购价格。又如因季节原因,防止食品原料价格的上涨而提前对原料进行采购等。使用这类采购,要充分考虑原料的耐贮性能及企业自身的贮藏条件,并且对日后的客情做出正确的初步预测,不能一味为了控制价格而盲目采购。

第二节 原料验收管理

引导案例

在食品原料管理中,常常会出现采购与验收工作的矛盾。过去,北京某饭店采购部所采购的物品,因没有成文的标准和明确分工,收货组只管收货不管质量,往往到了使用时发觉不好才退货。这样就产生了一个弊病——经常与供应商扯皮,尤其是鲜活货品,常常是公说公有理,婆说婆有理。于是,酒店将采购和收货完全分开,实行规范化管理,确立和完善了饭店物资采购的请购、报价、审批、验收及报账制度,使物资的采购、验收等环节相互制约。

食品的采购、请购单需由使用部门专人填写,以确定数量和规格,而采购员报质量和价格,再由主管经理批准执行。要求统一采购标准、合理认定价格、每天填写采购工作日记,以确保采购的质量、数量合乎使用要求。

酒店采购部规定,如果收货组认为不合格,采购人员不能说情。当然,收货组的人也不能建议采购员去某某地方采购。

收货后必须制表,哪个厂家,什么货物,是哪个部门用,多少钱,然后输入电脑。实行电脑管理,对每日、每月饭店所需的物资购进、验收等情况进行汇总制表、归档。这样做的好处之一就是库存多少一目了然。

如果收货合格后,营业部门在使用时如发现有质量问题,那就是收货组的责任。当然,营业部门也不能简单地否定收货组的工作。如有一次,采购来的猪肉,厨房发现颜色不对,认定不是现杀的,而是经过了较长时间的冷冻。收货组对此进行了很细致的解释工作,他们请厨师长去肉联加工厂看猪肉生产流程。参观后才知道,宰猪后,有一道恒温排酸工艺,猪肉在恒温室里停留3~4个小时,然后才能出厂,这比个体户现杀现卖更科学。有些货物不能当场验收,如冰冻的虾,因为整缸整箱都是冰冻的,表面上看起来可能都比较好,但里面情况不得而知,只有融化后才能验收。知道它一斤有多少只,才能确定货物的质量。

在物品验收上,一定要核对原封样。如有一次,肥皂包装上印刷模糊,字体不清,由于事先有封样,在退货时,厂方也无话可说。

点评:验收管理不仅关系到厨房生产成品的质量,而且还对生产成本的控制产生直接影响。

原料的验收指验收人员根据本饭店或餐厅规定的食品原料规格质量,检查订购的原材料质量、数量和规格,核对购进原料的价格与原料的订购价格是否一致,给原料加注标签,注明进货日期,并填写相关单据等工作。

采购是厨房获得必需生产原料的前提,验收是为厨房提供价格适宜、符合质量要求、满足生产需要的各类生产原料的保证。采购人员按质按量并以合理价格订购并不能保证供货商也按质按量并以合理价格为饭店、餐厅提供各类原料。验收管理不仅关系到厨房产品的质量,而且还对产品成本的控制产生直接影响。因此,规定验收程序和要求,并使用有效的验收方法,对验收工作加以控制管理是极其必需的。

验收人员应由厨房、库管、采购三方人员组成,以利于形成互相监督的机制。人员应该有比较广博的专业知识,按照科学的操作程序验收,以保证厨房获得符合质量、数量和价格要求的订购原料。

一、根据请购单检查验收

"请购单"(见表4-1),也称"申购单""订购单",是由厨房根据生产需要,填写并递交给采购部门的申请所购的食品原料清单。厨房各部门的请购单,通常汇总后,由总厨或厨师长认可并签字,方可交给采购部门购货。

请购单一式四联,一联厨房留存,一联交采购部,一联交验收处,一联交财务部。

表 4-1　××饭店食品原料请购单　　　　　　　　　No.00001

年　　月　　日

品　名	数　量	单　位	规格要求	备　注

申购人：　　　　　　　　　　　　　　　　　　　　　总厨（厨师长）：

验收人员负责核实送验原料是否符合请购单上所指定品种及规格质量要求，符合品种和规格质量要求的原料及时进行其他方面的检验，不符合要求则拒收。

(1) 没有办理订货手续的原料不予受理。

(2) 对照原料规格质量标准，未达标或串规的原料不予受理。

(3) 畜、禽等肉类原料，查验卫生检疫证，未经检疫或检疫不合格的原料拒绝受理。

(4) 冰冻原料如已化冻变软的，也作不合格原料拒收。

(5) 有怀疑的原料，及时报请厨师长等权威专业技术人员，确保收进原料符合质量标准。

二、根据送货单据检查验收

供货商的送货单据（见表 4-2）是随同原料一起交付的，它既作为货物验收的凭据，又是结账付款的重要凭证。因此，根据送货单来核实验收各种原料时应做到以下几点。

表 4-2　××（供货商）送货单　　　　　　　　　　No.00001

收货单位：　　　　　　　　　　　　　　　　　　　　年　　月　　日

原料名称	数　量	规　格	单　价	总　价	备　注

送货人：　　　　　　　　　　　　　　　　　　　　　收货人：

(1) 以重量计量的原料，必须逐件过秤，记录净量。

(2) 水产品应沥干水去冰后称量计数，对注水掺假原料拒收。

(3) 以件数或个数为单位的原料，须逐一点数，记录实收箱数、袋数或个数。

(4) 对照送货单，检查原料数量与实际数量是否相符以及与请购单所订原料数量是否相符。

(5) 核查送货单开具的原料价格是否与采购定价一致，单价与金额是否相符。

(6) 若送货单未随货同到，可开具备忘清单，注明收到原料的品名、数量、规格等，作为收货凭证，在正式单据送到以前凭此据记账。

三、原料质量的验收

原料的质量是厨房产品质量的基本保证。在验收过程中,加强对原材料质量的检查尤其重要,不符合厨房请购质量要求的原料,一律不得验收,不能进入厨房。

食品原料质量检验的依据是本饭店或餐厅自定的"食品原料采购规格质量标准"和"请购单"。在这类表中均有对采购原料规格质量要求的描述。完整的"采购规格质量表"应在验收处张贴上墙,以便验货时参照核对。发现质量问题或规格不符,验收人员有权当即退货。

验收人员应负责检查所到原料的温度,对不符合温度要求的应拒收,对于一些引致细菌快速增长的食物应特别注明原料温度情况,以便留存。

四、验收的后续工作

1. 退货处理

当有质量问题或不符合规格要求时,应及时报请厨师长或餐饮部经理;因生产需要决定不退货,应由厨师长或餐饮部经理在"验收单"上签名;若决定退货,应填写"退货通知单"(见表4-3),在退货单上填写所退原料名称、退货原因等信息,并要求送货人员签名。"退货通知单"一式三联:一联留验收部,一联交送货人员带回供货单位,一联交财务部。

表4-3 ××饭店退货通知单　　　　　　　　No.00001
年　月　日

品名:_____	编号:_____
发自:_____	交至(供应单位):_____
发票号码:_____	开具发票日期:_____
理由:_____	总计:_____

送货人:　　　　　　　　　　　　　　　　　　验收人:

及时通知供货商,本饭店或餐厅已退货,请供货商补发或重发,新送来的原料按常规处理。

交货时发现腐烂原料,退货后,应立即向采购部有关人员报告,以便尽快找到可替代的供应来源,避免给厨房生产带来不便。

2. 受理原料

检查完原料的价格、数量、质量及办理完退货后,验收人员应在送货单上签字并接受符合质量要求的原料。验收后的原料,由收货单位、验收部门负责,而不再由采购人员或供货商负责,正所谓"一字千金",验收人员签字后应对所进物品原料负全责。

3. 填验收单

验收人员确定所验收的食品原料的价格、质量、数量全部符合"请购单"或"食品原料采购规格质量标准"后,填写"验收单"(见表4-4)。

验收单一式三联:一联交供货商作为对账凭证,一联验收处记账留存,一联交财务部作为付款凭证。

表 4-4　××饭店验收单　　　　　　　　　　　　　　　No.00001

供货单位：　　　　　　　　　　　　　　　　　　　　　　　年　月　日

原料名称	数　量	规　格	单　价	总　价	供给部门

金额(大写)　　　　　　　　　　　　　　　　　　　　　￥

验收人：　　　　　　　　　　　　　　　　　　送货人：

4. 原料入库

经验收合格的原料，从质量和安全方面考虑，需及时送入库内存放。而鲜活易腐的原料，则及时通知厨房领回加工；冰冻原料应及时放入相应冷库，防止化冻变质。入库原料应在其包装上注明进货日期、价格或使用标签，以便盘存和安排领用。原料入库应有专人运送，不得由供应商的送货人员把原料送入仓库。

5. 填写报表

最后，验收人员填写"验收日报表"(见表 4-5)，以免发生重复付款的差错，并可用作进货的控制依据。所有单据连同验收日报表及时送交财务部门，以便登账结算。

验收日报表记录接受原料的日期、供货商、品名、价格及原料的去向等信息，是原料验收的控制手段之一。

表 4-5　××饭店验收日报表

　　　　　　　　　　　　　　　　　　　　　　　　　　　年　月　日

发货单号	供应商	品　名	数　量	单　价	金　额	发　送	储　存

　　　　　　　　　　　　　　　　　　　　　　　　　　　验收人：

第三节　原料储藏管理

引导案例

山西某餐饮店在严格按照库房管理的有关规定后，库房的环境有很大的起色。对所入库的原料必须检查其是否有生产日期、保质期、商标，凡是"三无产品"应禁止入库，入库原料须做好入库登记,一般需记录品名、规格、进货数量、生产日期、保质期、产地等内容,以便日后对入库原料进行查验和管理,所有入库原料必须进行归类和定位,非特殊情况库房原料一般无须调整,以便记忆。库房保管员对所进原料需按食品标签上架并码放整齐。

一位管理员感慨地说:以前,我有时为了找一样东西甚至要翻大半个仓库,有的东西明明账上有可就是找不到,等到不用的时候又出来了,以至于物品重复申购,且物品无最高最低存量的限制,申购无限制,所以造成物品的闲置,资金的积压,很不利于财务管理。现在我们先从分类、整理开始,物品分门别类存放,做到每一件物品有名、有家、有存量,目前,仓库彻底改头换面了,有最高、最低存量的限制,再加上严格的申购程序,对物品的积压起到了很好的控制作用。

点评:储藏工作不是被动地保管,而应主动地、有条理地安排整理物品,给人一个清爽、整洁的感觉,并且主动与厨房联系,加速各种原料的周转,减少不必要的库存。

储藏保管是餐饮产品成本控制的又一重要环节。各种食品原料经过验收后,必须妥善加以储藏,如果储藏保管不当,会引起原料的变质或丢失、损坏等,造成食品成本的增加和利润的减少。因此,务必加强原料的储藏管理,做好原料的保管工作。

一、原料储藏管理要求

厨房原料的储藏方法通常有两大类,即干藏和冷藏。室温即常温条件下便可保存的原料用干货库储藏;需低温甚至在冷冻条件下才可保存的原料,则采用冷藏库或冷冻库储藏。因此,食品原料的储藏库房一般就有干货库、冷藏库和冷冻库三种,除此之外,还有鲜活原料的管理等。

1. 干货库管理

通常情况下,干货、罐头、米面等原料都采用干货库储藏。尽管这些原料的储藏不需要冷藏,但也有相对的凉爽环境要求。一般干货库的温度应保持在 10~21℃ 之间,对大部分原料来说,若保持在 10℃,其保藏质量效果更好。干货库的相对湿度应在 50%~60% 之间,谷物类原料则可低些,以防霉变。通风的效果对干货库温、湿度有很大影响,按照标准,干货库的空气每小时应交换 4 次。库内照明,一般以每平方米 2~3 瓦为宜。玻璃门窗,应尽量使用毛玻璃,以防止阳光的直接照射而降低原料质量。

干货库的管理要求:

(1) 须配备性能良好的温度计和湿度计,并定时检查温、湿度,防止库内温度和湿度超过规定范围。

(2) 原料应整理分类,分别存放,每种原料应固定其位,便于管理和使用。

(3) 原料存放应隔墙离地,上架存放,并确保原料离地距离不小于 25 厘米,距墙壁 10 厘米以上,最好留一人行道,便于清洁与管理。货架宜用条式,不用板式,以利于空气流通。

(4) 使用率高的原料,应存放在容易拿取的货架下层,并且最好靠近入口处。

(5) 重的原料存放在货架下层,轻的原料存放在货架上层。

(6) 原料应远离自来水管、热水管和蒸汽管,以防受潮和淋湿而霉变。热水管和蒸汽管应隔热良好。

(7) 入库原料应注明进货日期,排放时,日期早的靠前,日期近的靠后,以利于按照"先进先出,周转发放"的原则。

(8) 桶或罐装原料应带盖密封,箱装原料应放在带轮板车上,以利挪移、搬运。

(9) 玻璃等透明器皿盛装的原料应避免阳光直接照射。

(10) 定期检查原料保质期,恰当安排使用,保证原料质量。

(11) 定时进行整理清扫,随时保持货架和地面的干净,防止污染。

(12) 定期杀虫消毒,防止和杜绝虫害、鼠害。

(13) 有毒及易污染的物品,包括杀虫剂、去污剂、肥皂以及清扫用具,不得放在库内。

(14) 控制有权进入仓库的人员数量,私人物品一律不得存放在干货库内。

(15) 食品添加剂管理做到"五专"管理,即专店采购、专柜存放、专人负责、专用工具、专用台账。

专店采购,必须到有资质的专卖店进行食品添加剂采购,并有相应票证备查;

专柜存放,必须将食品添加剂放在指定区域的专柜保存;

专人负责,必须有两名经过培训的职业厨师共同领取使用、配制;

专用工具,必须使用经过验证的计量器具进行计量,计量器具要标示"食品添加剂"字样,用后及时放回食品添加剂固定存放柜中;

专用台账,必须使用药监管理部门专门规定的食品添加剂专用台账簿,固定专人登记采购、出库及使用情况,安全检查情况等,台账记录应当真实,保存期不得少于两年。

2. 冷藏库管理

冷藏是以低温抑制原料中的微生物和细菌的生长繁殖速度,维持原料的质量,延长其保存期。一般温度应控制在0~10℃之间,将其设计在冷冻库的隔壁,可以节省能源,通常冷藏库与冷冻库设计为一体,外冷藏,内冷冻,称为复合式冷库。因为冷藏温度的限制,其保持原料质量的时间不可能像冷冻那样长,抑制微生物的生长只能在一定的时间内有效,所以要特别注意储藏时间的控制。冷藏的原料既可是蔬菜等农副产品,也可以是肉、禽、鱼、虾、蛋、奶以及已经加工的成品或半成品。

冷藏库的管理要求:

(1) 每天须定时检查库内温度,温度计应安装在显眼之处,一般在冷藏库门口。库内温度过低或过高应及时调整。

(2) 制定合理的原料领用制度,尽量减少冷藏室的开启次数,以节省能源,防止库内温度变化过大。

(3) 原料必须堆放有序,原料之间应留有一定的空隙,不能直接堆放在地面或紧靠库壁,以使空气良好循环,保证冷空气始终包裹在每种原料的周围。

(4) 仔细检查入库前的各种原料,不得将已经变质或污染的原料送入库内。

(5) 需冷藏的原料应尽快下库,尽量减少在外的时间。

(6) 已初加工的原料,应用保鲜纸包裹并装入合适干净盛器内,以防止污染和干耗。

(7) 成熟食品应等冷凉后入库,盛放容器需经过消毒,并加盖存放,以防止干缩和沾染异味,并贴上标签便于识别。

(8) 奶制品、肉类、禽类、水产类原料尽可能靠近温度最低的地方存放,如冷藏设备的底部、冷却管道附近。

(9) 鱼、肉、禽类等原料的原包装应拆除,以防止污染及致病菌的进入。

(10) 加工过的食品如奶油、奶酪等,应连同原包装一起入库,以防发生干缩、变色、污染等现象。

(11) 气味浓的原料单独存放或隔离存放,以防串味。

(12) 易腐的果蔬要每天检查,发现腐烂及时处理,并清洁存放位置。

(13) 标明原料入库日期,按"先进先出"的原则出库。

(14) 制订清扫计划,定期对冷藏库进行清扫整理,随时保持库内清洁卫生。

(15) 指定专业人员定期对冷库维护保养,确保设备正常工作。

(16) 各类原料冷藏温度及相对湿度应执行如下标准(见表4-6和表4-7)。

表4-6 各类原料冷藏温度与相对湿度

原料名称	冷藏温度(℃)	相对湿度(%)
新鲜肉类、禽类	0～2	75～85
新鲜鱼、水产类	−1～1	75～85
蔬菜、水果类	2～7	85～95
奶制品类	3～8	75～85
厨房一般冷藏	1～4	75～85
自然解冻	−3～3	60

表4-7 常见水果蔬菜冷藏温度与存放时间

原料名称	冷藏温度(℃)	存放时间
苹 果	3～6	2星期
香 蕉	10～16	2～3天
椰 子	3～6	2星期
无花果	3～6	2～3天
西 柚	10～12	3～5天
葡 萄	3～6	3～5天
柠 檬	10～16	2星期
青 柠	5～7	7～10天
芒 果	3～6	3～5天
西 瓜	4～10	3～5天
橙 子	3～6	2星期
木 瓜	3～6	3～5天
桃 子	3～6	3～5天
生 梨	3～6	3～5天
菠 萝	4～7	2～3天
草 莓	3～6	3～5天
鲜芦笋	3～6	2～3天
西兰花	3～6	3～5天
卷心菜	3～6	7～10天

续表 4-7

原料名称	冷藏温度（℃）	存放时间
胡萝卜	3～6	45 天
花菜	3～6	3～5 天
芹菜	3～6	3～5 天
黄瓜	7～10	7～10 天
茄子	7～10	7～10 天
生菜	1～3	7～10 天
蘑菇	3～6	2～3 天
洋葱	3～6	2 星期
青、红椒	3～6	2 星期

3. 冷冻库管理

冷冻库的温度一般在－23～－18℃之间，在这种温度下，大部分微生物都得到有效的抑制，少部分不耐寒的微生物甚至死亡，所以可使原料能长时间储存，但并不意味着可以无限制的保存。

原料冷冻的速度愈快愈好，因为速冻之下，原料内部的冰结晶颗粒细小，不易损坏结构组织。事实上，原料的冷冻就分三步进行：冷藏降温、速冻、冷冻贮存。

如果原料速冻与冷冻贮存在同一设备中进行，难免不引起温差变化而影响原先贮藏的原料的质量。因此，有条件的话，可安装速冻设备，其温度一般应在－30℃以下。

冷冻库的管理要求：

（1）定时检查库内温度，确保库内温度在规定范围内。

（2）把好进货验收关，坚持冷冻原料在验收时必须处在冰冻状态的原则，避免将已解冻原料入库。

（3）新鲜原料的冻藏，应先速冻，然后妥善包裹后再储存，以防止干耗和表面受污染。

（4）原料不能直接放在地面或靠库壁摆放，以免妨碍库内空气循环。

（5）冷冻储存的原料，尤其是肉类，应用抗挥发性的材料包装，以免原料过多地失水造成冻伤。

（6）冷冻原料温度应保持在－18℃以下，温度越低，温差越小，原料储藏期及质量越能得到保证。

（7）冷冻原料一经解冻，不得再次冷冻储藏。否则，原料内复苏了的微生物将引起食物腐败变质，而且再次速冻会破坏原料内部组织结构，影响外观、质地口味和营养成分。

（8）所有原料须注明入库日期，坚持"先进先出"的原则。

（9）经常挪动库内原料，检查保质期限，防止原料储存过期，造成浪费。

（10）定时检查整理，保持库内原料均存放在货架上并保持整齐。

（11）定期清洁整理，保持库内干净卫生。

（12）除霜时应先将库内原料移入另一冷库，以利于彻底清洗。通常应选择库存最少时除霜。

（13）指定专业人员定期对冷库维护保养，确保设备正常工作。

(14) 在-23～-18℃的冷库中,应注意下列各类原料的最长储藏期(见表4-8)。

表4-8 各类原料冷冻最长储藏期

原料名称	最长储藏期(月)	原料名称	最长储藏期(月)
香肠、鱼类	1～3	牛肉、禽类	6～12
猪肉	3～6	虾仁、鲜贝	6
羊肉、小牛肉	6～9	速冻水果、蔬菜	3

4. 原料活养

活养原料,是针对生命力较强、购进时是活的一类原料,如禽类主要有鸡、鹅、鸭、鹌鹑和飞禽等,飞禽有野生和人工养殖两种;鱼类有海水鱼和淡水鱼,品种繁多,还有各种虾、蟹类和贝壳类原料等,这些原料都不宜养得过久。

鱼池或鱼箱养鱼虾要有喷水管的设备,使水在喷水管的水花冲击下,保持水内有足够的氧气,可以使这些海鲜品加强呼吸,延长它们的寿命。要注意使水内保持清洁,水温不能太高或太低,不能有污水或被其他物质浸染过,否则会影响海鲜品的成活率。另外,这些海鲜品均为咸水海鲜,要在水中酌放一些食盐,使水保持与海水相仿的咸度。

二、原料盘存管理

对库存食品原料按期盘存清点是原料贮存管理的一项重要内容。盘存清点是一次全面彻底的核实清点仓库存货、检查原料的账面数量与实际储存量是否相符的工作。一般每月一次,也有半月一次和每十天一次的,各饭店和餐厅可根据实际经营情况自定盘存周期。在必要时,盘存工作可以随时进行。原料的盘存清点不应该只有库管人员单独经手,而应由财务部门派专人专门负责,与库管人员共同进行。

使用"永续盘存卡"(见表4-9),能随时得到原料的最新滚动库存量,掌握原料库存情况,便于对库存原料补充和发货的控制。

表4-9 ××饭店永续盘存卡　　　　　　　　　　　　　　单位:瓶

品名:番茄沙司		最高库存量:200		库管员签名
规格:		最低库量:50		
单位:				
日 期	订单凭号	进货量	发货量	现存量
				(承前)
8月28日	NO. 2008—122		20	140
8月29日			15	125
8月30日			15	110
8月31日			20	90
9月5日			35	55
9月8日		160	20	195

盘存人员实地对库存原料逐一清点核对,检查其实际库存量与永续盘存卡账面数量是否相符合,并记入"库存清单"(见表4-10)。若实际库存数量与永续盘存卡数量不符,就需

重新清点,或需调查此原料的进货记录和发料记录,查出问题所在。如果差错原因无法找出,则应根据此原料的目前实际库存数,修改账目数字,使自此以后两者相符。为使清点方便,加快盘存和永续盘存速度,永续盘存卡的编排次序、存货清单上原料编排次序应与原料存放的实际次序完全一致,这样,还能节省大量劳力和时间,避免遗漏。如果不使用永续盘存卡,那么盘存清点仅仅是逐一点数原料实际库存数量,并将数字记入库存清单这样一个简单的过程,就起不到过程控制的作用。

原料盘存结束后,立即计算各种原料的价值和库存总金额,即是本期原料的期末结余,自然滚入下期,作为下期期初结余。

表 4-10 ××饭店库存清单

年　　月　　日

原料名称	数量	单价	金额
合计			

经手人：　　　　　　　　　　　　　　　　　　　　　　　　主管：

三、原料储藏管理制度

（1）食品原料的储藏应由专人管理,非工作需要,其他人员不得进入任何储藏库中。

（2）根据经营情况,对常规原料制定适合本饭店或餐厅库存量(最高库存及最低库存量)。

（3）储藏管理人员随时检查库存,确保最低库存量,以满足厨房日常生产的需要。库存量临近最低库存时,应及时填写采购单交给采购部门采购。

（4）储藏管理人员申请的采购量要把握恰当,以控制好最高库存量,以免造成库内原料大量积压。

（5）坚持"先进先出"的原则,轮换地使用原料存货,尽可能缩短原料的储存时间。

（6）入库原料分类整理,整齐堆放,并标注品名、价格和入库时间。

（7）对于有生产日期和食用期限的原料,按原料上食用期限,重新明显标注可食用期限。

（8）严格控制库内温度,随时对库内温度进行检查和调整,确保库内温度在要求范围内。

（9）定时对库区进行常规的清洁打扫,保持库内清洁卫生。

（10）存放的原料与地板及墙壁保持恰当的距离,以保证库内适当的通风和空气流动。

（11）储藏管理人员及时做好库存记录,定期盘存,并填写好盘存记录。

（12）私人物品一律不得放入库内。

(13) 清洁消毒用品由专人负责,有专门地方存放,不得放在库内。
(14) 指定专人对储藏设备维护检修,确保设备的正常工作。

第四节　原料发放管理

引导案例

许多人说,库房保管常常是被动的。其实,做好库房保管也不是一件容易的事。金阳光大酒楼对库房原料的发放提出了许多要求,要保证原料出库的高效率性和出库账目的准确性,必须做到"账物相符"。

餐饮部经理在介绍对库房保管的要求时说:库房管理的基本原则应坚持先进先出、后进后出、少进勤进,尽量减少库存结存。由于厨师的工作流动性比较大,而每个厨师对每种调料的喜好程度不一,这就有可能造成因为某个厨师走了之后某种或某一部分调料的结存,所以除普通原料可以多进外,其他特殊原料则应限量,尽量做到进出平衡。此外,应规定严格的出库时间,应避免长时间出库给库房带来较大的压力,而且长时间出库也不利于厨房管理。

这家酒楼的保管员深有感触地说:发料的账目管理更为重要,库房管理必须积极配合财务部门做好有关账目的处理和管理工作,为了保证所提供数据的准确性和及时性,可引用先进的库房财务管理系统,做好每天的出入库工作并日清月结,及时打印各种报表,做到"账物相符,账表相符"。还要根据自身的情况选择合适的定期盘存,可分为周盘存、旬盘存、月盘存、年盘存,盘存时要求库房人员、厨房人员、财务人员三方在场,以对盘存工作的顺利进行起到监督和检查的作用,并确保盘存数据的准确性。

点评:原料的发放工作不仅是把货从库中提出供厨房生产使用,而且也是对发出用于生产的食品原料进行控制的过程。

购进的原料,经验收合格后,一部分直接进入厨房,一部分入库存放。通常情况下,当日需用的新鲜原料由厨房直接领回;不急用的原料则入库,需用时则到仓库按一定程序领用、发放。加强原料发放管理,一是为了确保厨房生产用料得以充分、及时地供应;二是为了有效控制厨房用料的数量;三是为了正确记录厨房用料的成本。

在餐饮经营中,原料的发放是各分点生产厨房与中心加工厨房和库房有效协调的重要环节,加强原料的发放管理有助于厨房生产的有效运作,控制厨房的生产成本,保证菜点质量,确保餐饮经营的效益。

在原料发放管理中,必须坚持几个原则:

(1) 手续齐全、凭证完整。在原料发放时,首先检查手续是否齐全,申领单是否填写完整并符合规定,数字应大写,是否经过权限领导的签字。

(2) 所有凭证不得涂改。有的料时常因数量不够等因素,随便涂改数字,甚至直接将某原料划去,这样的凭证应视为无效凭证,避免出现发料过程中的原料流失。

(3) 发料要及时、准确。发料必须及时,对于缺货或数量不足的原料应在发货凭单上注明,并且立即通知采购部及时补充并送至厨房,确保厨房生产需要。发货的数量必须准确,不得图方便省事。

(4) 发料时确保符合使用要求。对于不符要求的原料应拒绝领入厨房,防止造成产品质量的下降,引发客人不满,影响酒店的经营。

一、发放履行手续

1. 申领

申领是各分点生产厨房根据本厨房的生产需要或是根据前日所订鲜活原料情况,向库房或中心厨房申请领用所需原料的过程。为准确记录每次发放的原料数量及其价值,以便正确计核厨房成本消耗,厨房向仓库领用食品原料时必须填写"领料单"(见表4-11)。领料单既是厨房与仓库的沟通桥梁,又是控制厨房产品成本的一项重要手段。具体的工作就是开设领料单,开设领料单时要认真仔细,具体要注意以下问题:

(1) 提前开单。开设领料单应在前一天下班前开制并经审批后送达库房和中心加工厨房,这样做一是给库房和中心加工厨房充足的时间准备,二是为原料顺利进入厨房提供方便,开设时应根据情况进行,尽可能既保证生产需要,又能控制数量,做到少领勤领避免原料在厨房贮存因高温等因素造成质量变化。领料单的制表人必须是对该分点班组的生产情况充分了解的领班,不得随便什么人都开设领料单,以免造成混乱。

表4-11　××饭店领料单　　　　　　　　　　　　　　　No.00001

领料部门　　　　　　　　　　　　　　　　　　　　　　年　月　日

品　名	规　格	单　位	数　量		单　价	金　额
			申领数量	实发数量		

合计金额(大写)　　　　　　　　　　　¥

审批(部门主管):　　　　　　领料人:　　　　　　库管员:

(2) 书写要求。在开设领料单的过程中,各领班应注意字迹工整、不得潦草,让人一看就明白,方便做账和保存,领料单上所有内容不得涂改。所有填写的数字必须大写,空白栏目必须划掉,不得在领料单的栏目以外或是已经划掉的栏目中加写领用的原料。

(3) 内容齐全。填写领料时,领料单上的内容必须齐全,不得遗漏。常见的内容有:领用原料的名称、规格、数量、领料人、领用时间、领料人等。

(4) 领料单齐全、符合要求。一般酒店的领料单均是一式四联,一联交库房或中心加工厨房留存,一联交财务入账,一联交原料成本核算员,一联厨房留存,厨房留存的通常是交厨师长办公室,由厨房成本审计员核算留存。四联不可缺少,一次书写复制而成,并且保证领料单整洁,无水、油等污染物。

2. 审批

审批就是由总厨或总厨助理对各点厨房报批的用料的领用情况进行审核并批准生效。在审核过程中总厨认真审核，切忌一签字了事，需要对原料的数量、质量进行规范填写等，还需注意领料单的笔迹是否正常。鲜活原料的领用单是否将前一天的订货全部领走。通过对货单的审批，厨师长可以了解厨房的生产成本情况，还可以考察各领班的工作状态及控制能力，把握整个厨房的运作。

3. 核验发货

核验发货是指库房或中心加工厨房在接到领料单进行核验后将原料准确分发到各点厨房的过程，一般是库房及中心加工厨房在前一天接到领货单时立即核验，经核验各项内容符合要求后，第二天早晨一上班，库房将各分点的领用原料分点装车，等待各点来取。中心加工厨房则依领料单从库中取出备用原料分点装箱，对于库中短缺的原料要求立即加工，加工后补入分点原料箱，等待各点来取，并在领料单上签字。

核验发货时的注意事项：核验工作必须在接收领货单时立即进行，核验时对原料名称、规格、数量、质量要求、领料单的审批、领料单的清洁完整等一一核验，对不符合要求的领料单及时退回各点厨房，要求分点厨房补充或更改重写。

此外，库房或中心加工厨房的发货人员必须熟悉厨师长的签名笔迹，必要时可将厨师长笔迹张贴上墙，用于比对，对有疑问的立即与厨师长核对，以防原料流失，增大成本开支。

4. 周转与调拨

原料的周转与调拨在各分点厨房中经常发生，通常是由于特殊情况，厨房会紧急订购一些原料，中心加工厨房接到订单后，首先从中心厨房冰库中调拨，若没有则先检查其他分点厨房是否有符合要求的原料，如有则先调拨，没有再订购。周转调拨原料时，一定要开调拨单，以便各分点厨房核算成本的准确性。

二、发放原料登记

原料发放登记不仅是各分点厨房领取原料时的手续资料，也是重要的财务账目进出凭证，因此，登记好这些材料对厨房的生产管理及企业管理都具有非常重要的意义。

1. 发放原料登记要求

（1）准。登记材料的数据必须准确无误，并且真实有效。在日常发料过程中，所有发出原料都必须精确，不得采用估算法，即时掌握准确的原料信息。

（2）快。较高星级酒店通常会要求在上午 9:00 前财务部门就必须将前一天的经营情况统计后输入电脑并及时公布，让酒店领导即时把握经营情况，分析剖析并进行工作指导。因此，原料发放时的登记统计工作，就要求动作快，发料时要即时登记统计，并上报财务部门。对于不做财务统计的原料登记也应注意即时登记，以免遗忘。

2. 领料发放登记程序

领料人员凭领料单领用所需的食品原料，正确程序如下：

（1）领料人员根据厨房生产的需要，如实填写品名、规格、单位及申领数量，并签上自己姓名。申领数量通常按日消耗量，并参考宴会预订单情况加估计确定。

（2）领料人员持单请总厨或餐饮部经理审批签字（没有审批签字，任何原料不可发出）。审批人员应在空白栏划条斜线，防止领料人员在审批人员签字后再添加并领用其他原料。

（3）领料人员持单，并携带必要的原料领用工具前往相应库区，将领料单交给库管人员，等待发料。

（4）库管人员接单后，应按领料单上的品名、数量发货。有时因为原料包装原因，实际发料数量和申领数量可能有差异，所以，发放数量应续写在"实发数量"栏中，并且填写单价栏，汇总合计金额。

（5）库管员将原料交领料人员后，签上自己的姓名，证明领料单上的原料已发出，再由领料人审核签名，证明原料已领出。

三、发放时间管理

厨房食品原料的发放应有一定的时间性。过去许多企业多数情况是原料管理未上轨道，领料时间毫无管理，形成全天候领料现象。其实，优良的领料制度，只允许现场一天领料4小时，其余时间不准领料。而且库房应固定领料时间，一般为上午8：00～10：00，下午2：00～4：00，并与厨房密切配合，正常情况下，应按固定时间领用与发放原料。特殊情况下，领料时间可适当调整或放宽，库房应配合厨房生产，做好后勤保障工作。

在正常的领料时间以外，库管人员要做好以下工作：

（1）及时整理仓储；
（2）登录存货账；
（3）研讨货物管理作业上的缺失而加以改进；
（4）对供应商进料予以评价、考核；
（5）预防与处理呆废原料；
（6）核对改进存货账与会计账。

四、发放管理制度

1. 发货的注意事项

发货人员必须选用责任心、原则性较强的员工担当，发货时必须严格认真按照规章制度办事。不能做老好人，造成原料管理的混乱，具体应注意以下几点：

（1）坚持原则、手续齐全。发料时必须履行规定的手续，应该做到凭单发货，先审批后发货，同时领料单必须符合要求，对于领料单没有、领料单不全、没有审批、领料单肮脏油腻不利做账保存的等等，都应拒绝发货。

（2）预先审查准备。一般领料单都是由各点在领货的前一天填写后，经总厨审批签字后，送达库房或中心加工厨房。接到领货单后，库房人员应根据各点的领料将各点原料检查后分别装上手推车，做好标记，对于所缺原料或发料不符合要求的原料立即通知采购人员以最快速度补充。以便各点正常使用。中心加工厨房接到的领料单通常根据标准加工原料，如肉丝、牛柳、鱼米等，接到后必须检查备货情况，发现不足，必须立即补充，以便领料当天节省时间，确保厨房正常生产。

（3）严格鲜活原料的发货。中心加工厨房的鲜活原料的发放如蔬菜等，应在前一天接到订单时，根据轻重缓急及加工人员的工作分配，初步估算加工时间，先将存货先调拨给急用的分点厨房，再给缓用原料的分点厨房，最后再补足库存。发货时，鲜活原料也必须样样过秤。一是为了掌握和控制净料率，二是为了掌握加工厨房人员的工作质量。

（4）做好退货和登记工作。各点厨房根据本厨房使用要求,常会把不符合要求的原料退回,接到退回的原料后,首先必须在最短时间里补回,然后查明原因,是企业自身因素造成的应立即上报上级领导,不属于企业自身造成的,则会同采购部做退货处理,发货后必须即时做好登记工作,做到物账相符,同时将各点领料单送达财务,统计出当天发生的原料成本。

2. 发放管理基本制度

（1）严格执行定时领用与发放原料的规定。这样有利于库管人员有充分的时间整理仓库,检查原料的库存情况;有利于库存原料得到及时整理、清点、补充,保持合理的库存量。

（2）领用原料必须凭"领料单",库管人员必须凭"领料单"发放原料。无领料单,任何人都不得从仓库取走任何原料。

（3）领用人员填写领料单必须字迹清晰工整,不得涂改。

（4）审批人员必须严格审查领料单内容,不得在空白领料单上签字。

（5）领料人员必须如实填写领料单,经审批签字后,严格按领料单上申领的品种和数量领取原料。

（6）领料单必须三联齐备,缺联领料单无效。同时,各联领料单上各项内容要相符。

（7）发放人员严格检查领料单,若遇字迹不清或涂改、缺审批人员签字、缺联等情况,应拒绝接单发放原料。

（8）普通原料领用与发放,应按当日或未来三日内的生产需求量确定,不得造成厨房内原料大量囤积。

（9）贵重原材料的领用与发放,必须根据当班或当日的生产需求量进行严格控制,不得造成厨房内原料囤积,以致影响质量,造成损耗。

（10）发放人员应亲手接单、亲手发放,不得让领料人员进入库内自行取拿原料。

相关链接

采购规格书的种类

原料采购规格书的种类繁多,但若按其性质归类,可分为蔬菜类、水产类、肉类、禽类、再制品类、干货类等,下面介绍几类常用的原料采购规格书样本,供参考。

（1）蔬菜类原料采购规格书

表 4-12 蔬菜类采购规格书

品 名	规 格	质量要求	备 注
西兰花	不带柄	花形整齐、无虫害、色青不发黄、新鲜	
菜秧	不带根	无杂草、无黄叶、无虫害、无泥沙	

（2）鲜肉类原料采购规格书

表 4-13 肉类采购规格书

品 名	规 格	质量要求	备 注
猪里脊肉	1.5～2千克/条	每条猪里脊肉不得超过规格范围,不得带有脂肪、皮,要求鲜红、无异味	不得注水,送货时带冰保藏
猪肋排	25千克/箱	带肋排骨,不带大排、肥膘,块形完整,不夹碎肉,净重与商标规定相符	送货时予以低温冷冻

(3) 禽类采购规格书

表 4-14 禽类采购规格书

品名	规格	质量说明	备注
箱装肉用鸡	1 000～1 250 克/只	去头颈爪、内脏,并将肫、肝、心洗干净后装入腹腔内,冻结良好,外观白净无异味	运输时应低温
活老母鸡	1 250～1 500 克/只	两眼有神,羽毛紧贴,不脱毛,有光泽,叫声响亮,爪子细,2 年半至 3 年生的散养草鸡	过秤验收后,帮助宰杀、去膛洗干净

(4) 水产类采购规格书

表 4-15 水产类采购规格书

品名	规格	质量要求	备注
鲫鱼	300～350 克/条	鲜活、草鲫、无脱鳞、不翻肚	带水送货,去水验收
螃蟹	公:200～250 克/只 母:150～200 克/只	鲜活、阳澄湖出产,肉质坚实、壳硬,在玻璃上能爬行,背青腹白	公、母搭配,干货验收
甲鱼	500～550 克/只	鲜活、爬行利落,腹部无红印、野生	无损伤,不注射水

以上提供了几种原料采购规格书的样本,采购规格书往往在实际运用中与原料报价单、供货协议结合在一起使用,在供需双方签订供货协议时常常注明规格、质量要求及注意事项,有的还规定违约处罚等条例,目的是供需双方在互惠互利的条件下,保质保量的供货,确保饭店的正常营运。

检 测

一、课余活动
收集网上原料信息或当地菜市场主要原料价目。

二、课堂讨论
1. 原料控制的关键点在哪里？
2. 原料质量对菜品质量的影响有哪些？

三、课外思考
1. 原料采购进货的要求有哪些？
2. 请论述原料采购的程序。
3. 如何把握原料的采购质量？
4. 为什么说验收工作是质量保证的关键？
5. 清点盘存工作的主要价值是什么？
6. 请阐述原料发放的原则及其管理制度。

第五章 厨房产品质量管理

学习目标
◎ 了解菜品生产的基本质量指标
◎ 掌握菜品质量感官评定标准
◎ 掌握菜点出品质量的特性与构成
◎ 明确影响厨房菜品质量的因素
◎ 了解菜品质量控制的基本方法
◎ 学会对菜品质量的有效控制

本章导读

菜点的出品质量,是厨房管理工作的中心内容,它直接影响到餐厅的就餐人数和企业的经济效益。在厨房生产管理中,无论是重视食品原料的管理,还是很抓菜点生产过程的管理,一切目的都是为了生产出质量上乘的菜点食品,因此,采取切实有效的措施,加强其质量控制,是厨房管理工作的中心环节。本章从产品质量的内涵分析、厨房出品质量标准的认定、影响菜品质量的诸因素以及菜品质量控制的要求和方法方面进行了系统而详尽的论述。通过学习,可以对厨房菜品质量管理有一个全方位的了解。

第一节 现代菜品质量设计

引导案例

餐饮企业经营取胜到底靠什么?这是许多经营者都为之奋斗的事情。尽管影响餐饮经营的方面很多,但归根到底还是菜品质量最重要。

一盘菜做好后,仅仅按照原有的色、香、味、形、器的标准是远远不够的。而应该强化食品安全、卫生、营养、原料质地、成菜温度的评判指标。实际上,厨房生产过程中的安全、卫生比成菜的口味更重要。

1. 始终如一才是质量的根本

北京著名老字号"东来顺",对羊肉的选择一律采用内蒙古集宁地区的优质绵羊,必须是两三岁的阉割过的公羊,一只羊只用四个部位,绝对瘦而嫩,羊肉片要切得极薄,四两一盘,盘盘保证40片,佐料也颇为讲究,质量上乘,不得将就。这些规矩算起来执行了90多年,打从1914年东来顺最早的主人丁德山开始就是这么办的。就靠这不走样的规矩,使他的涮羊肉早在20世纪30—40年代就名满京城。100多年过来了,东来顺的主人一茬茬换,但它的四个特点一直没变:选料精,加工细,调料全,火力旺。

2. 餐饮品牌来源于质量的支撑

仅仅是一个品牌名称或设计符合市场需求还是远远不够的,品牌的背后一定要有稳定的、持续改进的质量水平在支撑,才不至于名不符实,昙花一现。品牌市场竞争的首要因素是产品的质量,产品质量高,就为企业的品牌竞争奠定了良好的基础。一个品牌成长的生命力来源于质量,一个品牌在市场中垮掉,许多也是缘于质量出现了问题。所以说质量是品牌的生命,是支撑品牌的基础。

天津"狗不理"包子在改革开放后的今天,一直名声不减。"狗不理"能成为名牌,关键是它有独特的经营技巧,善于以玉比珉。包子是一种最普通的大众化食品,几乎人人都需要它,人人亦懂得品尝和鉴定它。经营者若想使这一种商品的经营成功,那必须要技高一筹。"狗不理"包子就是本着这样的宗旨,百多年来脚踏实地攻优夺誉,先质后量,以质求量,用质竞争,使玉胜珉一筹,创出了品牌形象,获取了经营的成功。

点评:质量是企业的生命,是企业能够兴旺发达的源泉。

厨房工作的重点,就是生产优质的餐饮产品,而餐饮产品的质量将直接影响到饭店的社会效益和经济效益,也是衡量厨房管理水平高低的重要标志。提高菜品质量,加强厨房生产的质量控制是厨房所有工作人员的工作重点,对于这一点,这是厨房工作人员绝对不容置疑的,作为厨师长,需要把质量控制贯穿于整个厨房生产活动的全过程。

厨房菜品质量的设计,实际上就是饭店企业厨房生产标准化的制订。影响厨房生产质量的原因很多,除了食品原料的质量影响菜品质量以外,原料的配伍与份额、加工工具和生产工艺与操作程序都会影响成品质量。菜品质量在设计过程中,以标准食谱的形式表示出来,规定了单位产品的标准配料、配伍量、标准的烹调方法和工艺流程、使用的工具和设备,有效地避免了厨师在生产加工操作过程中的模糊性和随意性,为保证菜品质量提供了可靠的依据,也为菜品质量的管理打下了坚实的基础。

一、菜品质量的基本要素

菜品质量管理贯穿在整个厨房生产的始终,质量管理不是单独的生产过程,而似乎贯穿在所有其他的过程之中。作为供顾客食用的菜品,不同于其他产品,它必须具有明确的质量指标和基本要素。

1. 菜品的安全

菜品质量的第一要求就是安全,维护健康已成为广大顾客的第一需要。餐饮企业是提供食物菜品的,更应该担负起为广大顾客健康服务的义务和责任。我们提供给顾客的菜品会不会出现问题?回答是:不小心,随时都可能出现问题。原料在运输、加工、生产、储存、服务等环节中稍有不慎就会出现安全障碍,导致食物中毒等现象。菜品在生产过程中,违背《食品安全法》的规定,生产和经营不符合卫生条件;有的乱用防腐剂、色素、甜味剂等食品添加剂;甚至用化学毒物来"美化"食品。这将违背了菜品制作的本意,更无质量可言,而且也会对消费者造成身体上的伤害。

2. 菜品的卫生

食品卫生是餐饮企业最基本的组成部分。卫生是菜肴等食品所必备的质量条件。生产人员是否把卫生放在重要位置，这是检验员工素质和管理人员素质的最好的内容。菜品卫生首先是加工菜肴等食品原料是否有毒素，如河豚、有毒蘑菇等；其次是指食品原料在采购加工等环节中是否遭受有毒、有害物质的污染，如化学有毒品和有害品的污染等；再次是食品原料本身是否由于有害细菌的大量繁殖，带来食物的变质等状况。这三个方面无论是哪个方面出现了问题，均会影响到产品本身的卫生质量的高低。因此，

图5-1 快餐品加盖

在加工和成菜中始终要保持清洁程度，包括原料处理是否干净，盛菜器皿、菜点是否卫生等，如图5-1快餐品加盖。

3. 菜品的营养

菜品的营养是自身质量不可忽视的重要内容。每一种原料的使用如何去搭配运用它们的成分。现代科学技术的进步与发达，使得人们越来越将食品营养作为自己膳食的需求目标。鉴别菜品是否具有营养价值，主要看三个方面：一是食品原料是否含有人体所需的营养成分；二是这些营养成分本身的数量达到怎样的水平；三是烹饪加工过程中是否由于加工方法不科学，而使食品原有的营养成分遭到了不同程度的破坏。菜点制作中的质量评价，要做到食物原料之间的搭配合理，菜点的营养构成比例要合理，在配置、成菜过程中符合营养原则。

4. 菜品的温度

温度是体现食品风味的最主要因素。菜品的温度是指菜肴在进食时能够达到或保持的温度。同一种菜肴、点心等食品，食用时的温度不同，口感、香气、滋味等质量指标均有明显差异。所谓"一热胜三鲜"，说的就是这个道理。如松鼠鳜鱼，热吃时外脆里嫩，色泽金黄，鲜美嫩爽，酸甜可口，冷后食之，口感挺硬，色泽暗淡；蟹黄汤包热吃时汤鲜汁香，滋润可口，冷后而食，则腥而腻口，外形瘪塌，色泽暗次，汤汁尽失；拔丝苹果冷食则无丝可拔，干硬成糖块；虾仁锅巴冷食则无声可听，软而失去脆感。菜品无温度则无质量可言，因此，温度是菜品质量的基本要素。虽然过去人们未单独列项，今天人们在评价菜肴出品质量时已经成为一个不可或缺的指标。这是人们生活水平提高和评价体系完善的重要体现。

二、菜品质量的评价标准

菜品质量的优劣直接影响到企业的经济效益。作为提供给客人的菜品应该无毒、无害、卫生、营养、芳香可口且易于消化；食品的各种感官属性指标俱佳，客人食用后能获得较高程度的满足，才能称其为符合质量标准的菜品。我国传统的菜品质量评价标准有如下几个方面。

1. 外观色泽

外观色泽是指菜点显示的颜色和光泽,它可包括自然、配色、汤色、原料色等,菜点色泽是否悦目、和谐、合理,是菜点成功与否的重要一项。

菜点的色泽可以使人们产生某些奇特的感觉,是通过视觉心理作用产生的。因此,菜点的色彩与人的食欲、情绪等方面,存在着一定的内在联系。一盘菜点色彩配置和谐得体,可以产生诱人的食欲;若乱加配伍,没有规律和章法,则会给人产生厌恶之感。

热菜的色指主、配、调料通过烹调显示出来的色泽,以及主料、配料、调料、汤汁等相互之间的配色是否谐调悦目,要求色彩明快、自然、美观。面点的色需符合成品本身应有的颜色,应具有洁白、金黄、透明等色泽,要求色调匀称、自然、美观。

2. 嗅之香气

香气是指菜点所显示的火候运用与锅气香味,是不可忽视的一个项目。

嗅觉的产生通过两条途径:一是从鼻孔进入鼻腔,然后借气体弥散的作用,到达嗅觉的感觉器官;二是通过食物进入口腔,在吞咽食物的时候,由咽喉部位进入鼻腔,到达嗅觉的感觉器。

美好的香气,可产生巨大的诱惑力,有诗形容福建名菜"佛跳墙":"坛启荤香飘四邻,佛闻弃禅跳墙来。"菜点对香气的要求不能忽视,嗅觉所感受的气味,会影响人们的饮食心理,影响人们的食欲,因此,嗅之香气是辨别食物、认识食物的又一主观条件。

3. 品味感觉

味感是指菜点所显示的滋味,包括菜点原料味、芡汁味、佐汁味等,是评判菜点最重要的一项。味道的好坏,是人们评价创新菜点的最重要的标准。由此,好吃也就自然成为消费者对厨师烹调技艺的最高评价。

热菜的味,要求调味适当、口味纯正、主味突出、无邪味、煳味和腥膻味,不能过分口咸、口轻,也不能过量使用味精以致失去原料的本质原味。面点的味,要求调味适当,口味鲜美,符合成品本身应具有的咸、甜、鲜、香等口味特点,不能过分口重、口轻而影响特色。

4. 成品造型

造型包括原料的刀工规格(如大小、厚薄、长短、粗细等)、菜点装盘造型等,即是成熟后的外表形态。

中国烹调技艺精湛,花样品种繁多。在充分利用鲜活原料和特色原料的基础上,包卷、捆扎、扣制、茸塑、裱绘、镶嵌、捏挤、拼摆、模塑、刀工美化等等造型方法,这些造型技法的利用,构成了一盘盘千姿百态的"厨艺杰作"。菜点的造型风格如何,确是一个视觉审美中先入为主的重要一项,是值得去推敲和完善的。

菜点的造型要求形象优美自然;选料讲究,主辅料配比合理;刀工细腻,刀面光洁,规格整齐,芡汁适中;油量适度;使用餐具得体,装盘美观、协调,可以适当装饰,但不得搞花架子,喧宾夺主,因摆弄而影响菜肴的质量。凡是装饰品,尽量要做到可以吃的(如黄瓜、萝卜、香菜、生菜等),特殊装饰品要与菜品协调一致,并符合卫生要求,装饰时生、熟要分开,其汁水不能影响主菜。

面点的造型要求大小一致,形象优美,层次与花纹清晰,装盘美观。为了陪衬面点,可以适当运用具有食用价值的、构思合理的少量点缀物,反对过分装饰,主副颠倒。

5. 菜品质感

质感是指菜品所显示的质地,包括菜点的成熟度、爽滑度、脆嫩度、酥软度等。它是菜点进入口腔中牙齿、舌面、腭等部位接触之后引起的口感,如软或硬、老或嫩、酥或脆、滑或润、松或糯、绵或粘、柔或韧等等。

菜点进入口腔中产生物理的、温度的刺激所引起的口腔感觉,是菜品制作要推敲的一项。尽管各地区人们对菜品的评判有异,但总体要求是利牙齿、适口腔、生美感、符心理、诱食欲、达标准,使人们在咀嚼品尝时,产生可口舒适之感。

不同的菜点产生不同的质感,要求火候掌握得当,每一菜点都要符合各自应具有的质地特点。除特殊情况外,蔬菜一般要求爽口无生味;鱼、肉类要求断生,无邪味,不能由于火候失饪,造成过火或欠火。面点使用火候适宜,符合应有的质地特点。

创造"质感之美"需要从食品原料、加工、熟制等全过程中精心安排,合理操作,并要具备一定的制作技艺,才能达到预期的目的和要求。

6. 器具盛装

古语云:"美食不如美器。"菜肴中对器具的要求自古以来就比较重视,俗话说:红花需要绿叶配。恰如其分的餐具配备可使美味可口的菜肴更添美感与吸引力。不同的菜肴配以不同的餐具,如果配合适宜,就会相映生辉,相得益彰。要注意菜肴分量的多与少、形状的整与碎、大与小、色泽的明与暗、菜品的贵与贱与餐具的形状、大小和身价相匹配。这样菜品的整体才能协调一致,锦上添花,出品质量才能具有品位。对于特殊餐具,如煲、沙锅、火锅、铁板、明炉等制造特定气氛和需要较长时间保温的菜肴来说,对餐具盛器的要求就更高。因为,它更是决定菜品质量至关重要的内容。但不管是什么样的菜肴,如果餐具本身残缺不全,不仅无美感可言,食品的整体质量也会受到很大影响。

三、现代企业菜品质量设计要求

企业菜品质量的设计,是一项细致复杂的系统工程,它必须依据市场的需求、企业的经营取向、厨房的设备、生产的成本、厨师的技术水平等去进行。所以,菜品质量的设计最主要的需重视两大因素,即成本因素和生产因素。成本因素包括菜品质量成本、产品价格、质量成本与产品价格的关系;生产因素则包括厨房设备水平、厨师技术水平及生产管理水平等。

1. 个性化菜品的研制与开拓

一个企业的餐饮产品投放市场后,能否产生好的购买效果,在很大程度上取决于某企业菜品对市场的适应程度。市场的适应程度是企业经营的关键性问题,它包括厨房的菜品质量、菜品的个性化需求、特色的品牌菜品以及服务的意识和特色等。所谓个性化的菜品,就是根据自己的经营特色迎合不同顾客群体的餐饮需求特征,提供不同质量标准的菜品,以达到顾客满意的目的。

菜品质量的设计过程,表面上看是一个简单的菜品的筛选、确定过程,实际上还是一个最佳菜品质量的选择过程。也就是说,确定的菜品必须是质量最佳的,顾客食用后满意,企业能获取理想的利益回报,如图 5-2 蟹粉藕盒、图 5-3 如意冬笋卷的制作,构思巧妙,造型奇特,个性鲜明。

顾客的质量满意度是靠最佳质量标准的选择实现的。为了在所设定的目标市场中迎合某一顾客群体和满足不同质量的需求,就必须使厨房菜品富于个性化。如江苏溧阳天目湖宾馆围绕水库的自身特点,开发"沙锅鱼头"品牌产品以及鱼肴系列菜品,使其形成独特的经营特色和个性,并遐迩闻名,其经营也取得了良好的效益。

图5-2 蟹粉藕盒

图5-3 如意冬笋卷

2. 不断迎合目标顾客的菜品消费取向

现代餐饮的经营在于不断迎合顾客的不断增长的需求。一个企业不断地去适应和引导顾客的需求,它就会有无穷的魅力,就会永远处在市场的前沿。饭店和餐饮企业在确定经营风格时,都要对所选定的经营品种进行不同程度的市场调查,充分了解客人的需求,然后制定经营菜单,对菜品内容进行质量设计。经过一段时间的经营以后,对客人进行菜品质量的满意度调查,一方面不断征求顾客对菜品的意见,另一方面对每天、每月的点菜情况进行统计,并适当进行取舍,将顾客点菜率较高的菜品进行编排,对点菜率较低的菜品进行适当的改良和舍弃,从多方面满足客人的需求变化。通过对菜品的设计和改良,保证了所提供的菜品对客人的适应性,并且在不断的调整中,提高顾客的满意度,如图5-4 双味剁椒鱼头,一菜双味,口味一新;如图5-5 烤鸭现场片皮,现场烹制,抢人眼球。

图5-4 双味剁椒鱼头

图5-5 烤鸭现场片皮

3. 实行厨房生产标准化管理

厨房生产标准化是指为取得厨房生产的最佳效果,对厨房生产的普遍性和重复性事物的概念,以通过制定标准和贯彻标准为内容的一种有组织的管理活动。由于我国传统的厨房生产方式,多少年来都几乎是在没有任何量化标准的环境中运行的,产品的配份、数量、烹制等都是凭借厨师的经验进行的,有相当的盲目性、随意性与模糊性,影响了菜品质量的稳定性,也妨碍了厨房生产的有效管理。如果对菜品质量的各项运行指标按照预先设计的标准进行工作,使厨房实现生产标准化和管理标准化,那么,厨房生产就进入了标准化生产的运行轨道,在不同时间的同一菜品中,就会出现始终如一的质量稳定的同一标准。这不仅方便了生产管理,也是对消费者的高度负责。

菜品有了标准化,就保证了菜品质量的稳定性。在生产中对各项指标都进行了规定,使厨师的工作有了标准,即使重复运行的技术环节,也会因为标准统一而减少失误和差错,为厨房生产步入了质量稳定的轨道。

第二节 厨房生产质量标准

引导案例

南京某饭店把龙虾(学名克氏原螯虾,俗称小龙虾)作为厨房生产的主要原料,精心打造龙虾品牌产品,取得了良好的效果。在短短的5年时间里,饭店的营业收入发生了翻天覆地的变化。以五年来的五月份餐饮营收为例,2002年5月78.8万元;2003年5月146万元;2004年5月233万元;2005年5月380万元;2006年5月486万元。龙虾的品牌经营有如此巨大变化,关键在于饭店脚踏实地培植龙虾产品质量,从而将企业产品不断地推向新的高峰。

第一,在经营理念上,饭店首先是树立了"为市场提供最好的产品"的理念,要求所有厨房人员的工作都要围绕这一核心展开。然后注册"红透牌"商标。红里透白,是龙虾优异品质的直观形态,此名能帮助消费者联想起最好的龙虾,起着昭示经营理念的作用。

第二,在龙虾的原料组织到产品售后的全过程管理上,他们做了三件事:一是环湖选料实验。找出品质最优异的龙虾。二是严格控制龙虾的品质。在选定的原料产地,龙虾的筛选要经过五道关,即把好非产地虾、死虾、残虾、空虾和半空虾关,保证每只均经过严格的筛选,达到最好龙虾的品质要求。三是对龙虾原料进行重金属含量检测。饭店还请省环境检测中心和市疾病预防控制中心对饭店选用的龙虾原料进行重金属含量检测,以保证龙虾的品质始终是优秀的,令人放心的,消费者在饭店尽可放心品尝干净、健康、美味的龙虾。

第三,在产品研发方面,饭店专门成立了研发中心,对龙虾生产线、生产链的设计、龙虾研制、口味定型及质量把关等一系列方面,进行深入研究,反复试验比较。首创了区别于十三香做法的多种烹调工艺,让肉嫩、入味、口味独特、新颖,得到了消费者的广泛认可,其中清水龙虾和麦香烤虾的制作方法还获得了国家发明专利,成为餐饮市场上少见的两项龙虾专利产品。

第四,在制作能力方面,饭店根据自身条件,先将生产流程作了全面扩宽改造,包括将职工食堂改造成龙虾生产专用厨房,把龙虾的洗、炸、煮、烤、装与储备周转连成连贯的生产线。然后按照标准化要求,实行统一生产,每道工序均按严格的标准制作,确保流程产品质量的稳定可靠。

以上这些目标他们已得以实现,"红透牌"龙虾的品牌效益给饭店带来了意想不到的成功,饭店经济效益和社会效率也年年攀升。

点评:从产品质量管理入手来打造品牌是餐饮经营运作的最佳路径。

餐饮产品的质量,就是顾客对餐饮产品的适应性与心理满足的程度。一般来说,厨房所有问题都是围绕着出品质量而展开的。要提供好的出品质量,最重要的是"人"。好的厨房技术人员,要有扎实的基本功,要能够对菜品品种质量有更深的感悟和理解。

实行厨房生产的质量控制,必须制定相关的质量标准,并对影响菜点质量的各种因素进行分析研究和全面系统的综合管理。要加强厨房生产的质量控制,就必须努力提高厨房人员的素质,把质量控制贯穿于厨房生产活动的全过程。

一、菜点出品质量特性与构成

厨房生产质量最终落实到菜点质量上。厨房生产的质量,包含着两个方面,一是餐饮产品的质量;二是厨房生产工作的质量。厨房生产的质量控制就是要对餐饮产品及其生产全过程进行控制,以达到厨房生产管理的目标。

1. 餐饮产品质量特性

餐饮产品是供广大顾客食用的,对于食品及其经营来说,它应有自己独特的个性特征:

(1) 功能性——营养、保健、适口。即发挥菜肴和点心的作用和应有效能。餐饮产品的功能是营养保健、适用可口,这是餐饮产品最基本的功能。提供给顾客的菜品,只有美味可口、富有营养的餐饮产品才能称得上有质量。

(2) 经济性——质量与价值相符。经济性是为了说明顾客为得到所需的餐饮产品而付出的价格是否合理。在餐饮消费上,顾客往往以价格来衡量餐饮产品的质量。因此,菜点的质量与菜点的价格必须合理结合。所谓合理,是指菜肴质量与价格相符,既使顾客感到实惠,又使企业有合理的利润。

(3) 安全性——符合卫生安全指标。餐饮产品的安全性是指厨房生产的菜点要符合各项卫生安全指标,保证顾客在进餐中没有任何有害物质及影响健康的物质存在。餐饮产品的安全性包括两个方面:一是菜点本身的卫生安全;二是环境的卫生安全。只有抓好这两个方面的卫生安全,才能确保餐饮产品具有安全性。

(4) 时间性——供应及时快速。厨房要能准时地给顾客提供优质的菜点,这是厨房生产管理的基本要求。因为顾客的用餐时间是有限的,厨房要在有限的时间内生产出更多、更好的菜品,只有抓住有限时间生产,才有可能获得更多的利润。

(5) 美观性——符合审美需求。餐饮产品的"美"包含着两层含义,一是菜点的形态美、装盘美;二是进餐的环境美。因为顾客在用餐时,不仅要满足生理上的需求,而且还需要在精神上得到满足。餐饮产品的"美"也就是为了满足顾客精神上的需求,所以特别强调菜点的美观性和艺术性。

2. 出品质量的构成

餐饮产品的质量,是由原料质量、劳务质量、成品质量所构成。

(1) 原料质量——决定菜品质量。原料质量决定菜品质量。原料的规格、品质、特点、味性和新鲜程度对菜品的质量至关重要。食品原料是餐饮产品加工的基础。事实上,所有食品加工活动的对象都是以食品原材料为中心展开的。无论从原材料的采购、储存、运输,到原料的选择、粗细加工、烹调等每一环节,都是以原料为基础进行的。

因此,餐饮实物质量的优劣,首先取决于食品原料质量的优劣。所以,要保证餐饮食物质量的高水平,就必须首先从食品原料的品质控制开始,这可以说是做好餐饮质量控制工作的第一关。

（2）劳务质量——影响菜品质量。这是指烹调工艺流程中每一个程序的效率和质量。每一个菜品都要由若干的加工、烹调程序构成。不同的技术人员劳务质量不同，其效果会有很大的差异，这包括员工的技术水平、劳动态度、按标准程序做事的程度等。

食品原料加工是餐饮食物产品质量控制管理的关键环节。绝大多数食品原料必须经过初加工和细加工以后，才能用于食品的烹制过程，如原料的切割、涨发、刀工运用。在配菜中，是否按照标准食谱的规定要求，配比合理。炉灶烹调是否按照有关规定的质和量进行，并按规定的要求装盘等。

（3）成品质量——最终体现质量。这是指成品所反映出来的各种质量。它是一种综合表现，其指标通常是色、香、味、形，技术上为刀工、芡汁、搭配、火候等是否符合最终的质量标准。在安全、卫生、质地、温度等多方面是否都符合质量指标。如果发现不合格，应予返工，以免影响成品质量。

成品在送出厨房前必须经过厨师长或专门菜品质量检查员的检查。有些企业在厨房的出菜处贴有警示性的告示：如果你对手中食品菜肴的质量不满意，请不要端出厨房。以用来提醒服务员和厨师把好质量检查关。

二、制定明确的质量标准

现代厨房生产还是依赖于手工操作为主体，大多还是靠厨师的经验、技术，有些菜品还要依靠多位厨师的分工合作才能完成，这些情况都会造成出品数量、形状、口味、色泽等的不稳定。质量标准，是餐饮业厨房现代化管理的一个重要标志，如果一家餐厅的菜品不能始终如一地保持稳定，就很难让生意成功。

一个饭店的菜肴质量高低、好坏，常常与它的质量标准有关。饭店所供应的每一道菜品，在色、香、味、形、器等方面是否符合要求，是否标准一致、始终如一，这就是产品的标准问题。影响厨房的产品质量有人员、设备、原材料、烹制方法、环境等几方面因素。既然菜品的出品大多靠人工操作，那么人员素质的高低自然直接影响菜品的质量。设备不全或质量不好，也会影响工作质量；掌握各种正确的烹调方法是制作稳定菜品的前提，品质优良的原材料是烹制出精美菜点的基础，环境的优劣对厨房的生产质量和出品都有很大的关系。因此，只有制定出各项标准才能使出品质量得到保证。

要使厨房生产的菜点，保质保量，不粗制滥造，不以次充好，凡不符合质量标准的成品一律禁止进入餐厅销售。从管理上讲，要提高菜肴质量，必须抓好每一道菜品的标准，而且从头抓起，一抓到底。即从原料的采购、加工、切配、烹调、装盘、服务等方面都要制订一系列的标准。

1. 原料采购标准

原料质量直接决定菜品质量。原料采购需制定食用价值、成熟度、卫生状况及新鲜度四项具体标准。凡原料食用价值不高、腐败变质、受过污染或本身带有病菌和有毒素的原料就不能够购进，对形状、色泽、水分重量、质地、气味等方面不符合新鲜度标准的原料，不予采购。

2. 原料加工标准

原料的加工好坏是保证菜肴质量的关键，如果原料在加工中无标准或不合格，菜肴无法提高质量，就会出次品。所以，制定每种干货或鲜货原料加工标准，明确其加工的时间、净料率、方法、质量指标等，这样不但保证了菜肴质量，而且有利于成本控制。

3. 原料切配标准

切配是食品成本控制的核心，也是保证产品质量的主要环节。切与配实质是两个方面，通过切与配，组成一款菜的生坯。无论是切还是配都应有一个严格的标准，如原料在切制时必须大小、粗细、厚薄一致，配菜时主料与配料的比例要量化，配置同一菜肴、同一价格、同一规格，应始终如一，绝对不能今天多，明天少，规格质量和样式风格都要保持其统一性。管理人员要经常核实配料中是否执行了规格标准，是否使用了称量、计数和计量等工具，这样才能保证餐饮的成本，并能维护顾客的利益。

4. 菜肴烹调标准

烹调的出品质量不仅反映了厨房加工生产的合格程度，也关系到餐厅的销售形象。每个菜肴在烹调过程中所需的火候、加热时间、各种味型的投料比例及成菜后的色香味形器都应有个标准。也就是我们常讲的"标准菜谱"。每一个菜都要注明所用的原料、制法、特点，包括用什么盛器装置，成菜后的式样、温度等都要写清楚，并附上照片，便于厨师进一步掌握。只要我们按标准去操作，无论谁烹调其标准始终如一。

5. 装盘卫生标准

每个菜品的装盘都应很讲究，应根据菜肴的形状、类别、色泽和数量等来选择合适的器皿，如炒菜宜用平盘、汤羹类宜用汤盘，整条整只菜肴宜用长盘，特殊菜肴宜用特制的火锅、汽锅、陶瓷罐及玻璃器皿等。为了使菜肴更加美丽，增进食欲，可适当用瓜果、叶菜进行点缀和装饰，使菜品更加完美。一旦菜品的样式确定下来，就要保证菜品稳定的质量，不能随意变化。同时，还要注意菜品的盛装卫生标准，做到盛器上下左右无污垢、缺口、破损，这样，饭店菜品的质量就得到了保证。

成品的装盘可以从操作规范、制作数量、出菜速度、成菜温度、剩余食品等方面加以监控。抓好工序检查、成品检查和全员检查等环节，使出品质量控制工作真正落实到实处。同时，注重质量的反馈和顾客对出品质量的评价，以便及时改进工作。

优质的产品是在严格全面的质量管理下产生的，把工艺流程中可能造成不合格产品的诸多因素消除掉，引进与使用科学的先进设备，对产品质量提供可靠的保证，形成一个比较稳定的生产优良产品的科学体系，实行防检结合，以防为主，把"事后检验把关"转到"事先的工序控制"，逐步使厨房走上规范化、科学化、制度化和程序化的轨道。

第三节 菜品质量管理控制与落实

引导案例

福建省一家提供"闽菜"的餐饮企业，以其优质服务和可口的菜品赢得了众多顾客的光临。在竞争激烈的福建餐饮市场，保持稳定可靠的菜肴出品质量是取胜的关键。该酒店主要采取了三方面措施来抓好这一关键环节。

一、制定标准菜谱进行生产加工

酒店对菜单上的所有菜肴都制定出了标准菜谱,列出这些菜肴在生产过程中所需要的各种原料、辅料和调料的名称、数量、操作程序、每客份额、装盘器具和围边装饰的配菜等。具体来说,包括五个基本内容:①标准烹调程序;②标准份额;③标准配料量;④标准的装盘形式;⑤每份菜的标准成本。

掌握和使用好标准菜谱,使无论是哪位厨师在何时,为谁制作某一菜肴,该菜肴的分量、成本和味道以及装盘器具、围边装饰的配菜都保持一致,保证顾客以同样的价格得到同样的享受。酒店管理者认为,按照已制定好的标准菜谱进行制作,对外有利于经营,对内有利于成本控制,一举两得,事半功倍。这是餐饮管理者加强品质管理必须把握好的第一个关键步骤。

完整的标准菜谱制定之后,厨房管理人员还加强了监督检查,保证在实际工作中,每位厨师都能照标准菜谱加工烹制,不盲目配料,减少原料的浪费和丢失。

二、实行厨师编号上岗

各项标准制定后,厨师必须严格按规定操作。关于烹制过程中的时间、温度、火候的把握,虽然有了文字说明,但在实际操作中还要靠厨师们长期摸索、自己掌握,还有原料质量的差异等因素,要保证生产出来的菜品尽可能保持一致。因此,酒店对厨师实行了编号上岗,以增强厨师的责任心,接受顾客监督。每位厨师对自己加工烹制好的菜品必须附上自己的号码标签,以示对菜品质量的担保和对顾客的负责。顾客也可根据对某位厨师的信任和喜好指定厨师为其制作。遇到对菜肴不满意时,也可按编号投诉厨师,加强厨师与顾客间的沟通。

三、定期评估厨师的工作业绩

厨师实行编号上岗,使每道菜肴有了质量的保证。在此基础上,酒店定期评估厨师的工作实绩。评估的方法是:分析一定时期内(例如一周或一月之内),每位厨师的销售额、制作量、顾客的反映及点名制作的数量,等等。

另外,餐厅服务人员也提供了考评的信息来源。从餐厅服务员那里了解顾客对每位厨师的出品的满意程度及意见等,不仅能增强厨师的责任感,也能使顾客产生亲近感,容易体会到做"上帝"的感觉。

对于工作实绩较差的厨师,酒店则及时予以培训、指导和提醒,并采取一定的经济制裁手段。必要时,管理者还会调动他们的工作,以确保厨房菜肴质量得到有效的控制。该酒店的品质管理措施出台后,收到了较为理想的效果。

点评:厨房管理者是厨房生产这个群体的领头羊,制定合理的质量管理措施是其厨房管理的核心工作。

菜品生产制作是须臾也不能马虎的,一有疏忽,就会出现质量问题。但如果菜品烹调制作的各个环节都完美无缺的话,那就没有管理的必要了。况且,菜品生产绝大多数都是以手工操作为主,容易受人为因素如技术高低、情绪好坏等因素影响而难免出差错。所以,厨房管理最重要的就是把握好菜品的质量,把菜品烹调的质量控制在合理的范围之内。

一、影响厨房生产质量因素

如前所述,形成菜品质量的因素是多方面的,若某一方面出现差错,都会造成质量上的问题。影响菜品质量的因素是多方面的,有原料、加工、烹调上的因素,也有人为方面的因素。分析影响厨房菜品质量的主要因素,进而采取相应的控制措施,对创造并保持菜品的优良品质是十分必要和有效的。

1. 厨房生产的人为因素

菜品制作生产都是靠"人"来完成工作的。而厨房菜品很大程度上是靠厨房工作人员手工生产出来的,因此,不同人之间的差别就会带来不同的质量效果。厨房员工的技术差距、能力强弱、反应快慢以及生产人员的主观情绪波动,都会对菜品质量有直接的影响。

厨房生产特别是在开餐高峰期,出菜要求快、准、品质好,这离不开厨房工作人员的应有的技术、能力以及在繁忙的工作中的反应速度,这是这个工种的应有要求,也是质量体现的一个重要方面。

厨房生产人员的情绪,直接影响其工作积极性和责任心,这些又多是厨房管理人员不加细心观察和深入了解而难以发现的。人的情绪好坏影响人的活动能力,从而影响工作效率和质量。人有喜、怒、哀、乐,这种体验是人对客观事物态度的反映,即情绪或情感。情绪有明显的两极性,积极的情绪可以提高人的活动能力;消极的情绪则会降低人的活动能力,从而降低工作积极性,有损工作责任心。

影响厨房生产人员的工作情绪的因素涉及人际关系、领导作风、社会时尚、生理条件、工作环境和婚姻家庭等。其中任何一个因素都可能影响其工作积极性和工作责任心。心情舒畅,情绪稳定,工作积极主动,严格要求,产品质量就高且稳定;相反,情绪波动不定,态度消极,疲于应付,工作中差错就多,产品质量就无法保证。

一般来说,人可分为消极的人、被动的人、主动的人三类。消极的人总认为整天干这种体力活很倒霉、没劲,随时准备跳槽、走人,也常常会出现质量问题;被动的人都认为工作是为了生活,为了这份工资而干,"做一天和尚撞一天钟",质量就难以稳定;主动的人会感觉干这份工作十分自豪、努力,感到十分光荣而充满信心,他们会兢兢业业地为之而奋斗。当然,作为企业最需要的是工作踏踏实实的主动的人,对产品的质量认真负责的人,而作为企业更要有留住这类员工的方法和对策。

2. 烹调方式的制约因素

烹调方式就是加热方式和调味方式的有机组合。中国烹调的加热方式是以炉灶、勺功、锅气为主,通过铁锅导热,再以水或油为传热媒介将原料加热至熟。尽管每种烹调方法的使用可以是变化多端的,但还是以"勺功"为主的加热方式所致。

中国菜肴自古以味为核心内容,把调味看成是中国菜肴的灵魂。中国烹饪讲究"五味调和",即讲究味与味之间的协调和统一,通过不同形式的合理配伍,使菜品丰富多彩,如调味料的混合使用、酱汁的使用等,正所谓"五味调和百味香",爆、炒、煎、炸味悠长。

烹调方式的变化来源于加热方式和调味方式的运用,烹调工艺流程中的原料选择和刀工处理及半成品加工就必须符合这种烹调方式的加热和调味要求。于是,在手工操作生产方式下,原料、刀工、火候和调味这四个烹调因素之间呈多元的组合关系:一方面,火候和调味规范着原料的选择和刀工的处理;另一方面,从某种角度而言,原料和刀工又决定了火候的运用和调味的选择。这四者相互制约,彼此影响,互为条件。某一因素的变化会引起其他因素的变化,从而引起整体功能(品质质量)的变化。并且,这四个因素之间关系的这种变化在客观上没有恒定的保证,没有现代科学技术的支持,总是受到人为因素的影响而使原料质量、劳务质量和成品质量变得非常敏感和脆弱。把这四者的特定关系展开，便构成特定的、多环节的、复杂的烹调工艺流程。

实际上，中国烹调方式的制约是一种不可避免的客观制约，食品质量的不稳定性正是这种烹调方式所决定的，在这种烹调方式没有产生根本性的变革之前，这是每个厨房管理者所必须面对的现实。对于过于繁复的烹调工艺有必要简化其工艺流程，以确保菜品质量的可控程度。

3. 生产过程中的客观因素

（1）原料状况。前面所述，厨房菜品的质量，常常受到原材料的自身质量的影响，原料的新鲜程度、季节差异、个头大小、老嫩变化、地域状况等都会给厨房生产带来不统一的质量；调味品的产地、商标、级别等对菜品烹调也都会产生不同的风格。对此，采购员和验收员都要重点把关原料的品质，以确保菜品质量的稳定和一致性。

（2）设备好坏。厨房在生产过程中，必然要使用到各种不同的厨房设备，设备的好坏对菜品的质量至关重要。如烤箱的质量对烤制菜品就会有很大的影响。假如烤箱的火力不均，烤制的菜肴和点心就会受热不均，往往就会出现中间火力大、两边火力小，所造成的菜品颜色不稳定、口感有差异。就每天使用的炉灶，其火力有大有小有强有弱，对菜点质量同样有着直接的影响。使用管道煤气的厨房，有时也因季节的不同产生一些影响，特别是寒冷的冬季，在用气高峰时，也会出现一时炉火不足，大量旺火速成的炒、炸类菜肴，其质量必定受到影响。

（3）环境因素。①光线与噪音。厨房在生产时，操作人员需要有充足的照明，才能顺利地进行工作，特别是炉灶烹调，若光线不足，容易使员工产生疲劳感，更重要的是降低生产质量。另外，厨房设备多，特别是排油烟机、鼓风机等带来的噪音，不仅破坏人的身心健康，还容易使人性情暴躁，工作不踏实，这样也会影响整个产品质量。②地面防滑。厨房建筑材料也会对生产产生不同程度的影响。如地面滑溜，在生产高峰期，遇到地面有水，就会出现走路不稳，不仅影响工作效率，常常会因此而摔跤，轻则传菜时汤液外流，对菜品的质量影响亦较大。③破损餐具。有些企业常常来不及更换已破损的餐具，这本身就存在着质量问题。再好的菜品也不能显现出应有的价值。更有甚者，还容易造成客人口角的损伤，应引起特别的注意。

4. 生产管理方式的影响

一般来讲，厨房菜品质量的不稳定与其厨房管理人员有很大的关系。我们天天在抓产品质量，为什么还是犯老毛病？管理者管理不严格、工作不踏实就会出现质量问题。在管理工作中，假如企业的管理没有形成定式，员工没有养成一种自律的习惯，管理者稍一松懈，员工们就自然会放松。反过来说，为什么他不能改变下属的工作习惯？为什么他不能保证他的部门菜品质量的稳定？这不单纯是烹调技术问题，而是管理方式的问题。实际上，许多质量问题的发生，归根结底就是管理本身的问题，这恰恰是管理者自己忽视了的因素。

管理方式对菜品质量的影响是直接而广泛的，它主要表现在管理的手段和技巧、激励方法、分配方案和人际关系等方面。这些影响有时会立竿见影，有时要经过相当长时间的潜移默化才能见效果，有时三言两语就能搞清楚，有时却要历经千辛万苦才算解决，甚至要置死地而后生。

作为管理人员，不能仅是把员工当作"完成任务的工具"来关心，而是真正能把员工当作"一个人"来关心。有人说，只有当企业的管理者能把员工"个人的事"当作"企业的事"来关心的时候，员工才会把"企业的事"当作他"个人的事"来尽心尽力地去做。这说的就是企业的管理者与厨房的员工之间，必须建立一种"以心换心"的关系。

当今的厨师长必须要接受管理的训练与培训。人们都说，厨房工作人员的素质普遍偏低，这就要求我们结合行业的特点，不断学习管理技巧，多关心和体贴员工，以身作则，一碗水端平，以此不断提高自己的管理素质，这是当今所有厨房管理者必须面对的现实问题。

二、菜品质量管理控制要求

1. 完善菜品质量管理制度

俗话说：没有规矩，不成方圆。要保证和提高菜品质量，必须要建立一整套的管理制度，如产品生产制度、岗位责任制、卫生包干制、质量检查制、工作奖罚制等。在制定每一项制度中，其内容必须明确具体。

在产品生产过程中，为实现产品质量规格标准，必须要制定切实可行的质量检查制度。实现产品质量的检查是保证和提高菜品质量的重要手段。为了保证菜品质量达到理想的效果，必须建立多层次、全方位的产品质量检查制度，如建立质量检查小组，设立专职或兼职的质量检查人员，把住每道菜品生产和出品的质量关。其方法有单项检查、相互检查、抽样检查、突击检查、重点检查、全面检查等，还有领导和检查人员以客人的身份进行明察暗访的质量检查方法，发现问题及时纠正，把菜品存在的问题处理在萌芽状态，确保将符合质量的产品销售给顾客。

在制定产品质量制度时，需制订一套切实可行的奖罚制，来保证和促进提高菜品质量，其条例要明了，做到奖有标准，罚有规定，以利于调动广大员工的工作积极性，减少工作失误，提高产品质量。

2. 做好各阶段的生产控制

厨房生产的质量控制过程包括生产前的原料购进、厨房生产过程和生产结束后的成品销售三大阶段的控制。原料阶段的控制主要包括原料的采购、验收和储存；生产阶段的控制主要对申领原料的数量与质量、菜品加工、配份和烹调的质量控制；菜品由厨房烹制完成，即交餐厅出品服务销售，这阶段要做好餐厅的备餐服务和上菜服务。

阶段标准的控制需强调厨房生产运转在各阶段都应建立明确的规格标准，以控制其生产行为和操作过程，而生产结果、目标的控制，还有赖于各个阶段和环节的全方位检查。建立并实行严格的检查制度，是阶段标准控制法发挥作用的有效保证。

在产品质量控制中，要特别作好重点岗位、重点环节的控制，提高对厨房生产及产品质量的检查和考核，找出影响和妨碍生产秩序和产品质量的环节或岗位，并以之为重点加强控制，提高工作效率和出品质量。各个饭店根据自己的特点加强重点岗位和环节的控制。如炉灶的出菜速度慢、菜肴口味时好时差，就要重点跟踪检查并采取适当措施，可通过加强岗位指导、培训，或者换人、加强力量等以保证炉灶的质量万无一失。厨房生产的质量控制应根据厨房管理的总体目标，把握各个环节，不断提高生产及出品质量，完善管理，使产品质量和内部管理水平不断得到提高。

3. 使用高效率的厨房设备，提高有效劳动量

厨房设备是餐饮产品生产的物质基础，是厨房人员赖以生产出精美可口的菜品的必要条件。优良的设备可以保障优质的产品，先进的机械化厨房设备，能在很大程度上替代厨师的工作，如一些加工设备：切片机、粉碎机、搅拌机、锯骨机、去皮机等等。这些机械设备的运用不仅节约了大量的人力，而且还保证了原材料的加工质量，提高了生产效率。

简化工作程序，是厨房提高生产效率的主要方法之一。简化工作程序实质上是取消既不能增加产品价值又不利于生产的不必要的工作步骤。也就是说，要减少无效劳动，从而达到提高生产效率的目的。简化工作程序并不意味着简单、马虎地工作，而是为了讲究产品质量、保证工作环境，从而提高生产效率。

4. 提高厨房工作人员的技术水平

定期技术培训是产品质量管理的重要措施之一。厨房产品质量的稳定与提高，主要在于厨房工作人员的素质和技术水平的高低。不断提高厨房生产人员的业务知识和技术水平，是提高餐饮产品质量的关键。

随着社会的发展，新原料的不断产生，我们的技术人员也面临着技术不断更新的问题，加强技术力量的培训，推广先进的生产技术，不断提高厨师的文化素质和技术素质，并不断将产品质量标准灌输给职工，这样，员工的素质、产品的质量才能不断提高。

要提高餐饮产品的质量，形成良好的学习氛围，企业内部就必须要进行多层次、多类型、多途径的技术培训。多层次培训是指根据厨房工作人员不同的技术级别而采取相应的培训，在厨房生产中要根据岗位工作的特点有目的地做好培养工作，并使厨师队伍的技术力量形成一定的阶梯形，这样有利于厨房的生产和管理。多种类型培训就是在厨房各岗位、各工种的专业人员的技术培训的同时，更要重视团队协作精神的培训和创新精神的培训，提高员工的整体素质。多途径即是采用多种方式方法提高专业技术。只有这样，才能使厨房生产出来的产品质量保持稳定。

三、产品质量控制过程

厨房的生产运转，从原料的进货到菜点的销售，可分为烹饪原料采购储存、菜点生产加工和菜点消费三个阶段。加强对每一阶段的质量控制，可保证菜点生产全过程的质量。

1. 食品原料进购过程的质量控制

食品原料阶段主要包括原料的采购、验收和储存。在这一阶段应着重控制原料的采购规格、验收质量和储存管理方法。

（1）严格按规格采购各类食品原料。要严格按规格采购各类食品原料，确保购进的原料能最大限度地发挥其应有作用，使加工生产变得方便快捷。没有制定采购规格标准的一般原料，也应以保证菜品质量、按菜品制作要求以及方便生产为前提，选购规格分量相当、质量上乘的原料，不得乱购残次品。

（2）全面细致验收，保证进货质量。其目的是把不合格原料杜绝在厨房之外，保证厨房生产质量。验收各类原料，要严格依据采购规格标准，对没有规定标准的采购原料或新上市的品种，对其质量把握不清楚的，要随时约请专业厨师或行家进行认真检查，不得擅自决断，以保证验收质量。

（3）加强储存原料管理。要防止原料因保管不当而降低其质量标准，严格区分原料性

质,进行分类储存。加强对储存原料的食用周期检查,杜绝过期原料的再加工制作。同时,应加强对储存再制原料的管理,如泡菜、泡辣椒等。如果这类原料需要量大,必须派专人负责。厨房已领用的原料,也要加强检查,确保其质量可靠和卫生安全。

2. 食品加工过程的质量控制

食品原料生产加工是厨房实物产品质量控制管理的关键环节。对食品菜肴的色、香、味、形起着决定性的作用。因此,厨房在抓好食品原料采购质量管理的同时,必须对原料加工、配份、烹制质量进行控制。

(1) 加工阶段的质量控制。从食品原料质量控制的角度出发,食品原料加工过程中应掌握以下几个原则:

① 保证原料的清洁卫生。大多数原料不仅带有不能食用的部分,而且往往沾有污物杂质,因此,初加工过程中必须认真仔细地对原料进行挑拣、刮削等处理,并冲洗干净,使其符合卫生要求。否则,不仅会影响菜肴成品质量,而且还可能损害消费者的身体健康。

② 减少原料营养成分流失。初加工方法是否得当对能否保持原料的营养成分至关重要。为了保持原料的新鲜度,减少营养成分的损失,食品原料加工过程中应尽量缩短鲜活原料的存放时间,以免因存放过久致使营养损失甚至变质。蔬菜在加工时应先洗后切,如果先切后洗,就会造成维生素等水溶性营养成分的流失。

③ 按照菜式要求加工。在对食品原料做初加工处理时,应该根据各类菜式烹制要求合理使用原料。同时,要按照各个菜肴的烹调要求合理运用刀法,注意保持原料形状的完整,不能影响菜肴成品的外观。原料细加工时也应根据各种菜式的不同要求进行切割加工,强调厚薄均匀、粗细相等、长短一致、整齐划一。

(2) 配份阶段的质量控制。配份是决定菜肴原料组成及分量的关键。配份前要准备一定数量的配菜小料,即料头。对大量使用的菜肴主、配料的控制,则要求配份人员严格按菜肴配份标准,称量取用各类原料,以保证菜肴的风味。

(3) 烹调阶段的质量控制。烹调是菜肴从原料到成品的成熟环节,它决定菜肴的色泽、风味和质地等,而且"鼎中之变,精妙微纤",其质量控制尤其重要和困难。有效的做法是,在开餐经营前,将经常使用的主要味型的调味汁,批量集中兑制,以便开餐烹调时各炉头随时取用,以减少因人而异时常出的偏差,保证出品口味质量的一致性。

3. 菜点消费服务过程的质量控制

菜点由厨房烹制完成后交餐厅出品服务。这里有两个环节容易出差错,须加以控制。其一是备餐服务,其二是餐厅上菜服务。

(1) 备餐服务。备餐要为菜肴配齐相应的佐料、食用和卫生器具及用品。加热后调味的菜肴(如炸、蒸、白灼等菜肴),大多需要配带佐料(味碟)。从经营操作方便考虑,有的味碟是一道菜肴配一至两个,这种味碟一般由厨房配制;从卫生角度考虑,有的味碟是按每个人头配制,这种味碟配制一般较简单,多在备餐时配制。如为白灼虾配美极鲜酱油碟,为刺身配制芥末味碟等。

另外,有些菜肴食用时须借助一些器具,才显得方便、雅观,如吃龙虾、吃鹅掌配塑料手套,吃蟹配夹蟹的钳子、小勺,吃田螺配牙签等。因此,备餐也应建立一些规定和标准,督导服务,方便顾客。

(2) 上菜服务。服务员上菜服务要及时规范,主动报菜名,对食用方法独特的菜肴,应对客人作适当的介绍或提示。

综上所述,厨房从原料到加工到生产整个流程不同,就需要有不同的质量标准控制,才能保证菜点质量的万无一失。这些阶段的控制应强调在加工生产各阶段建立、制定一定的必要的生产标准,以控制其生产行为和操作过程。然而生产结果、目标的控制,还有赖于各个阶段和环节的全方位检查。因此,建立实行严格的检查制度,是厨房产品阶段控制的有效保证。

第四节 菜品质量控制方法

引导案例

菜品质量控制,是目前国内各饭店一直比较重视和关注的焦点。许多饭店为了保证菜品质量,以质量特征取悦客人,采取了一系列独特的方法,确实也起到了不少作用,也从另一个角度反映了企业对质量控制的认真态度。

1. 透明经营法

透明经营法,即是厨房烹制的全过程都暴露在客人面前,以提高厨房生产的透明度。目前在西方国家特别流行,近十几年在我国也较为流行。厨房与餐厅用透明的玻璃相隔,客人在餐厅用餐时可直接看到厨师的操作,这让客人吃得放心。这不仅让客人看到厨师是怎样为自己烹制菜肴的,而且对厨房的卫生、生产人员的职业道德都有严格的要求。这样做,不仅会让厨师们认真烹调、把握质量关,而且会使客人进餐兴趣高涨,食欲大开,产生冲动性消费。

有些特色餐厅,为了体现自己的个性风格,更采取零距离烹制之法,即是在布局时将厨房与餐厅融为一体,它一反传统的"前堂后灶"式的方式,如百乐高就采取全开放的舞台式厨房,厨师面对客人炒菜,客人也可以与厨师一起烹制,或自己烹调。这种透明式的零距离接触销售方式,不仅让客人了解并信任食品加工的环境与环节,而且能让其领略饮食文化的魅力。

2. 挂牌服务法

挂牌服务之法,是将饭店的大厨、名厨向外展示,如有些饭店将骨干厨师的照片张贴在餐厅的上方,并注明他们的拿手菜,顾客可以在餐厅直接点厨师炒菜,也可以根据所点的菜指名哪位厨师烹制。将厨师挂牌展示,此举在凭借名厨、名师个人的威信和技术素质监控出品质量的同时,不仅宣传了本饭店的质量可靠、技术过硬的厨师形象,突出名师、大师的权威性,从另一方面,也保障了产品的质量,对饭店经营、招徕顾客也起到了积极作用。

在国内外,许多企业在餐饮经营中为了渲染气氛、推广活动,常常请外来名厨举办美食促销活动,将请来的大厨进行挂牌宣传,张贴海报和名厨照片以及代表的菜品,以提高档次、吸引顾客、扩大影响、增加效益。作为被挂牌的大厨,自然尽心尽职,把握住菜品的质量,否则将会影响自己的声誉。

点评:厨房生产的一举一动都展示在客人面前,菜肴的烹制也可以直接找到指定生产人员,使出品与员工荣辱直接联系,使烦琐的管理手续得到强化。

在菜品质量控制中，技术始终是每个管理者必须面对而又十分棘手的问题，它直接影响着原料的加工质量、菜品的制作质量，进而决定了成品的质量。因为决定技术本身的是人为因素的影响，正如前面所述及的那样，它表现在人的技术水平、技术态度和技术水平的发挥等几个方面。由此，菜品出品质量管理需要从多方面加以控制。

一、质量控制的基本方法

1. 实行按标准投料、烹制的科学方式

厨房生产标准化，即利用标准食谱的方式对企业所经营的固定菜品逐个进行规范，是从原料的选择、配比到烹制的时间、温度以及销售的分量规定的全过程的详细的作业标准。在加工、配份、口味、烹制、时间、装盘等方面进行有效的质量控制，这不仅保证了固定菜品质量的一贯性，而且便于生产、检查和督导。

这种标准化质量管理方法，是在西式烹饪制法和快餐食品制作的影响之下，以不变的产品适应多变的客源市场，许多企业已将每个菜由专人按标准统一配制、兑汁，使菜品的质量得到了有效的控制。

厨房生产所利用到的原材料十分丰富，每天所碰到的原料少则几十种，多则上百种。而不同的菜品其投料比例、搭配方法也不尽相同，这就要求生产者按照固定的标准要求实施，否则，菜品质量将很难控制。在菜品的调味方面，不但对菜肴的味汁进行按方配制，如柠檬汁、咕老汁、豉油汁、黑椒汁、鱼香汁等，而且对上浆品种和糊的制作均有计量操作，这样才能使菜的口味标准非常稳定。运用科学、规范、统一的调味方式不仅对复合味的菜肴起到稳定味型的作用，而且能加快烹调速度，提高生产效益。

2. 推行按岗定责的生产作业形式

厨房生产人员多，工序复杂，必须对所有岗位进行合理分工，强化岗位职能，并施以检查督导，需根据不同的岗位，按技术的高低定级定岗。冷菜、案板、炉灶、点心等所有都应定人定位。如按炉灶的功能可分为炒灶、蒸灶、大灶、烧烤灶、煲仔灶、汤灶，炒灶又可分为头灶、二灶、三灶乃至七灶、八灶。每个灶都有操作的技术要求和岗位要求。饭店近百种菜肴应进行分解，按菜肴的规格和制作难度来进行定灶定菜。这样有利于发挥每个人的专长。每个岗位的厨师在限定的品种内按菜肴的质量进行规范的操作和烹调。这样，厨师的技术越练越熟、菜肴也越烧越精，这对提高菜肴的质量无疑是一个好的方法。

炉灶的定岗定菜的方式使跟踪菜肴质量、产品责任到人、出品的好坏有案可查，对增强工作人员的责任心可起到很好的作用。另外，定岗定菜不仅可防止串岗做菜，而且可杜绝厨师们对技术性强的活抢着做、一般的工作不肯做的混乱现象。按级、按能力定岗、按岗做菜是炉灶组实行质量管理的基本要求。

所有的工作均应落实到人，包括领料、打荷、雕刻等琐碎工作，都应明确划分，合理安排各加工、生产岗位，以保证厨房生产运转过程的顺利进行。某一环节出了差错就可找到当事人，这样检查和改进工作就会行之有效，质量控制就能得到充分保证。

3. 控制菜肴恰当温度的质量意识

菜品的温度是菜品质量的具体体现。假如一盘炒虾仁、烧三鲜、烩海参上桌后菜品温度不足30℃，不管此菜品色、形多么好看，味汁多么适宜，它就谈不上是味美可口的，应该说，此菜肴的绝佳风味已失矣！自然也就谈不到菜品的质量。因为，所有食品都有最佳的食用温度。热菜要热、凉菜要凉、咖啡要烫、啤酒要冰,这是不同食品的质量要求和特点。

控制了菜肴温度,即控制了菜肴质量。品尝美味佳肴,恰当的温度是至关重要的。实践证明,刺激味觉神经的温度在10～40℃之间,在30℃时最敏感,低于此温度或高于此温度,各种味觉都会减弱。热菜的上桌温度在60～65℃,冷菜的最佳上桌温度在10℃左右。各种呈味成分,即使是相同的物质,也因温度的变化而感觉不同。例如,浓度为0.1%的砂糖溶液28℃时感觉到砂糖的甜味最低,而在0℃时其浓度高达0.4%,感觉最甜。可见,只有适当的温度,才能使就餐者品尝到最佳菜肴风味。

造成菜肴温度下降的原因主要有:
- 盛器不热,未进行餐具保温处理;
- 菜点成品制成后,在厨房或备餐间积压,未及时上菜;
- 厨房、餐厅距离较远,传菜不用保温设施;
- 分菜、派菜缓慢,致使菜肴变凉;
- 多个菜品同时上桌,客人未及时食用,导致温度下降。

表5-1 各类菜肴食品出品温度规定

食品名称	提供食用温度	食品名称	提供食用温度
冷菜	10℃	热菜	70℃
热汤	80℃	热饭	65℃
沙锅	100℃	啤酒	6～8℃
冷咖啡	6℃	果汁	10℃
西瓜	8℃	热茶	65℃
热牛奶	63℃	热咖啡	70℃

4. 发挥各岗位质量控制的作用

厨房生产等同于工业制造业,厨师要有足够的经验和功力,这是技术;厨房要有流畅的采购、储藏、准备食物的作业,这是原料准备;各种烹饪和排烟、排水的设备,这是机器;接到客人点用的菜单后要在一定的时间内按品质、数量、生产流程制作出来,这是订单生产;而火候运用恰当、口味出众的某些菜品经常被客人点用并传播出去,又它的品牌或称为品质信誉。这么一整套的内涵,和一间食品工厂根本没有区别。所以,餐饮生产与制造业较吻合。在工厂制造业,任何产品的出厂几乎都有检验员把关,并有一整套质量监控体系作保证。凡是出厂的产品都应是合格的产品。

厨房生产工序复杂,流程较多,在生产中稍有不慎就会出现次品甚至废品的状况。在传统的餐饮经营中,对于质量稍有不足的菜品都滥竽充数、以次充好了事,总认为客人也容易谅解,不会计较。但现在人们的饮食消费观念发生了变化,对于不合格的菜品或不按标准生产的菜品,常会投诉,甚或再也不来光顾。从现代厨房生产管理方面来说,这就是由于厨房的技术管理和质量管理问题造成的。鉴于此,在厨房生产过程中有必要增设厨房各岗位质量管理检验员,使其在操作流程的每一个环节上履行其监督检查的职责,从各个环节上杜绝不合格加工原料流入生产流水线,流入餐厅。

厨房各岗位负责人本身就是菜品质量检验员,是厨房产品的第一道防线,其责任重大,技术性强,要协助厨师长把好菜品质量关,特别要对成品质量进行检验,对不符合质量的菜品坚决去除而不手软。这一岗位应有职有权,其工作对象是产品而不是某个人。不但能起到质量管理的监督作用,还担负起对产品成果的考核,所以,这个岗位的胜任者不是德高望重的长者,而是厨师长的副手和岗位的负责人。厨房质量检验制是实施厨房质量管理的重要环节,是厨房管理网络中的重要角色。

  5. 加强重要活动的督导管理

  加强重要活动的质量控制主要是抓主要矛盾,解决主要问题,即是在厨房生产与管理中,突出重点和重要活动。一般生产活动中,只要根据不同菜品的制作标准实施管理,严格督导,使每个员工养成自律的习惯,菜品质量也是不难办到的。但对于重点客情、重要任务以及重大餐饮活动就需要进行更详细、全面、专注的督导管理,以保证每一活动的餐饮质量都得到有效的控制。

  根据厨房业务活动性质,区别对待一般生产和重点宴请,加强对后者的控制,对厨房社会效益的影响可发挥较大的作用。

  重点宴请或重要任务,或者客人身份特殊,或者消费标准较高,应从菜单制定开始就要强调以针对性为主,从原料的选用到菜点的出品,要注意全过程的安全、卫生和质量监督。厨房管理人员要加强每个环节的生产督导和质量检查控制,尽可能安排技术、心理素质较好的厨师为其制作。每一道菜点,在尽可能做到设计新颖独特之外,还要安排专人跟踪负责,以确保制作和出品万无一失。在客人用餐之后,还应主动征询意见,积累资料,以方便以后的工作。

  对于重大的宴请和餐饮活动,厨房管理者应从菜单制定入手,在设计时,应充分考虑客人的结构,结合企业原料供应和库存情况以及季节特点,精心组织各类原料,合理而适当调整安排厨房人员,严格把好各环节、各阶段产品质量关。尤其要采取切实有效的措施,控制食品及生产制作的卫生,严防食物中毒事故的发生。

二、实施有效的质量控制法

  有人把厨房比作餐饮企业的心脏,认为其控制着企业的命脉。这里主要说的是餐饮企业的菜品质量问题。菜品质量的好坏,预示着企业的生存与发展。但厨房管理者如何管理到位,把握质量,以身作则更加重要。

  1. 制度管理法

  厨房产品质量管理,口头上的发号施令是没有用的,必须形成文字,制定切实可行的制度。只要是行之有效的,对质量有利的制度,就要认真对待。实际上厨房里的许多制度都是为了实行质量管理的。如员工管理制度、设备工具管理制度、食品采购制度、食品卫生制度、卫生检查制度、厨房出菜制度、业务考核制度、员工培训制度、厨房考核制度、卫生包干制度、餐具器皿管理制度、前后台沟通协调制度、交接班制度、干货库、冷藏库、冷冻库管理制度、岗位创新菜制度等等,都是为了厨房内部的质量管理。制度的制定,要兼具科学性、实用性、可行性,使厨房管理有据可查、有度可量、有法可依、有案可惩。

  2. 定量管理法

  在厨房产品质量管理与经营活动中,要使尽可能少的投入取得尽可能多的有效收益,有定性的管理制度还不够,还要定量。企业在内部管理过程中,要制定多种定量标准,如每月顾客投诉率、厨房卫生合格率、成本控制率、厨房浪费率、厨房毛利率控制准确率、利润率等等。比如,每月顾客投诉率,通过每桌就餐服务人员在顾客结账时留下就餐意见(满意、非常满意或不满意等意见),交由企业经理签字,然后汇总计算,得出每月顾客投诉率数据。厨房浪费率和厨房毛利率控制准确率,则可以直接准确地反映厨房原材料管理和厨房毛利率管理的水准。

3. 监督管理法

有了行之有效的制度,如果得不到有力的执行,制度就成空谈。企业管理执行力的提高需要一套完善的监督体制。这就需要成立质量管理检查督导部,由管理职业资质、经验丰富的管理人员担任,定期出具产品质量报告,以相互督促,严把质量关。质检部除负责处理企业厨房的各种问题及数据外,每月大部分时间进行明察暗访,调查情况,现场处理与企业经营活动的关系,督促、引导厨房工作人员改进产品质量,发现问题,及时解决。

4. 表单管理法

餐饮企业都有一套科学严格的表单体系。表单管理大体分为三类,一是上级部门对下级部门发布的指令性表单,二是各部门之间的传递信息的业务表单,三是下级向上级呈递的汇报型报表。根据质量管理的特点,厨房质量管理的表单有:客情报告单、限期整改通知单、奖励通知单、菜品出品通知单以及厨师长综合打分表等等。这些表单让厨师长管理的各种指令更加明确、具体,出现问题也更加重视,并得以快速解决。

5. 情感管理法

情感管理法是通过对人的需求动机进行引导控制的方法,它是通过对员工的思想、情绪、爱好的需求和社会关系的研究并加以引导,给以满足。管理者要多关心员工的生活和个人情况,多进行情感投资。某饭店督导部人员在企业抽检,发现一分店厨师长常常心不在焉,忧心忡忡,本店的菜品质量有下滑现象,质检部人员通过厨房的一名厨师了解到他父亲病重,质检部立即将情况反映给总厨师长,总厨师长亲自开车去他家看望,并留下现金,让他安心照看好父亲。这让分店厨师长和他的家人都非常感动。在目前厨界人才流动频繁的"飘厨"时代,厨房管理者都应认真思考如何留住人才,使厨师队伍具有较高的稳定性。

6. 退菜记分法

对厨房生产中质量不达标、不过关的菜肴,一定要控制在厨房内部,坚决不出厨房。一旦菜品上桌,客人对菜点质量提出质疑时厨房要认真处理,如确有质量问题,应及时补救或调换。凡是出现有菜品质量问题的,查明原因确是厨师自身的问题,厨房管理人员应及时填写好不合格产品的记录表,做好统计,并与分配结合,以提高人们的责任心。

表 5-2 不合格菜品处理记录表

日 期	菜 品	餐 别	受理人	客人退菜原因及意见	灶台厨师	厨师长处理意见	备 注

7. 异物防范法

客人在进餐时,有时会在菜品中发现异物,这属于严重的菜点质量问题,菜肴中异物的混入往往给就餐客人带来很大的不快,甚至会向餐厅提出强烈的投诉意见,如果处理不及时,就会严重影响企业的形象和声誉,故要严防异物进入菜点中。

菜品中混入杂物、异物,首先造成了菜品被有害物质的污染。这不仅造成了菜品质量问题,而且给客人感觉特别不舒服,甚至很恼火。在英国的厨房,为了防止菜品中出现头发,要求厨房的所有厨师在戴工作帽之前先戴上一个黑色网罩,以防止出现不必要的麻烦。

一般来说,控制菜品中异物的混入,应做好以下几个方面的工作:①提高从业人员卫生质量意识,使每一个工作人员养成良好的职业习惯;②严格作业时的操作规程和卫生质量标准,严格按生产流程和计量标准进行生产;③加强对厨房、餐厅废弃物的管理,做到及时清理、及时消毒、固定摆放。

表 5-3 客人投诉菜品跟踪处理表

No:　　　　　　　　　　　　　　　　　　　　　　　　　　　年　　月　　日

投诉菜品		餐别		时间		责任人		当班厨师长	
投诉理由(原因)									
情况分析									
处理意见									
改进措施									

分析人:　　　　　　　　跟办人:　　　　　　　　厨师长:

三、出品质量控制的执行

企业不能保持一贯的菜品质量和水准最让客人反感。上次光临用的每一道菜制作考究、分量也很丰足,给客人留下了很好的印象。但这次再上门仿佛一切变了调,菜肴的品质和上一回相差十万八千里。这种管理的不稳定,是大多数餐厅的通病,容易让客人觉得自己不被尊重、不受欢迎,或怀疑厨房是不是换了老板和主厨,从此不愿再前来消费。因此,厨房管理者必须建立标准化的控制程序。

1. 强调菜品生产制作方法的唯一性

一般菜肴的烹调制作,都可能不止有一种制作方法。对于同一品种,由于地域不同,往往形成不同的制作方法。原料投放的比例、辅料的配伍、味汁的分量等等都会有不同的差异。从行业整体来看,应该允许有不同的做法,各地或各店应提倡在原料、刀工、火候和调味之间的组合关系上百花齐放,百家争鸣,只有这样,烹调技术才得以丰富和发展,行业才有竞争可言。

但是,对于某一烹调部门来说,具体品种的制作方法只能是惟一的。虽然从餐饮营销角度去说,品种应不断推陈出新,不过,在一定时期内,任何食品在顾客心目中应保持稳定和连续的形象。假如"蚝油牛肉"的汁酱今天是这个配方,明天是那个配方,一天一个味道,这个品种在顾客心目中就没有持续的质量形象,这正是餐饮经营的大忌。所以无论行业上有多种做法,对一个厨房来说,只能允许一种做法的存在,也只有这样,才能真正形成自己的菜品特色。

2. 简化工艺流程,提高工作效率

中国烹饪技术精细微妙,菜品丰富多彩,烹调方法之多、之精在世界上是首屈一指的,但许多聪明人都意识到,值得中国烹调自豪的同时,也有些忧虑,这就是许多菜品烹调环节繁杂,时间过长,与现代社会节奏和时代要求渐见矛盾。解决这一问题的最佳选择就是简化烹调工艺流程。

新中国成立以后,特别是进入21世纪以来,中国菜的制作发生了一些变化,随着社会的进步,人们更需要那些美味可口、营养丰富、简便快捷的菜肴,加之烹饪食品机械的应用、快节奏的生活方式的需要、食品卫生与营养的苛求,厨房的菜品烹调开始避开了那些费时的、繁复的加工过程和烹调方法,对于那些需要10多道工序、要花几小时才能完成的菜肴都渐渐远离而去,加热时间过长,营养损失又多;工序多、操作复杂,不仅很难保证菜品的质量,而且影响烹饪生产的工作效率,随之而来的是一些既方便又可口,既美观又保健的菜肴被广大顾客和经营者所钟爱。

随着社会的发展,世界烹饪的未来趋势将是不断简化烹饪工艺流程,以此提高工作效率,减少工作量,保证工作质量;从生产角度来讲,越是简单的流程,工作质量就越容易保证,因为在手工操作方式的条件下,简单的烹调流程总要比复杂的烹调流程要容易控制;加之人事费用不断上涨和经营管理者逐渐建立了正确的成本观念,"卖的东西愈精愈少愈有利润",慢慢成为一种共识,由此,经营者必须要简化工艺流程。而那些体现烹饪之绝技的菜品只有在特殊的场合才偶尔用之。

3. 学习麦当劳质量第一的原则

作为餐饮业,质量自然是麦当劳四项铁则中的首要原则和核心内容。因此,麦当劳极端重视质量,全力以赴抓好质量,千方百计追求高质量。麦当劳公司在1980年的年度报告中,在致股东的感谢信之后,开头第一句话就说:"质量,是麦当劳经营宗旨QSCV里的头一个字眼……这是因为质量的好与坏直接决定顾客每次到麦当劳来是否感到满意愉快。"

麦当劳重视质量,首先是严把进货关,麦当劳通常都是自觉疏通供应渠道,主动地与负责供应的商家和厂家密切合作,确保其每家快餐连锁店能够得到最高质量的产品供应。

通过严格的进货关以后,麦当劳还增添了两项重要的质量措施。首先制定严格的操作标准,以此确保质量稳定。在实践中麦当劳认识到,要想较好地控制食品质量,就必须像重工业那样,制定严格精细的操作标准和工艺流程,使公司里成千上万的工作人员,大体上都能按相同的标准办事,从而保证产品的质量。麦当劳不但坚持不卖品质不达标的食品,而且它认为过长时间的存放会影响食品口感。于是规定,主要食品一旦出炉或制成,例如炸薯条超过7分钟、汉堡包超过10分钟、咖啡超过30分钟、苹果派或菠萝派超过90分钟而未出售的,则都必须毫不犹豫地予以扔掉,这些规定严格保证麦当劳食品味道的鲜美和纯正。除了严格的操作标准和程序,麦当劳从50年代末期至今,能够保持食品质量的稳定性,很大程度上依赖于专用器械的投入运营。这些专用的器械由于不需要过多的技术操作,所以可保证:一项食品不论在什么地方,任何人之手,制作出来的品味都是相同的。前任董事长特纳曾说:"为了保证食物的品质,我们不断地寻找改进方法,改进再改进。"

相关链接

高端餐饮转型的实践与探索

2013年面对餐饮业严峻的市场形势,首钢迁安迎宾馆根据企业资源,合理调配,积极应对。从营销理念和策略上迅速转型,有效调整经营思路,拉住原有客户,开辟新客户。从公款消费向企业消费转型,从高端消费向大众消费转型,紧紧围绕"两靠两抓两保持"开展工作,为当前处于探索阶段的高端餐饮转型之路提供了有益参考和实践经验。

从内部挖潜力,从市场找资源

"两靠",指靠近大众化消费,缩小与平民间距离;靠近与当地民营企业和民营企业家们,将当地的潜在消费者们争取过来,加强合作关系。

靠近大众化。根据新阶段的市场需求进行转型,靠近大众化消费,面向婚宴、寿宴、生日宴会,在这些家庭必办的酒宴上下功夫,同时出台一系列减免政策来保驾护航,让更多的家庭式消费进驻餐厅。

靠近当地民营企业。随着当地生活水平的不断提高,会议中心特推出一系列养生菜品和"全鱼宴",用全新的吃法来满足和调节客户的口味,只有管好客户的嘴,才能管好客户的腿,在低迷的市场状态中尽可能地拉动民营企业客户的需求性消费。

"两抓",是指一方面注重抓节假日经济,另一方面注重抓庆典活动接待,在提倡客户至上原则的基础,维护好在迁安地区已树立起来的服务品牌。

抓节假日经济。抓住节假日期间,搞促销活动,节假日大酬宾,回馈新老客户,进一步挖掘消费潜力。其方式除了设置多种"迎宾馆内部专供"商品促销外,还将各部门之间直接建立一种协调联动关系,跨区域引导消费,形成一种综合式连带消费模式。如暑期夏季烧烤、暑寒假游泳培训班、网球培训班、康乐中心理疗项目等。

抓庆典式消费。以园林式景色为中心开辟千人以上大型婚宴市场,承接大型婚宴和户外婚礼。对于特色生日宴和寿宴,根据客户的需求我们可以增设特色服务,备有员工自编自演的小型歌舞来增加亮点,同时也能在客人面前充分展现员工的能力、实力和才华,让更多的客户看到企业的软实力,给企业带来更多更好的商机。

"两保持",则是指在当前市场形势下,保持服务高标准,保持全员营销办法不变。

深度拓展自身餐饮特色

提高餐饮与当地消费者口味的契合度,也成为他们转型的又一大积极尝试。他们意识到在新的形势下,菜品不能再"曲高和寡",要求所有出品必须走大众特色菜和本乡本土特色菜双管齐下之路,才能满足不同国界、不同层次、不同品味客户的需求性消费,要让更多的人吃到地道的、纯正的地方菜,用菜品这张王牌来打开大众化消费的整个局面。需要注意的是在大众化消费上尽量避免安排位菜,多安排本土特色菜,同时推出每天的特价菜来吸引更多的大众客户。

在餐饮经营过程中,他们总结出了自己的一套服务性餐饮文化特色:在接待前首先要了解客人年龄、籍贯、口味、忌口等特点,以围着客人转、围着季节转、围着健康转、围着市场转为目标。在满足不同消费者需求的同时,会议中心不断调整各大菜系的比重,不断推出新菜肴,每季都有新菜,每半年推出一套新菜谱,在宴会菜谱的设计中根据不同地方的客人安排不同并适合客人口味特点的菜肴,并根据我国各个传统节日安排节日菜品,深受消费者欢迎。经过大力提高和增加企业的经济能力和盈利能力,迁安迎宾馆最终走出了一条有自身特色的转型之路。

(资料来源:郭利.首钢迁安迎宾馆;高端餐饮转型的实践与探索.餐饮世界,2013年第6期)

检 测

一、课外实践

调查周边某一饭店、餐饮企业的质量控制的基本方法。

二、问题讨论

1. 如何保证菜品质量的一贯性?
2. 为什么说菜品质量的基本要素比评价标准更重要?

三、课后练习

1. 试分析菜品质量基本要素的重要性。
2. 菜品感官质量评定的核心内容有哪些?
3. 菜品出品质量的特性包括哪些?
4. 影响厨房生产质量的因素有哪些?
5. 怎样在菜点服务过程中做好质量控制?
6. 菜点质量控制的基本方法是什么?
7. 有效的厨房质量管理通常采用哪些方法?

第六章 厨房生产成本控制

学习目标

◎ 了解厨房成本控制与企业经营的关系
◎ 熟悉降低成本与企业的持续发展的关系
◎ 掌握厨房成本控制的特点与类型
◎ 学会如何对厨房原材料进行生产成本控制
◎ 掌握生产过程中的成本控制方法
◎ 理解如何有效实行厨房生产中的成本管理

本章导读

熟知成本控制的知识是现代餐饮企业管理者必须具备的基本素质,它不仅反映了管理人员的成本控制能力,而且也显示出厨房整个团队的业务素质和技能水平。因为,成本控制的好坏,直接关系到企业的利润指标和竞争力的状况,而建立标准成本卡也已成为许多企业控制成本的主要措施。本章针对厨房生产的特点,从成本控制对企业的优劣势、竞争力方面入手,分别就厨房生产成本的类型、原材料控制、厨房生产过程诸方面进行分析,并引导厨房生产人员从自身工作做起,为企业的持续经营而努力奋斗。

第一节 厨房成本控制的价值

引导案例

南京某大饭店采用了标准成本法实施对餐饮部的成本管理。在精确计算的基础上,饭店为餐饮部的每种菜肴都确定了标准成本。营业期末,再将餐饮实际成本与标准成本相对比并进行分析,找到两者之间的差异及相应的原因,协助餐饮部抓好成本控制。具体做法如下:

1. 餐饮标准成本的确立

饭店首先制作了标准成本卡。这项工作由厨房和财务部餐饮成本组共同完成。厨房根据菜单确定每个品种菜肴的配方和用量(酒水由餐饮部酒吧组负责),由财务部成本组根据当时原材料价格计算出标准成本的金额。完整的标准成本卡还应配上菜肴或酒水、点心的照片。在餐饮经营中,由于有客人零点、宴会、自助餐及饭店内部公关等多种就餐形式,因此餐饮标准成本的确定方法也各不相同。饭店采取了不同的办法,其中,零点菜肴按照每个品种菜肴的标准成本确定;宴会可以按照每套菜单中各种菜肴、点心确定整套菜单的标准餐,饭店内部公关标准餐的标准成本确定方法也类似;自助餐的标准成本确定不易把握,饭店对此十分慎重,先对自助餐投入的菜肴、点心、水果分别计算成本,然后再根据客人就餐人数和消费掉的菜肴数量经过估算,测算出每位客人就餐的标准成本近似值;酒水的标准成本确定比较简单,饭店只需对销售过程中配置的混合酒按照配方计算出标准成本,一般酒水只需按照一定时期的标准价格计算即可。

2. 标准成本的计算过程

该饭店实行了电脑化管理,这为实施标准成本控制带来了方便。餐饮部在实际的经营过程中只需将每一种菜肴、酒水、点心的售价和标准成本价格事先输入收银电脑系统,在任何时候运用酒店电脑系统都可以取出各餐厅各种分类的销售收入、标准成本、标准成本率等指标的电脑报告,但是在实际操作过程中,部分餐厅存在如下一些原因往往使电脑不能处理出标准成本:

① 宴会餐厅餐饮以及零点餐厅中按标准就餐的团队餐和饭店公关用餐由于标准及菜单的经常变化,经常导致成本也随之变化。

② 餐厅推出特选、临时性特别菜肴等电脑中无标准成本价格的品种。

③ 餐厅收银员不能准确地按照货号输入订单菜肴而大量地使用电脑中食品或酒水功能键,使电脑无法按菜肴品种进行区分统计。这种情况下就需要成本组按照每一张未识别账单后的宴会菜单或餐厅订单进行单独统计,以达到各餐厅销售的全部品种都能计算出标准成本。

点评:菜点成本标准卡体系的建立和运用是控制餐饮成本的有效途径。

现代餐饮经营的经验告诉我们:成本控制并不是饭店或餐饮经营管理者个人的事,必须由全体人员共同来完成。从企业来说,上至经理下至每一个员工,都应以产品的成本控制为己任,这是因为成本问题无处不在,它可能会发生在每一个员工、每一个菜品、每一个服务的细节甚至每一个客人身上。我们要运用一切可以节省成本的方法和力量,在每一个员工心里树立成本意识,加强成本控制。贯彻落实成本控制不但可以起到防止浪费的作用,还可以为企业培养、造就管理人才。

一、直接影响餐饮经营的成败

餐饮经营的目的在于赚取合理的利润,而提高利润的最有效的方法就是"开源节流",也就是尽可能提高收入,同时将损耗减少到最低。餐饮成本的控制是整个餐饮生产管理过程中一个重要的环节,主要包括直接成本控制和间接成本控制。有系统的控制成本可以让管理者清楚地将责、权划分给下属,并监督他们正确和独立完成任务。最重要的是,企业可以通过成本控制,迅速地了解市场的变化,改变厨房内部作业,减少不必要的浪费。所以,成本控制的好坏不但直接影响消费者的利益,而且更决定着能否维系企业的生存。

厨房成本控制既是餐饮市场激烈竞争的必然要求,同时也是厨房管理中的重要的组成部分。厨房成本控制,关联到采供、财务等诸多部门,直接影响到消费者的切身利益。因此,成本控制是一项全面系统的而又必须认真做细做好的工作。

1. 体现经营者管理水平高低的重要标志

厨房成本控制,是厨房管理的核心内容之一,其工作量和难度相当大,管理水平要求很高。

因此,要真正发挥成本控制的作用,厨房管理者必须具备食品原料、烹饪工艺及销售核算与分析等多项知识技能,并结合本饭店餐饮硬件条件、软件状况以及硬软配合情况,综合运用管理方法与技巧,才能收到应有效果。

2. 杜绝漏洞,减少流失,增强管理意识

在厨房生产与管理过程中,稍有不慎,就会造成原料的浪费,如主配料运用不当、配菜分量不均、烹调火候过猛等均会造成不必要的浪费;原料的储藏不当、损耗较多;生产人员责任心不强,造成原料的人为损失;小偷小摸者,慷集体之慨者,将下脚料当垃圾弃之者;私拿私吃现象;出菜制度不严,手续不全,可能出现产品白白流失;管理不善,漏洞、流失导致成本费用增大等等,这些都不可避免地要转嫁到产品的售价上,结果便是对企业利益的侵害。这就需要我们强化管理意识,加大管理力度,以防止造成成本的意外增加。

3. 从内部管理控制入手建立成本优势

在成本控制中,还可以使投入的成本得到最大限度的利用。经营者们应该经常留意市场的变化,一方面收集成本低、利润高、品质好的货源,另一方面要尽量去发掘食品原材料的多种利用价值,从而创造出物美价廉的新菜式。从利用下脚料入手,节约原材料,开发新产品,如一般餐厅都只是把三文鱼制作成"刺身"供应,而三文鱼头、带骨鱼肉等许多杂料常常丢掉不用,其实,这也是一种浪费。如果把这些杂料做成烩三文鱼头煲、炸三文鱼骨卷提供给顾客,或将改刀后零碎的鱼肉边角料腌渍上浆切成蓉状,用威化纸包裹,拍粉裹上蛋液做成纸包鱼等,其独特的风味,不但让客人有新奇的感觉,还变"废"为宝,节省了成本。

4. 建立顾客满意的有信誉的餐饮企业

饭店和餐饮企业作为社会的一个公众形象,在自身的经营中,不仅要取得较好的经济效益,更要注重企业的社会效益。一句话,就是必须对消费者负责,建立起良好的公众形象。企业在经营管理中,厨房成本控制要准确,成本率符合国家规定的标准,与饭店档次、规格相匹配,顾客可购买到物有所值的产品,享受到应有的服务。

二、可提高餐饮企业竞争力

当今餐饮竞争不断加剧,饭店和餐饮企业要生存和发展,就必须提高自身素质,挖掘内部潜力,从内部管理上出效益,真正让利于消费者,在同行业的竞争中,吸引更多的消费者。

餐饮成本可以根据餐饮业的性质分成生产成本、餐饮设备成本和人力成本等三种。餐饮成本的特性在于有效地控制餐饮成本,避免不必要的浪费。所以餐饮成本控制就是尽量避免食物浪费导致成本的增加,减少厨房与其他设备不良造成成本的增加,以及防止人员管理不当造成成本增加。

1. 避免食物浪费导致成本的增加

厨房中的各种食物原料都有各自不同的特性,由于不同人群的生活特点,在食物原料的选择上会有很大的差异。当一盘盘菜品制作完成以后,热菜、冷盘、点心、水果等送上客人的餐桌后,都会因为每个人的喜好不同,而有食物剩余的情形发生,因此食物浪费的机会也相对增加。此外,在厨房烹饪的过程中,如果厨师对于量的掌握不当,就会造成浪费。如当饭店制作了标准成本卡,配菜厨师在菜肴配份过程中要严格按照标准成本卡规定的每种原料的分量进行配菜,不能配人情菜。如果随意给前来饭店用餐的亲朋好友在配菜过程中增加分量,就造成了餐饮成本的增加。

2. 减少厨房与其他设备不良造成成本增加

厨房的烹饪工作是靠厨师手艺的精巧、技艺的精湛而完成的,他必须能根据不同的食谱,充分利用原材料,才能做出既美味又节省成本的菜品。相反的,如果厨师技艺不精、经验不足,就算是无意浪费原材料,但在烹饪过程中的调味不当、分量控制不佳都会使餐饮成本在无意间增加。

厨房设备的优良与高超的烹饪技术在生产过程中是同等重要的,因为这些餐饮设备的质量与安置直接关系到食物生产的品质与员工的工作方式,这些又会影响到员工的工作态度。设备的老化可能导致机器损失而造成意外发生,轻者如绞肉机绞出粗细不均的肉丝,冰箱、冷藏库的温度不稳定造成食物原料腐烂等,严重者可能导致人员受伤,后果不堪设想。所以餐饮设备的好坏会直接影响餐饮生产成本。

3. 防止人员管理不当造成成本增加

餐饮业之所以被称为是劳动力密集的行业,主要是因为餐饮的服务大部分都是由人来扮演,虽然大部分工作已经通过机器自动化来代替,但是,在服务业中,机器永远无法表达出人的亲和力。所以员工的管理在餐饮业中愈来愈重要。

员工的管理方面,如奖金分配不均、排班不理想、轮休不公平都会造成员工情绪的不稳定,从而导致工作责任心不强、漫不经心、丢三落四,这些不当的表现都会直接影响到服务客人时的态度。

另外,员工的离职与跳槽对餐饮业来说无疑是一大打击。员工离职不仅让餐饮业损失了员工在训练时期所投资的大笔经费,还包括一些无形的成本,如带走部分熟客。

4. 建立和运用菜点成本标准卡

在餐饮经营管理过程中,其成本控制好坏直接影响企业的盈亏。只有建立完善的控制程序,采取强有力的措施,才能有效地控制成本,提高利润。其中,菜点成本标准卡体系的设置和运用是控制餐饮成本的有效措施之一。

菜点成本标准卡体系就是将餐厅固定菜谱(即标准菜谱)中的菜点分级分类,采取"一菜一卡,一卡一号"的办法,逐次建卡编号排序,设置编程,输入电脑,进行程序化管理。卡中列出每道菜的主料、辅料、调味料的分量、单价(每期招牌价)及合计成本价,并核算出每道菜的成本毛利率、销售毛利率及毛利。

菜点成本标准卡体系的应用效果集中体现在以下几个方面:

(1) 指导采购验收的控制工作。采购和验收原料要以"成本标准卡"为准绳,一要坚持按成本卡中要求的规格、产地、品牌采购验收;二要坚持按计划采购验收,保质保量。这是保证菜肴出品质量的有效措施。验收控制要作"一对二查三填写"。核对交货数量与订购数量是否一致,检查原料质量是否符合卡中的规格标准,检查价格是否与招标价一致,随即填写清楚验收单、入仓单和报表单。

(2) 指导加工烹饪的控制工作。厨房加工烹饪要做到"三个坚持":坚持切割加工标准,掌握各类原料的出料率,做到一料多用,减少初加工和切配中的损耗;坚持原则准确投料,烹调中要使用秤具、量具,按照成本卡中的标准分量下料,从制作中有效地控制成本,避免忽多忽少、因人而异,造成浪费;坚持控制菜点份额,按成本卡中的规定烹饪装盘,份数不足会增加成本,影响毛利。

(3) 指导准确核算成本利润的工作。财务部门要及时正确地计算出领料单上各原料的成本和全天的总成本额。根据成本标准卡,可以准确地核算出每道菜点的成本毛利率、销售毛利率和该道菜的毛利,以便准确地指导经营和及时做好菜价的调控工作。

(4) 指导调控价格和创新菜的工作。因原料市场不断变化,某种原料价格的上升或下浮,都会影响该产品的毛利。采购部门应在第一时间将市场物价变化的信息告知营业部门,以便及时对产品的售价做相应的调整,确保利润值的稳定。所以,成本标准卡可指导经营部门对市场变化做出快速反应,不能像有些饭店那样,一个固定的菜谱一用就是几年,市场变了、价格变了、顾客口味变了,但菜品不变、价格也不变,一亏再亏,这是经营之大忌。

表 6-1 菜点成本标准卡

编号_____　　　　　　　　　　　　　　　　　　____年___月___日

菜品	用料名称	规格	分量	单价	成本价	销售价	销售毛利率	成本毛利率	毛利
	主料								
	辅料								
	调味料								
合计									

三、引导厨房人员从自身做起

企业管理的一个根本任务,就是如何不断降低成本。美国管理大师彼得·德鲁克在《新现实》中对成本有一句非常精辟的话,为许多人引用,他说:"在企业内部,只有成本。"质量管理大师戴明指出:不断降低成本是企业管理创新永恒的主题。大批量的生产和销售可以降低成本,提高质量是为了降低质量成本,适时管理和信息化是为了降低时间成本。

企业的成本意识不仅仅是管理者所具有,它需要管理者不断地引导下属员工去自觉地控制和把握,使全员都有成本意识,以此减少浪费,为企业增收。

1. 努力加强员工的成本控制意识

应该说,饭店效益、餐饮成本在每个员工的手上。现代厨房的员工,除了有良好的服务意识、做好本职工作以外,还必须具备"开源节流、节能增效"的成本意识。对用品用具,该买的买,不该买的不买,控制不必要的支出,同时要多宣传增收节支,让大家都来关心水、电、气的合理利用等。如北京某饭店在餐饮部落实成本管理责任制,为确保成本率、毛利率预算指标的完成,实行管理人员层层负责,项项指标落实到员工,并严格按照指标情况与奖金挂钩。层层负责、人人有责的管理责任制既给员工以压力,也激发了员工搞好成本控制工作的积极性,形成了全员节支降耗的良好氛围。

厨房原料的加工、切配、烹调、装盘过程对生产成本的高低有直接的影响,这些环节如不加以控制,往往会造成原料、调料浪费,致使成本增加。利用标准食谱,坚持标准投料量,是控制食品成本的关键之一,否则就会增加菜品成本,影响毛利。除此之外,作为厨房各岗位人员,要控制好自己工作区范围内的水、电、气、低耗品的使用,杜绝水长流、灯长明的现象发生;库房要勤出、勤进,库存量不要太大;厨房每天有人报写冰箱剩余原料。实际上浪费原料,不只是成本价,还包括采购人员等方面的成本。在厨房管理中,应把注意力放到加强采购和出入库监管、提高效率、降低劳动力成本、减少营业费用等方面。只有这样,才能把厨房运转到良性循环的工作中。

2. 提高各种原材料的综合利用率

厨房的生产,每个人接触的东西都是成本。初加工人员,要了解市场货源价格,进价应越便宜越好,同时又要把好质量关、数量关,做到原料的综合利用,加工中尽量减少损耗;配菜人员需控制原料的主、配料搭配,数量少了客人吃亏,数量多了饭店吃亏,以便于成本核算;烹调人员在用油、调料上把关,该用的用,不该用的不用,要适当的用,不要大手大脚。

在保证企业餐饮产品质量的前提下,在菜单设计方面也要下功夫,要优化菜单结构,综合利用原材料,减少辅料和下脚料的浪费,将一些边角料进行有效的利用,如鱼头、鱼骨、鱼鳞、鱼内脏等都可根据其特点制作不同风格的菜肴,只要有这点意识,主动去研制、开发各类下脚料,这样就可以最大限度地控制成本支出的增长。

3. 不断提高厨房员工的技能和素质

成本的加大主要是人为的因素造成的,因此,加强对厨房员工的控制对减少成本很关键。对员工的控制主要包括两个方面:

(1) 业务素质 业务素质主要体现在厨房员工的业务操作技能上。首先员工要懂得所需的业务技能,这是最基本的;仅仅懂得还不够,员工还需要对这些技能操作娴熟,这样可节省时间、提高工作效率和质量。

(2) 责任感 作为厨房员工,工作中要具备强烈的责任感,把企业当作自己的家,时时刻刻想到自己该如何努力把它管理得更好,时时刻刻想到怎样节约成本。如积极鼓励员工充分利用各种原材料,培养员工养成人走关灯等节约意识和习惯。

4. 充分利用现代化的管理方式

电脑在当今社会的普及率越来越高,在饭店餐饮部的应用也十分普遍。管理者要充分挖掘现代科技的潜力,并应用在餐饮成本控制上。如管理者可将销售记录表、标准菜谱等存入电脑,这样统计起来就更加快捷方便,也容易保存。

另外,在菜品销售和管理中,还可以通过电脑中原料和菜品销售的历史记录,进行逐年逐月的分析比较,便于在管理决策中改进对各种菜品应准备数量的预测,这不仅有效控制了菜品原料数量上的浪费,而且对原料的价格、销售的数量、成本、毛利等都有很好的帮助作用。

四、减少隐性成本的支出

许多饭店、餐饮企业在削减成本时并不是做得很好,他们只关心看得见的显性成本,却对那些不易发现的隐性成本无动于衷,对成本的控制并不全面。

隐性成本,指的是企业自己所拥有的,且被用于该企业生产过程的那些生产要素的总价格,也就是机会成本。由于隐性成本不容易被看见,因而很多企业就很少考虑,比如提高设备利用率、提高劳动生产效率等。

1. 严防隐性成本的危害

隐性成本对利润的危害更为严重,正像大堤中的蚁穴一样,虽然看不见,但是一旦问题足够严重,整个大堤都可以被毁掉。它就像一个隐形杀手,隐藏在财务成本之中,又游离于财务监督之外。作为管理者,关键就是看对这些不容易看见的隐性成本是否给予了足够重视。比如低效率的人工、不必要的库存、产品中的瑕疵、采购的失误以及生产和服务中出现的投诉等。许多是由于管理不到位、控制不严格的原因而造成的。

隐性成本对企业的危害作用是很大的。首先体现在它的隐蔽上,正因为它的隐蔽,事情能否发生以及怎样发生都不确定,所以更难认识。其次,隐性成本具有放大作用,比如今天省下10元钱没有更换旧电线,也许明天就会着火,造成10万元的损失。此外,隐性成本还具有爆发性,积累量越大,爆发性越强,危害也就越大,很多企业的猝死就是源于这一点。诸如厨房线路老化、排风罩积油引起火灾等都是由于不重视和侥幸心理所造成,而最后酿成的大祸却又毁之晚矣!

例如,日本企业为了保持较高的生产效率,提高产品的技术水平,普遍采取加速折旧、提前报废的方式,宁愿为此缴纳设备提前报废的税金。

厨房管理者对厨房内的设备、冰库、线路、机具等方面要特别的重视,安全、卫生更是厨房生产管理的重中之重,不能忽视。正是因为隐性成本对利润的危害更严重,所以对隐性成本的发现和控制更能提高利润的增长。

【案例】

在"溜冰场"的厨房里摔伤

明苑餐馆厨房地面铺设的地砖遇到水或油后特别滑溜,有厨师在开饭时戏称为"溜冰场"厨房。厨师在厨房生产时稍有不小心,就会出现摔倒的可能。因此,厨师们在厨房走路拿取东西时总是小心翼翼,遇到开饭的时候,他们更加小心,这不仅影响厨房工作人员的劳动效率,也使工作人员整天提心吊胆。某一天,厨师章晓俊手中端着客人点的一份沙锅鱼头,正送往备餐间的出菜台,在走路中一不小心,左脚一滑,整个人身体摔倒在地,一盆沙锅鱼头泼洒一地,滚烫的鱼汤泼到小章的腿上,小章顿时痛得大叫起来。

送到医院经诊断,章晓俊的两腿、右臂大面积烫伤,左膀也摔骨折了,住院15天后,光医疗费就花去了3万多元。小章的父母认为责任完全在饭店,经多次与老板协商无果后,家人将餐馆告上了法院,提出了9万多元的索赔要求。最后,法院判决餐馆承担全部责任,要求餐馆老板赔偿章晓俊的医疗费、护理费、营养费、后续治疗费、精神损害抚慰金共56 000元。

点评:可能发现的问题不及时解决,最终导致了隐性成本的增加,使企业既伤神又伤财。

2. 严格控制成本泄漏点

厨房成本泄漏点是指在菜品生产活动过程中已经造成的或可能造成的成本流失。从厨房生产的整个过程来分析,每一道环节都有可能造成成本泄漏,如食品的采购、验收、入库、储藏、发料,以及食品加工和烹调等过程都存在着许多成本泄漏的现象。

(1)菜单计划和菜点的定价影响顾客对菜点的选择,决定菜品的成本率。

(2)设备老化或超负荷运转,或带病使用,使机械损坏,造成成本的意外增大。

(3)对食品的采购、验收控制不严,造成采购价格的过高,或数量过多、数量不足而造成的浪费。

（4）采购的原料不能如数入库,采购原料的质量不好都会导致成本提高。

（5）储存和发料控制不佳,会引起原料变质或被偷盗造成损失。

（6）对加工和烹调控制不好会影响食品质量,还会加大食品折损和流失量,对加工和烹调的数量计划不好也会造成浪费。

（7）不根据菜品制作的需要,滥用高档调味品而造成的浪费。

（8）将一些可利用的下脚料,或看似派不上用场的东西,大手大脚的厨师顺手倒在垃圾桶里,积累下来也是一笔不小的数目。

（9）销售控制不严,销售的菜品数量与实际收入不符,使成本比例增大。

（10）厨房若不加强成本的核算和分析就会放松对各个环节的成本控制。

（11）生产人员责任心不强,干活虎头蛇尾、有始无终,造成人为的损失。

（12）管理人员管理不善、检查不力,出现问题不及时解决,以至于造成大的损失。

对上述任何一个环节控制不严都会产生成本泄漏,厨房管理者若对这些容易造成成本泄漏的环节多加控制,将会大大降低餐饮成本,保证企业获利。

第二节 厨房生产成本与控制

引导案例

实行标准成本分析

在前面案例中所讲的制定标准成本卡以后,实施标准成本分析将是成本控制的关键。

当月末财务人员将餐饮标准成本计算出来时,其结果与当月餐饮部实际耗用成本往往差异比较大,这就需要分析影响实际成本差异的正常因素和不正常因素。

影响实际成本差异的正常因素有：

① 饭店经营过程中向客人提供的免费欢迎酒水,房间内赠送水果、食品等；

② 免费客人的餐厅消费；

③ 没有即期收入的饭店内部公关消费和饭店高级管理人员的消费；

④ 当期餐饮原材料价格与制定标准成本时期原材料价格变化幅度。

而影响实际成本差异的不正常因素有：

① 食品、酒水供应储存过程中产生损耗、短少,但由当期实际成本承担；

② 食品初加工过程中出净率提高或降低；

③ 食品烹饪加工过程中产生损耗或漏洞,如加工用量不当造成浪费、质量不合格食品不能提供给客人、跑冒滴漏等；

④ 餐厅销售过程中,管理不当造成收入和成本流失,如不按照订单出菜甚至无订单出菜等；

⑤ 厨房、餐厅经营过程中的合理的综合利用可以降低实际成本消耗,如鱼头、鸭骨、碎

牛肉等做汤,自助餐厅客人未用的剩余水果做水果色拉等。

在分析的基础上将影响实际成本差异正常因素,根据饭店内部有关统计单据、报表计算结果,逐一剔除出来,然后再与当月实现的营业收入的标准成本进行比较,这个差异结果就是当期实际成本与标准成本的差异。这个差异的小与大,完全反映了饭店餐饮成本控制水平的高与低,需要认真分析、寻找出不正常的影响实际成本差异的原因,管理方可据此采取相应的控制管理措施。

点评:标准成本的分析,可为管理者寻找到不利环节,并能够迅速采取切实可行的控制措施。

成本是商品经济的价值范畴,是商品价值的组成部分。厨房要进行生产经营活动或达到一定的目的,就必须耗费一定的人力、物力和财力资源,其所费资源的货币表现及其对象化被称为成本。通俗地说,成本是生产和销售某一产品所耗费的全部费用。成本也称生产费用。

一、厨房生产中的成本构成

从广义上讲,餐饮业成本应包括生产与销售餐饮产品所耗费的全部费用,即食品原材料成本、员工的工资、燃料成本、固定资产折旧费等,但是除了食品原材料成本以外,其他成本很难在销售价格中逐一精确划分。因此,餐饮业菜点成本一般特指食品原材料成本,其他耗费统称为费用。

1. 原材料成本

原材料成本是指那些与菜单项目相关菜品的生产制作有关的费用。它们包括肉类、水产类、禽畜类、蔬菜类、水果类以及厨房生产中用于菜品制作的其他类型原料的费用开支。主要指菜品的主料、配料和调料的成本。在计算菜品成本时,许多经营者都会把一些小型纸张、包装材料和塑料制品也包括在内,如荷叶粉蒸肉中的荷叶、棉花糕中的包装纸、汗蒸甲鱼中的保鲜膜等。

在大多数情况下,食品原材料成本是我们要学会控制的最大的费用开支项目。食品原材料成本控制,关乎到原料采购、验收和储存的专业技术和方法,管理者要掌握用于计算食品成本的相关公式,掌握厨房生产每日或每周食品价值的估算过程,以及运用餐饮业常用的成本百分比方法。

原材料控制与标准化菜谱的制定、运作流程、执行状况有关,也与厨房预期的库存水平相关。在生产与经营中,应该掌握每一个阶段每一种必需原料的现有数量应该是多少,即最低储藏量,这关系到原料的采购与积余浪费情况。

2. 人工成本

人工成本包括餐饮运营中所必需的所有员工的成本。这类成本也包括企业为员工所支付的所有税金。在大多数企业,人工成本是仅次于食品成本的第二大支出。在厨房生产管理中,应根据已建立的人工成本标准进行合理排班,合理利用员工工时完成企业生产劳动任务。

在21世纪初,人工方面的费用还不是很高。但在今天,人工成本不断攀升,几乎接近食品原材料成本。在饭店、餐饮行业,对优秀员工的争夺也许意味着企业在招募、培训和留住骨干员工方面将更加困难。在厨房生产中,好的员工就意味着好的产品,最终带来高的利润。

工资，这一术语一般指企业支付给员工劳动的报酬。而人工费用不仅包括工资，还包括那些与人工有关的成本。如五险一金（医疗、养老、失业、工伤、生育保险，住房公积金）、员工餐、员工交通费、员工培训费、员工制服及其他福利、休假/病假、奖金等。

3. 其他成本（费用）

在餐饮经营中，企业要完成成本控制目标，必须对其他费用也进行有效控制。有些是固定的成本，有些是变动的成本；有些是可控的成本，有些是不可控成本。这些费用累计起来就是一笔很大的支出。如房屋的租金，生产和服务设施与设备的折旧费，维修保养费，水电燃料费，餐具、用具和低值易耗品费，采购费，绿化费，清洁费，广告费，交际和公关费等。所以必须寻找方法和措施来控制生产运营中的所有费用。

如能源节约和废物再利用就是一个非常好的例子。而厨房生产中严格按照标准菜谱的操作程序进行，也可减少工时耗费、食材浪费，保证产品质量。

固定成本不管销售量增加与否，其金额是保持不变的。变动成本会随着销售量的增加而增加，也会随着销售量的减少而减少。可控成本是通过职工的主观努力可以控制的各种耗费。不可控成本是主观努力也很难控制的那部分费用。管理者要特别注意变动成本、可控成本，当经营成本在可接受范围之外时，管理者必须采取纠正措施，使其相关费用控制在一定范围之内。许多餐饮企业的其他费用与销售额有关，因此，从管理上讲，每天都要去控制这些成本项目，这种控制是非常必要的。

二、厨房生产成本控制措施

1. 严格按标准化菜谱生产

菜单决定销售菜品的种类和价格，而标准化菜谱控制着企业生产菜品的数量和质量。简单地说，标准化菜谱是描述菜单上每一菜品的制作过程和服务方法的集合。标准化菜谱可以确保顾客所要的每一种菜品都能准确地达到产品标准并保证质量。

我国传统食谱的模糊化——没有准确的数据和要求，原材料配比的随意性、加工的随意性、烹调的模糊性，造成菜品质量的不稳定性，带来经营上的不确定性。原料成本模糊而不准确，餐饮经营就会有漏洞，缺少科学的管理方法，就必然会带来企业的混乱，最终会影响生意，导致企业衰亡。

标准菜谱中的原料配比和标准的烹饪制作时间是标准菜谱的关键因素。它们是经过反复试验后才确定下来的，这样可以保证菜品质量始终如一。所有顾客都是期望他们的消费支付是值得的、是对等的，而标准化菜谱可以保证他们的愿望得以实现。

尽管标准化菜谱能保证菜品的质量，但许多餐饮经营者常常还是拒绝多花时间来制定自己的标准化菜谱。即使已经制定好标准化菜谱的企业，也常常会走样，嫌麻烦，最常见的反对标准化菜谱的理由有以下几点：用传统方法制作，我们经营得也很好；按照程序制作太烦琐、较复杂；厨房员工都有一定的技术，他们知道该如何去做；制定时间太长，浪费时间；厨师怕泄露数据秘密而拒绝使用；生产经营时往往会有遗漏，所以停止使用。

现代饭店与餐饮企业的厨房生产，靠的是科学管理，在任务量大、员工相对较少的情况下，只有依赖于标准化菜谱来保证产品的质量、成本的控制。使用标准化菜谱的优点远比其缺点要多得多。餐饮经营中使用标准化菜谱的理由如下：

没有标准化菜谱的存在和使用,就不可能实现准确采购;

餐饮经营者要准确地知道每种菜品的原料种类和精确的营养素含量;

标准化菜谱有规则,各种数据的准确性能够告知顾客菜谱中原料的类型和数(重)量;

缺少标准化菜谱,就不可能有精确的菜品成本和菜单定价;

没有标准化菜谱,销售收入与原料耗费就不可能匹配;

没有标准化菜谱,新员工就无法培训,假如厨师辞职的话,企业的麻烦就大了;

没有标准化菜谱,餐饮经营的计算机管理将无法进行,没有标准化菜谱,本来可完全利用的高科技的运作工具只能限制性地被使用甚至根本不用。

现代化的饭店及餐饮管理,标准化菜谱是行之有效、必不可少的,它已经成为餐饮企业高质量菜品生产的基础。缺少了它,成本控制过程只会是抬高价格、减少分量或是降低服务质量的过程,这不是较为有效的成本管理,甚至可以说根本就不是管理。

2. 合理优化菜单结构

优化菜单的价值在于降本增效。降本增效的结果是增强企业的核心竞争力。企业的经营其实就是围绕降低成本、增加效率进行的,这样才能做到开源节流,才能实现利润增长、可持续经营。因此菜单结构优化是餐饮经营的第一战略。掌握了菜单优化就掌握了经营的核心。具体来说,科学的菜单优化可以实现以下商业价值。

(1) 控制原料和损耗费用来降低成本。可以分析一下,同样拥有100道菜的两家中餐厅,一个是多同类原料制作的不同菜品,一个是不同类原料制作的菜品,为什么两家的利润会有明显的差距? 有一个重要的成本,就是原材料的成本,它是由产品的数量和品种决定的。而菜单优化决定了产品的数量和品种,决定了供应链中原料的需求。我们可以通过规划降低原材料的成本、减少采购的压力、减少库存和浪费,同时相对集中、合理地运用食材,能够提高原材料的使用率、通用性和运转率,保持原料的好品质。

在餐厅的菜单中,菜品不是越多越好,而是越集中效率越高。如果一家餐厅的前十名菜品销售额能占餐厅总销售额的50%~70%,这家餐厅想不赚钱都难。在厨房生产与管理中,每一分的原料浪费损害的都是企业的利润,而每一元的成本节省带来的也都是企业的利润。

(2) 控制人工费用以降低成本。餐厅的人工主要是厨师、服务员,这些人工都是围绕产品来配置的,所以产品数量的多少、选择制作工艺和标准的不同,会影响厨房压力的大小。正因如此,它们也会影响服务操作量的多少。因此,合理的产品结构的优化可以减少加工与操作的流程,即可减少人工费用。

在新形势下,我们可以考虑用设备或人工智能来替代部分人工。在第三方供应链产品越来越丰富、越来越发达的今天,我们还可以通过规划第三方供应链产品来减少厨房加工的压力。这是现代厨房管理中必须面对和思考的问题。

3. 提高厨房工作效率

规划合理的产品结构,在节省原材料和人工的基础上、在运用先进设备的同时,我们的一切目的都是提高工作效率。同样两家店,单位时间内工作效率的不同,将会给它们带来不同的收益。

菜品的结构直接决定了厨房的动线、加工方式和加工工艺,所以厨房的效率其实不仅是由厨师长决定的,而且是由企业或老板规划的菜单决定的。比如,同样业态、品类的店,一个店有优化的 50 道菜品,另一个店有未进行优化的 100 道菜品,谁的效率更高是完全可以预见的。在人工费用越来越贵的今天,通过菜单规划降低用工人数、提升工作效率,事半功倍。

菜单是影响员工生产力的一个主要因素。菜单上的项目将对员工是否能快速、高效地生产产品有重要影响。一般而言,厨房生产的品种越多,效率越低。当然,如果提供给顾客的选择太少,销量就会减少。很明显,菜单提供的选择既不能太多也不能太少。那么菜品多少更合宜呢?答案不是唯一的,这要根据餐厅经营的具体情况、员工的技术水平以及管理方认为适当的多样性来确定。

菜单项目的多少的确是一个值得认真思考的问题。很多餐厅的菜单在逐渐变厚、变大,其历年都是在扩大经营,给顾客更多的选择。而有的快餐店、单品店则选择专门提供某一道菜品或某一类菜品,如汉堡包、黄焖鸡、火锅等,这样可以制作又快又好的产品。理想的状态是提供尽可能多样的食品,而员工的生产力又不至于明显下降。在生产经营中,菜单选择的项目必须是能又快又好地制作的,这一点非常重要。有些菜品尽管制作时间长,但我们可以在开餐前预先制作好,如红烧肉、排骨汤等。如此,生产率和顾客满意度都会很高。

另外,我们应该明白,在原材料的使用方面,是使用半成品还是从毛料开始加工,这是进入 21 世纪以来的新的课题。今天,只有少量餐厅经营者在制作菜品时是从原材料初加工开始的,大多数餐厅不同程度地使用半成品或方便食品。决定是"做"还是"买"有两个主要因素:第一当然是产品质量。一般而言,如果自己做的比买的好那应该自己做。第二是生产成本,这是管理的一个大问题。管理人员可以决定自己制作一个复杂的产品,但制作的成本可能会太高,因而不值得。幸运的是,半成品的质量越来越好,价格也越来越便宜。这全要归功于技术进步和供应商之间的竞争。

但也要考虑到,多数情况下,使用半成品会通过降低人工成本而使总成本下降,并提高劳动生产率。但是,有些半成品或方便食品未必能降低你的人工成本,因此,企业在选择是否使用半成品或方便食品时,一定要综合考虑市场供应、设备条件、厨师技术以及人工成本等方面。一切应从企业的实际需要出发,有所选择和取舍。

第三节　厨房原材料成本控制与计算方法

引导案例

厨房里,通常会在砧板边堆满各式各样的下脚料,这些看似派不上用场的东西,就会被大手大脚的厨师顺手倒进垃圾桶里。虽然这些都是不值钱的东西,但积累下来也是一笔不小的数目。

武汉一家厨师长曾明确指出:要想利用好下脚料,厨师长首先要动脑筋,什么料怎样用用多少都要一清二楚。比如:削花剩下的萝卜可以用来做熬蔬菜汁的原料;剩下的姜、葱叶和虾头可用来炼制料油；老白菜帮切丁可腌小菜；香菜根、白菜根（去黄皮）腌制"菜香根"……有了方法，就要强制执行，对于那些不会、不愿意很好利用下脚料的厨师一定要严格采取措施进行处罚。

2006年8月份，南京一家大酒店利用下脚料组织了一场"边角料创新菜"活动，通过大家的集思广益、细心揣摩，涌现了不少新菜品。如纸包鱼和豆瓣银鳕鱼，这两道菜的主料分别都是采用剩下的碎鱼肉和改刀后的零碎银鳕鱼的边角料。在素菜方面有生炒西兰花梗，这个原料原来都是被废弃的，经厨师的精心加工和细心烹制后，俨然成为一道美味的时令素菜。金丝素鳝则是利用低成本的土豆丝结合香菇的边缘余料制成。在高档饭店为了追求统一标准一般都会将香菇切成大小一致的形状，所剩余的一圈圈的余料也就被丢弃了，但是这些废料经过精心加工后活像一条条小鳝鱼，加上土豆丝的点缀，一道金丝素鳝也就产生了。还有用鳝鱼骨制成的"香炸龙骨"，用鱼鳞制成的"龙袍加身"，用西瓜皮制成的"清香西瓜脆"等。这样的菜品，既保持了星级酒店菜肴的精心加工、口味标准及烹调特色，从而又降低了成本和销售价格，实惠了顾客，保证了酒店的利润。

点评： 在下脚料中做文章，用能够使用的边角料研发新菜品，可为企业提高毛利、增加利润，产生意想不到的效果。

厨房中供烹调菜点使用的原料主要有：粮食类、蔬菜类、肉类、禽蛋类、乳类、水产类、果品类及其制品类、干货类、调味品类等。酒店经营的一切菜点都是由它们烹制而成的。这些原料在菜点制作中发挥着不同的作用，大致可以分成三大类，即主料、配料（也称辅料）、调味料。加强对厨房原材料的成本控制，也就是加强对主料、配料、调味料的成本控制。

一、主、辅料成本控制与计算方法

主、辅料是菜点构成的主体。核算某一具体菜点的成本，必须要先从核算主、辅料成本开始。

厨房生产需要的主、辅料一般都要经过初步加工后，才能用来配制菜点。经过初步加工处理后的原料，行业上称之为净料。

净料成本的高低，直接影响着菜点的成本，若要控制好菜点的成本，必须首先控制好净料的成本，影响净料成本高低的因素有：采购的价格、质量、验收的方法、贮藏保管、加工人员技术水平的高低以及处理的习惯等。如果注意控制好上述影响净料成本的各个环节，那么原料的净料率就高，单位产品的成本就低。反之，原料的净料率就低，单位产品的成本就高。

1. 净料成本的计算方法

烹饪原料的最初形式大都是毛料，大多数都要经过拆卸加工处理后才成为净料。根据其拆卸加工后对下脚料的处理情况，以及同一种原料不同的采购途径，净料的计算方法分为三种：一种是原料加工后下脚料无价值；一种是原料加工后下脚料有价值；另一种是同一种原料不同的采购途径其价格不同的计算方法。

（1）原料加工后下脚料无价值。当加工后的原料其下脚料无利用价值而是作为一种废弃物，则用毛料总值除以净料重量，即得净料成本。

其计算公式为:

$$净料成本 = 毛料总值 \div 净料重量$$

例:鲜竹笋 5 千克,进价款共 60 元,经过剥壳,切除老根后,净得竹笋肉 3 千克,其下脚料笋壳、老根作为废弃物不计价。求生竹笋肉的每千克成本。

解:生竹笋肉的成本 = 60÷3 = 20(元/千克)

答:生竹笋肉的每千克成本是 20 元。

(2) 原料加工后下脚料有价值。当原料加工后其下脚料可以作价利用时,则必须先从毛料总价值中扣除这些下脚料的价款,然后除以净料重量,即得净料成本。

其计算公式为:

$$净料成本 = (毛料总值 - 下脚料价款) \div 净料重量$$

例:购得两只仔鸡 2.2 千克,每千克单价 13.8 元,经过宰杀、洗涤,得净鸡肉 1.2 千克,下脚料头、翅、爪、内脏、血等作价 4.8 元,求纯鸡肉的每千克成本。

解:净鸡肉的成本 = (2.2×13.8 - 4.8)÷1.2 = 21.3(元/千克)

答:净鸡肉的每千克成本是 21.3 元。

(3) 同一种原料不同的进货渠道。厨房生产菜点的原料,为了控制其成本往往采用多渠道采购的方法,有时甚至通过原料产地用托运的方式实行异地采购,同一种原料不同的途径进货,这在饭店经营中是极为普遍的现象,那么如何计算同一种原料不同进价的成本呢? 这就需要用加权平均法来计算不同购买过程中的平均价,如果是异地采购还要将发生的运输费、劳务费及途中损耗费等列入成本计算中。

例1:从自由市场临时购买牛柳 10 千克,每千克 26 元,牛肉供货商当日送牛柳 20 千克,每千克 30 元,计算牛柳的平均成本。

解:牛柳的平均成本 = (10×26 + 20×30)÷30 ≈ 28.7(元/千克)

答:牛柳的平均成本为 28.7 元。

例2:从异地采购花螺 50 千克,每千克进价 36 元,托运费支出 80 元,劳务费支出 30 元,途中花螺损耗 2%,计算花螺成本。

解:花螺成本 = (50×36 + 80 + 30)÷(50 - 50×2%) ≈ 39(元/千克)

答:花螺每千克成本是 39 元。

2. 生料、半成品和成品的成本计算方法

净料根据其初步加工方法和处理程度的不同,可分为生料、半成品和成品三大类,其每类的成本计算方法各不相同。

(1) 生料成本的计算。生料是指只经过摘洗、宰杀、褪毛、分档取料,而没有经过加热烹调处理的各种原料的净料。

其计算成本的公式为:

$$生料成本 = (毛料总值 - 下脚料总值 - 废弃物总值) \div 生料重量$$

例:某酒店购进活仔鸡 36 千克,每千克 16 元,经过宰杀处理后,得鸡血、鸡肫等下脚料 56 元,鸡毛作价 8 元,剩得仔鸡肉称重为 28 千克,计算仔鸡的净料成本。

解:仔鸡的毛料总值是:36×16 = 576(元)

仔鸡下脚料总值是:56元

废弃物总值是:8元

生料重量是:28千克

仔鸡净料成本 = (576－56－8)÷28 ≈ 18.3(元/千克)

答:仔鸡的净料成本是每千克18.3元。

(2) 半成品成本的计算。厨房在烹制菜点之前,许多原料都要事先加工成半成品贮存在冰库中,以便于烹调,这些半成品在加工过程中,有的需要事先初步熟处理,有的需要事先制作成型,但无论是初步熟处理还是初步成型,其过程中有的需要加入调味品,有的不需要加入调味品,如果在初步加工中加入了调味品,那么在计算成本时,还要加入调味品的成本。

① 无味半成品成本计算

其计算公式是:

无味半成品成本 = (毛料总值－下脚料总值－废弃物总值)÷无味半成品重量

例:用做回锅肉的五花肉3千克,每千克13元,煮熟损耗20%,计算熟肉的每千克成本。

解:毛料总值是:3×13 = 39(元)

无下脚料废料

无味半成品重量是:3－3×20% = 2.4(千克)

熟肉的成本 = 39÷2.4 = 16.3(元)

答:熟肉的每千克成本为16.3元。

② 有味半成品成本计算

有味半成品是指在加工过程中已经过调味后的半成品,如鱼丸、鱼饺等。构成有味半成品成本,不仅有毛料总值(有的有多种毛料),还要加上调味品总值。

其计算公式是:

调味半成品成本 = (各种毛料总值－各种下脚料废料总值＋调味品总值)÷
　　　　　　　　调味半成品重量(数量)

例:制作鱼饺100只,购得青鱼1条重5千克,青鱼每千克13元,荠菜2千克,每千克3元,五花肉3千克,每千克13元,在加工过程中,产生鱼骨、鱼头等下脚料共6元,五花肉皮2元,用去酱油、盐、味精等调味品共4元,计算每只鱼饺的单位成本。

解:各种毛料总值是:5×13＋2×3＋3×13 = 110(元)

各种下脚废料总值是:6＋2 = 8(元)

调味品总值是:4元

每只鱼饺的成本 = (110－8＋4)÷100 = 1.06(元)

答:每只鱼饺的成本是1.06元。

(3) 成品成本的计算。成品是指能直接供食用的熟食品,因此成品在加工过程中,一般都经过调味处理。其计算成本的方法与有味半成品成本计算方法类似。在此不再举例说明。

成品成本的计算公式是：

$$成品成本 = (毛料总值 + 调味品总值 - 下脚料废料总值) \div 成品重量$$

3. 净料率及其运用

（1）净料率的定义和计算方法。初加工过程中，在净料处理技术水平和原料规格质量相同的情况下，原料的净料重量和毛料重量之间构成一定的比例关系，这个比例称为净料率，亦称出净率。

其计算公式如下：

$$净料率 = (净料重量 \div 毛料重量) \times 100\%$$

净料率以百分数表示，饮食业也有习惯用"折"或"成"来表示。

例：购进麻鸭一只，重 1.5 千克，经宰杀、去毛、去内脏、洗涤等处理后，得净光鸭 0.9 千克，求这只光鸭的净料率。

解：光鸭的净料率 $= 0.9 \div 1.5 \times 100\% = 60\%$

答：这只光鸭的净料率是 60%。

与净料率相对应的是损耗率，也就是毛料在加工处理中所损耗的重量与毛料重量的比率，计算公式如下：

$$损耗率 = (损耗重量 \div 毛料重量) \times 100\%$$

从以上两公式可推知：

$$损耗重量 + 净料重量 = 毛料重量$$

$$损耗率 + 净料率 = 100\%$$

（2）净料率的应用。利用净料率可直接根据毛料的重量，计算出净料的重量，公式如下：

$$净料重量 = 毛料重量 \times 净料率$$

$$毛料重量 = 净料重量 \div 净料率$$

例：某酒店购进牛里脊 8 千克，每千克 28 元，经过刀工处理后，分成牛柳和牛筋两类，已知净料率为 90%，牛筋每千克 8 元，计算牛柳成本。

解：牛柳重量是：$8 \times 90\% = 7.2$（千克）

牛筋重量是：$8 - 7.2 = 0.8$（千克）

牛柳成本 $= (8 \times 28 - 0.8 \times 8) \div 7.2 = 30.2$（元/千克）

答：牛柳成本是每千克 30.2 元。

应用净料率计算成本，净料率的精确度是关键问题，决定净料率高低变化除原料规格质量和净料处理技术水平外，还受原料的产地、季节等因素影响。因此，为了准确地核算主、辅料的成本，技术操作人员不妨对加工处理后的原料实行称量，虽然在工作程序上复杂些，但对于提高净料率的精确度有很大帮助，有利于更准确地核算主、配料的成本。

二、调味品成本控制与计算方法

调味品是厨房生产菜点不可缺少的组成部分，它的成本是菜点总成本的一部分。随着科学技术的发展,调味品已从过去的油、盐、酱、醋、味精等低档调味品,向汤王、鸡汁、鲍汁、鲜味素等高档调味品发展,这些高档调味品少则几十元一瓶,多则上百元一瓶。因此合理控制调味品成本,在菜点成本控制中占有日益重要的地位。

1. 调味品成本控制

在某些特殊菜肴里,调味品用量相当多,在产品成本中接近甚至超过主、配原料成本。例如,烹制一份"翅汤鲈鱼",总成本是35元,其主料一条鲈鱼,成本11元左右,而调料翅汤则高达24元,其成本高过主料成本两倍多。因此,要控制好菜点的成本,必须同时要控制好调味品成本。控制好调味品的用量,使其在菜点生产中达到合理的用量,既发挥调味品在菜点生产中应有的作用,又不至于造成过多的浪费,应从以下几个方面做起。

(1) 重视制汤。中国有句古语叫做:"唱戏的腔,厨师的汤。"其中就说了汤在制作菜点中的重要性,汤是重要的自制调味品,在菜点制作中的汤,一般是用猪的筒子骨等原料,加上厨房生产中产生的下脚料,如:鸡骨、鸡爪等放入水、葱、姜大火烧开小火慢煮,使原料的蛋白质分解,产生大量的鲜味物质氨基酸。利用汤制作菜点,既使得菜点呈现原料本身的鲜味,充分利用了下脚料,又节约了调味品的用量。

(2) 重视本味。盐是调味品中的调味之主,生产中的大部分菜点都需要盐,即使制作糖醋类菜肴若不放盐,其酸甜口味不纯正。因此,在菜点制作中应重视盐的用量如果盐味不足,其他调味品用量再多,也体现不出菜点应有的风味,不仅浪费了调味品,增加了成本,而且也影响了菜点的质量。

(3) 改变厨师操作陋习。中国菜制作工艺复杂,不能做到像西菜制作严格讲究标准化、规格化,但厨师在制作过程中也不能随心所欲,色重了、味重了随意加点水稀释一下,不仅严重影响了菜点的质量,而且极大地浪费了调味品的成本。

(4) 不断探索,规范操作。尽管到目前为止,我们还不能将所有的菜点制作所用的调味品种类、数量定量规定,但各家饭店如果将所经营的菜点,经过反复测试其大概的用量,还是有一个范围的。在这一点上大的餐饮企业和酒店厨师做的比较规范,砧板腌制原料使用调味品称量,炉灶厨师烹制菜点,使用标准的手勺和味勺,这样不仅大大节约了调味品,而且也提高了菜点的质量。

(5) 调制复合调味品。在菜点烹制过程中,有许多菜点的调味需要运用复合调料,如:烧汁、花椒盐、糖醋汁等这些复合的调味品,如果在开餐前指派一名经验丰富的厨师熬制,不仅确保口味地道、纯正,而且能提高烹调速度,便于多余调味品回收保管。如果厨房不根据实际需要提前准备这类调味品,而是在生产过程中由炉灶的厨师临时兑制,不仅每个人的口味不能统一,而且往往兑制的或多或少。若多,多余的量又不大,不利于回收保管,往往在卫生工作中随手丢弃,日积月累造成的浪费也是惊人的。

(6) 限制高档调味品的使用。为了有效地控制调味品的成本,饭店应该严格规定高档调味品的使用范围,禁止普通菜肴的烹制使用高档调味品,特别是鲍汁系列调味品,有些是自制的,其用料高档、成本很大,饭店应根据实际使用量,严格控制生产量,同时也要加强专人保管,防止贮存不当、变质造成巨大损失。

2. 调味品成本计算方法

厨房产品的加工和生产,基本上分为两种类型,一类是单件产品生产,如厨房各种熟菜烹制。另一类是批量生产,如冷菜操作和面点制作等。生产类型不同,调味品的核算方法也不同。

(1) 单件产品调味品成本计算。计算这类产品调味品成本的方法是,先要把生产该产品所需的各种调味品用量估算出来,根据每种调味品的进价,分别算出其价格,最后逐一相加就是生产该产品所需调味品成本。

其计算公式是:

单件产品调味品成本＝单件产品耗用的调味料①成本＋调味②成本＋……(N)成本。

例:某酒楼生产一份京酱肉丝,耗用的各种调味品数量及其成本分别为:色拉油20克0.16元、盐5克0.03元、白糖8克0.05元、料酒10克0.05元、京酱30克0.3元、生粉5克0.02元、味精6克0.08元。请计算一份京酱肉丝的调味品成本。

解:一份京酱肉丝的调味料成本 = 0.16＋0.03＋0.05＋0.05＋0.3＋0.02＋0.08
　　　　　　　　　　　　　　＝ 0.69(元)

答:一份京酱肉丝的调味品成本是0.69元。

(2) 批量生产单位产品调味品成本计算。批量生产单位产品调味品成本计算,一般分两个步骤:首先估算供批量生产所需的调味品总价格,然后再确定该批量调味品能生产多少产品。

用公式表示为:

批量生产单位调味品成本＝批量生产耗用调味品总值÷产品总量

例:某酒店用鹅掌14千克生成卤水鹅掌13.2千克,经称量和瓶装调料统计,共用去各种调味品的数量和价款为:

花椒0.5斤18元、香叶0.2斤10元、八角0.2斤8元、桂皮0.1斤1.5元、香茅0.3斤5元、酱油250克3元、高汤10斤30元、葱250克1元、姜250克4元、白糖100克0.6元、盐200克0.8元。计算每例(150克)卤水鹅掌调味品成本。

解:制作这批卤水鹅掌的调味品总成本是:

18＋10＋8＋1.5＋5＋3＋30＋1＋4＋0.6＋0.8 ＝ 81.9(元)

每例盘卤水鹅掌的调味品成本 ＝ 81.9÷(13 200÷150) ＝ 0.93(元)

答:每例盘卤水鹅掌的调味品成本是0.93元。

上述计算方法是假设卤水在一次制作中全部损耗,其实在实际生产中,卤水只有部分损耗,它能重复使用多次,若以生产同样量的卤水鹅掌为例,卤水能重复使用几次,则批量生产单位调味品成本计算公式为:

批量生产单位调味品成本＝批量生产耗用调味品总值÷(产品总量×N)

三、原料成本控制与菜品售价的计算方法

一份完整的菜肴是由主料、配料、调味料等组成的,制作菜肴所用的这些原料都是净料。因此,菜品成本很大程度上与原料的净料率有关;其次与原料的采购途径、采购价格,原料的储存、保管等诸因素都有密切的关联。

1. 提高原料的净料率，降低菜品的成本

原料的净料率与原料本身的质量密切关联，同时与厨房生产加工人员的技术水平也息息相关。因此，一方面要注重把控好原料的采购质量关，另一方面厨房各工作岗位人员的选择要与相应岗位的技术要求相匹配。加强对厨房各生产岗位员工的培训，使其具备能胜任相应岗位技术水平的能力，提高原料在加工过程中的出净率，降低菜肴的成本，在保证餐饮企业盈利的基础上，使客人得到更多的实惠，提高饭店的竞争力。

2. 制定菜肴配份的标准食谱卡

标准食谱卡是在饭店规定的毛利率标准的基础上，严格测算各种原料的净料率，准确计算出每份菜肴的主料、配料及调味品的分量。厨房各生产部门严格按照饭店规定的每份菜肴主料、辅料、调味料的数量进行配份生产，饭店才能保证规定毛利率的实现，才能实现盈利的目标。因此标准食谱卡是厨房生产的指南，饭店要精心组织厨房的技术骨干反复进行测试，力求准确性。

3. 提高厨师配菜的技能水平

厨房配菜岗位是厨房成本控制的核心部门，行业上有种说法叫做"活案子，死炉子"，意思是说菜肴配份数量的多少、主辅料搭配的比例是否恰当、下脚料综合利用的程度完全是由案板配菜工作人员所控制的。因此，案板人员在配菜时要严格按照标准食谱卡的数量执行。饭店应加强对配菜厨师的培训，一方面要培训他们成本控制的意识，另一方面也要通过培训提高他们配菜的技能水平，减少原料在加工过程中的损耗，使每份菜肴的主料、辅料，无论是在配份的比例上还是数量上，都符合标准食谱卡的规定。

4. 菜品售价的计算方法

菜品的售价是由饭店规定的毛利率决定的，而毛利率又与饭店的性质和档次有关。一般社会餐饮的毛利率在50％～60％之间，星级酒店餐饮的毛利率在60％～70％之间，部分超五星级酒店餐饮的毛利率甚至在70％以上。

按毛利率定价有两种方法，一种是成本毛利率法，一种是销售毛利率法。

$$饮食产品毛利 = 饮食产品销售价格 - 饮食产品成本$$

（1）成本毛利率法

成本毛利率，又称外加毛利率，是根据餐饮产品的成本和成本毛利率来计算餐饮产品价格的方法。用公式表示为：

$$成本毛利率 = (销售价格 - 产品成本) \div 产品成本 \times 100\%$$

$$产品销售价格 = 产品原料成本 \times (1 + 成本毛利率)$$

外加毛利率通常在饭店销售酒水、饮料中使用。

例：某饭店饮料××吉的进价成本是6元/听，饭店酒水的销售（外加）毛利率是50％，那么1听××吉的售价是多少？

解：销售价格 = 原料成本×(1＋成本毛利率) = 6×(1＋50％) = 9(元)

答：1听××吉的售价是9元。

（2）销售毛利率

销售毛利率，又称内扣毛利率，是根据餐饮产品的标准成本和销售毛利率来计算产品销售价格的一种定价方法。用公式表示为：

$$销售毛利率 = （销售价格 - 产品成本）\div 产品销售价格 \times 100\%$$

$$产品销售价格 = 产品原料成本 \div （1 - 销售毛利率）$$

饭店菜点的销售价格通常是用内扣毛利率来计算的。

例：某星级酒店购进鳜鱼1条重600克，鳜鱼进价每500克60元，该酒店规定的销售毛利率在70%，那么该条鳜鱼的售价是多少？

解：销售价格 = 产品原料成本 ÷（1 - 销售毛利率） = （1.2 × 60）÷（1 - 0.7）
　　　　　　 = 240（元）

答：该条鳜鱼的售价是240元。

第四节　厨房生产过程中的成本控制

引导案例

厨师长的中心工作主要是抓厨房生产过程的控制，目前，国内许多饭店都把成本控制作为一个指标来进行管理。北京一位五星级总厨说：现在总经理赋予他更大的自主权，他肩负的责任更大了。如今，餐饮部的水、电等各种损耗都是他们自己负担，所以在做好监督管理的同时，还要搞好成本控制、经营销售等细致入微的工作。例如，为了节约能耗，将过去用流水提鲍鱼异味的方法，改为采用冰块的替代办法。又如以前制作西餐面点需在早班就打开电炉，先制作出来等到时再用；现在为了省电，并避开就餐高峰，改为厨师提早上班。厨师辛苦了，可制作出的新鲜面点品质更好，为饭店带来的效益更大。

在成本控制方面，北京直隶会馆后厨的每个灶台都配有一个独立的水表，这样可以严格地控制用水量，有效地控制成本，节能降耗。在直隶会馆的后厨，每位厨师每个月都有固定的用水量，一个月为一个统计周期，对用水量结果进行检查，对于用水量在固定限额以内的厨师进行奖励，而对于超出固定水量的厨师，则在给予处罚的同时，帮助其分析原因，找出对策。

点评：成本控制是企业创新的永恒的主题，在不影响产品质量的前提下，把生产过程中浪费的一点一滴聚集起来，就是一笔可观的数字。

厨房生产制作是一个较复杂的过程，不仅牵涉到的部门、岗位、人员多，而且牵涉到大量的货源组织、设备维护、卫生、安全管理等工作，要确保厨房生产顺利有序地进行，并达到饭店预期的毛利率水平及盈利目标，必须制定一个系统的、完整的厨房生产成本控制计划。

一、生产计划成本控制

厨房生产成本是由食品原材料成本、人员工资成本、能源成本、低值易耗品成本及其他成本等构成。抓好厨房生产计划控制，应该从制定和落实食品原材料成本控制计划、人员工资成本控制计划、能源成本控制计划、低值易耗品成本计划及其他成本控制计划入手。

1. 食品原材料成本控制计划

食品原材料成本控制计划的制订是为了更好地降低原材料的成本，防止原材料在采购、验收、贮藏、领发、加工、烹调等各个环节的浪费现象。计划的制订需要严谨、科学、系统地规定采购的途径、建立采购规格书、制定验收的程序和方法、制定贮藏保管制度、完善领发手续、规范加工标准、制作标准食谱卡，严格遵照标准食谱卡配份、烹调。使厨房生产的各环节按计划的要求执行，降低一切人为浪费现象，以提高饭店的盈利水平，增强竞争力。

2. 人员工资成本控制计划

人员工资成本控制计划的制订，一方面要求充分发挥每位工作人员的工作潜力，杜绝各种人浮于事的现象，另一方面也要切合实际，不能剥夺员工的正常休息时间，使员工超负荷运转。计划的制订既达到减员增效的目的，又能使员工的收入有所提高，充分调动员工的工作积极性。有些饭店在人员工资成本控制计划中，规定员工工作实行弹性制，根据饭店生意状况，安排每日工作时间的长短或休息，工资实行厨房总额包干制，一般占营业额的6%～8%。实行多劳多得，厨房增员不增资，减员不减资，起到了良好的效果，这既控制了厨房人员工资的成本，又提高了员工的积极性，形成了企业与个人双赢的局面。

3. 能源成本控制计划

厨房生产过程中，燃空炉、长明灯、长流水现象屡禁不止，在能源日益紧张的当今社会，其价格不断上涨，使得餐饮企业生产成本不断增加。为了有效扼制这种不良现象，饭店必须制定能源成本控制计划。在制订计划时，厨师长需要做大量的现场监督控制工作，厨师长要在相当长的一段时期内根据管理的规范要求，发挥其基层领导的作用，现场跟踪杜绝这些现象的发生。测算在正常使用的情况下，各种能源的使用量与营业额之间的比例关系，作为制定能源成本控制计划的参考依据。一旦经过反复测试论证形成的计划，具有一定的规律性和科学性。厨房在执行过程中将其列入日常考核内容之一，会引起员工的高度重视，这对节约厨房能源成本大有帮助。许多管理规范的高星级酒店已开始这样操作，有的甚至做得更细，将厨房各部门使用的水表、电表分开安装，将能源控制工作落实到具体的部门、具体的个人。企业实行责任制，取得了明显的成效。

4. 低值易耗品成本控制计划

低值易耗品成本尽管价值不高，但由于日常经常使用，如果管理控制不善，造成的成本费用数目也相当可观。低值易耗品包括日常使用的卫生清洁用具、洗涤剂、保鲜膜、垃圾袋等。对这些物品的控制也应该列入管理计划之中，测出标准用量，分部门按计划领用，落实责任到具体的个人保管，有利于计划控制实施，对降低低值易耗品的使用量、延长其使用寿命有很大的帮助。

5. 营业费用的成本控制计划

营业费用，主要是指一些广告费、电话费、出差费、考察费等。这些费用的使用弹性较大，如果事先没有一个计划，一个控制的范围，在使用过程中往往费用很高，严重影响饭店的盈利目标。有些饭店在这方面计划控制得非常好，它们能根据饭店的实际出发归纳总结经验，将厨房各部门电话费、外出考察费等规定在合理的范围内，超出部分由管理者自己承担。

二、生产前的成本控制

厨房生产前的成本控制主要包括原料的采购阶段、验收阶段、贮存、领发阶段的成本控制以及各项可能发生的成本预算控制等。

1. 采购阶段的成本控制

厨房生产需要采购部门在一定的时间范围内,以合理的价格,采购符合生产质量要求的一定数量的各种食品原料,以满足生产的需求,确保经营活动开展,为酒店创造经济效益。因此对采购部门来说,低的采购成本、高的进货品质与好的售后服务,将是其永无休止的追求目标。

(1) 严格控制采购价格。采购部门在实施原料采购的过程中,应在保证原料质量的前提下,尽可能将采购原料的价格压到最低。当前,餐饮市场竞争激烈,竞争不仅渗透到服务质量、菜品质量中,而且也贯穿到价格体系中,许多企业采用薄利多销的形式来吸引顾客,通过扩大销售量来实现企业盈利的最大化。例如,某酒店餐饮部盈利目标定为10%,也就是每销售100元须赚得10元的利润,若此时采购效益每增加1%,即降低1%的进货成本,则相当于增加10%的营业额。处于目前高度竞争下的餐饮业,要想增加10%的营业额决非易事。由此可见,控制采购价格,对于增加餐饮企业的盈利水平具有重大的作用。为此,在实施原料的采购时,要坚持价比三家,多方收集市场原料价格信息,开辟专业供货渠道,寻找到一手货源。对于一些用量较大的外地原料甚至可以采用托运采购的方式,减少流通环节,实现采购成本最低化。

(2) 严格控制采购数量。原料采购的数量要以满足生产经营为限度,当今市场原料供给充足,采购部门不能为了图省事而一次性采购过多原料。这样即使在采购时价格便宜,如果在生产中剩余过多,必然导致过多贮存,而过多的贮存原料,不仅占用资金,增加仓储费用,而且还会引起偷盗、原料变质或有些季节性特强的原料降价而引起浪费。因此,厨房应根据每天的客情需要,结合某些菜点的销售情况,由厨房各用料部门的负责人在每天营业结束后进行盘点,根据库存情况制定次日原料采购计划书交厨师长审核后,呈递采购部采购。通过具体分工和厨师长的监督工作,可有效地杜绝多采购现象的发生。

(3) 坚持使用原料采购规格标准书。控制原料采购价格,是在保证原料质量的前提下进行的。采购部门不能一味地为了追求价格便宜,结果采购回来的原料不能满足生产的需求。不仅不能降低成本,反而造成更大的浪费,更为严重的可能会影响到饭店的正常经营,伤及到饭店的声誉。为了防止此类事件的发生,厨房应根据烹制各种菜点的实际要求出发,详细地制定所需各种原料的质量规格书,采购部门严格按照原料采购规格书规定的标准执行采购。

2. 验收阶段的成本控制

验收控制是厨房生产前成本控制的重要环节之一。现在绝大部分的饭店,只要具备一定的规模,绝大部分的原料都有供货商配送供应。因此,验收工作显得尤其重要。如果验收控制工作做不好,就会给供货商有机可乘,他们在配送原料过程中往往缺斤少两,以次充好或原料质量不符合饭店采购规格标准,不仅增加了成本,而且严重影响菜点生产的质量,影响饭店的声誉。抓好原料进货验收控制成本关,应该严格按照饭店规格质量书规定的内容逐一核对所送原料,是否与规格书规定的要求相符。按照饭店采购计划书检查交货数量与订货数量是否相符。检查称量工具的准确性,在称量过程中要认真仔细防止供货商做小动作。对于计件验收的原料,除点计数量外还要开箱抽检。原料验收完毕后要及时填写验收单,并核对价格与报价是否一致,及时通知并监督用料部门分流货物,整理验收场地,防止验收后的货物长时间存放,发生腐败变质或偷盗事件的发生。

3. 储存阶段的成本控制

厨房生产所需的鲜活原材料,一般日进货的数量为当日生产和次日生产所用,不会有太多的库存,但一些干货原料还是要有一定的库存,加强库存物资的管理,防止原料在贮存阶段霉烂、变质或偷盗而造成成本增大,应着重做好以下工作:

(1) 加强人员管理。食品仓库要建立专人保管制度,建立责任制。任何人未经许可不可进入库区。管理人员要不定期巡视监督,仓库门窗应有防盗措施,有条件的可在人员出入口处装上监控系统。

(2) 做好日常管理工作。食品仓库的原材料品种繁多,应分门别类存放。建立一物一卡制度,详细记录每一种原料的进货日期、进货数量、发放日期和发放数量及库存情况。做好每日进出明细台账,遵循先进先出的原则。经常检查仓库中的原料,若发现有些原料长期不动,应及时与厨师长沟通,及时处理避免因长期不用而引起变质造成浪费。

(3) 控制环境。不同的原料贮存方法不同,有的需要干藏,有的需要冷藏,还有的需要冷冻贮藏。无论采用哪种方法贮存原料,都要保持所存原料的性能与周围环境的温度、湿度一致。保持原料贮存的清洁卫生,杜绝鼠害和虫害及人为污染所造成的浪费。

4. 领发阶段的成本控制

有些饭店管理水平较高,管理也很严格,要求厨房每日核算原料的成本。因此,对当日领发的原料数量有严格的规定,坚持当日领用当日使用。为了更好地做好领发阶段成本控制工作,必须坚持做好以下工作:

(1) 使用领料单。任何原料的领用,都要有厨房主管的领导审批,领料人员凭签字审批后的领料单领货,仓储人员凭有效领料单上所填写的内容、数量发货。

(2) 定人、定时间领货。厨房领料应规定具体人去执行,有利于当事人了解厨房所需原料情况,有利于领料的计划性,避免随便领料,造成原料积压浪费。另外,领料时间应该有严格的规定,一般领料时间规定在上午上班后领用较为合适。一方面领用的原料可及时加工,另一方面特别是调味品可及时拆袋分装到调味罐中,防止散落在厨房中,容易发生偷盗事件。

(3) 建立对所领物品的抽查制度。监督胜于信任,管理人员应不定期对领回厨房的原料的质量、数量进行抽查复核,发现问题,立即追究责任,坚决堵塞领料漏洞。

三、生产中的成本控制

制订生产计划、生产标准控制成本,这只是一种理论上的成本控制。生产加工中的成本控制是最关键、最核心的环节。如果生产加工环节出现问题,如菜点质量问题,不仅会导致顾客满意度的降低,还会招致顾客的投诉,甚至发生顾客为此不肯买单的情况,这样饭店的成本就大大增加,因此加强对生产中的成本控制非常重要。

1. 反复测试出净率及熟制率

原料的质量、产地不同甚至同一种原料由于产季不同,它们的出净率及熟制率都不相同,厨师的技术水平也影响着原料的出净率。为了准确地制定各种原料的出净率及熟制率,厨房必须组织一批具有一定技术水平的厨师,经过多次反复测试制定各类原料的切割,烹制损耗的许可范围,并以其来检查每位厨师工作的绩效,防止厨师马虎行事而造成原料浪费。

2. 统一加工，避免浪费

厨房经常要制作一些复合味的菜点，许多饭店都提前指定一名技术较高的厨师专门兑制，开餐前再分别盛装于各炉头，以方便使用。既保证了口味质量的一致性，又便于成本管理。但也有一些饭店认为一些自制复合味的调味在烹调中使用不广泛，没有提前准备，而是客人点到此类菜肴时，由制作者临时兑制，由于开餐过程中工作忙或客人催菜紧，往往兑制的量或多或少，既影响工作效益，又很难把握质量，更难于回收一次兑制多余的少量调味料，往往这部分多余的调料由操作厨师随手倒入明沟中，长此以往会造成极大的浪费。

3. 规范操作加强原料的综合使用

每位员工的工作习惯及技术水平有一定的差别，有些厨师工作认真负责，在操作过程中严格遵照饭店规定的操作规范进行加工，在加工过程中注意加强对原料的下脚料综合利用，很少产生浪费现象。但也有一些厨师特别是一些新员工，规范操作得就差一些。因此，作为厨房管理者需要对其进行必要的培训，让其了解规范操作的标准，纠正其不良行为，必要时制定奖罚制度，这样会收到良好的效果。

4. 加强监督，摒弃陋习

有些厨师在日常操作中，不能严格要求自己的行为，长此以往养成一些陋习。如：初加工员工在进行原料加工时，随手丢弃一些家禽的内脏、毛；蔬菜加工不拣摘而是用刀去切；炉灶厨师烹调菜点过程中，一些长流水、燃空炉现象经常发生；砧板配菜不按标准食谱规定的量执行配份，而是随意抓取。配份的量或多或少，这些不好的习惯会造成极大的成本浪费。作为管理者要时刻加强监督，将其工作行为纳入到日常考核中，使每位员工养成良好的操作习惯，像经营自己的家一样去认真负责地工作，成本控制工作必然会做得很好。

5. 严格按照标准食谱配份

许多饭店为了做好成本控制工作，都根据饭店的盈利目标制定了本饭店的标准食谱卡。标准食谱卡严格规定了主、配料及调味料的名称及用量。为了使厨师在操作中能够做到精确配份、用料，一些饭店对配菜岗位厨师的培训下了不少功夫，通过培训考核使每位配菜厨师心中都有精确、标准的概念，并养成良好的行为。

6. 慎用高档原料

提及高档原料人们一般认为燕、鲍、翅才是名贵高档原料，其实在一些高档海鲜酒楼中，一些活养的稀有水产同样是高档原料，如：一些深海中的石斑鱼、皇帝蟹等，其价格每斤都在上百元，有的甚至在上千元，其身价昂贵，它们在成本控制中起举足轻重的作用，酒店无论是在采购中还是在使用中都要慎重行事。即使客人预定了也不要轻易宰杀，一方面酒店经营中预定取消经常会发生，另一方面这种名贵海鲜，客人在确认需要之前，一般都要见客。如果在见客之前宰杀了，尽管其本身是鲜活的，但客人往往不相信而拒绝接受，这样就会给酒店带来巨大损失。

7. 做好原料回收工作

厨房生产中许多原料都能回收再利用。如打荷装盘用的花、草，这些花草如果在收台工作中合理回收保管，往往能重复使用多次而不会影响效果。再如，厨房中开油锅用过的剩油，一般饭店将其折价处理或直接倒掉，其实通过过滤、沉淀等处理后，用来熬制红油其效果反而比清油好。诸如此类的例子，可回收利用的原料在厨房生产中很多，这就要求我们的厨房管理者，加强成本控制的意识，变废为宝，节约成本。

8. 杜绝烹饪过程中的"品尝"现象

厨房厨师在烹制菜点过程中,为了保证菜点出品质量,往往必要的品尝是需要的。但如果厨师对什么样的菜肴都"品尝",品尝的范围超出了工作岗位的范围,这样恐怕就会由"品尝"变为"偷吃"。为了避免这种现象的发生,现在有许多饭店在这方面的管理做得比较规范,值得同行学习并推广。成立菜肴研制开发小组,指定专门的人员在开餐前,检查冷菜间所有菜肴口味并将检查结果记录反馈给当事人及时整改。开餐中,对烹制的每一道热菜尝味把关,凡不符合口味标准的菜肴坚决不出售。定期组织开发新菜点,并对研发的新产品集体品尝,指出改进措施直至最后定味。这样做既保证了出品的每道菜的品质,又杜绝了各种"偷吃"现象的发生。

9. 杜绝上人情菜

在饭店工作经常会遇到一些熟客或亲朋好友,借工作之便给他们多上几道菜或分量足一些的情况经常发生。如何杜绝此类事件的发生,首先作为厨房管理者必须具有较高的思想境界,从自身做起,以身作则,其次要制定相关的规章制度来约束;再次培训各岗位的员工,使其人人知晓每道菜的标准配份及装盘要求,层层把关,凡不符合标准配份及装盘要求的菜点坚决不上前台,从根源上杜绝人情菜。

10. 建立菜肴退菜赔偿制度

为了保证厨房出品的每道菜点都能满足客人的需要,减少客人的投诉,确保经营顺利有序地进行。许多规模较大的饭店,特别是一些星级酒店。从成本角度出发,也是从酒店声誉出发,制订了菜点退菜赔偿制度。目的是为了加强厨师烹制菜点的责任心,避免在工作中失误,遭受客人投诉,造成酒店和个人的巨大损失。

【案例】

某酒店为了加强质量管理,建立菜肴退菜赔偿制度,控制成本,制度规定如下:

(1) 凡厨师在烹制菜点过程中,自己发现有质量问题且菜点没有进入前台销售,则厨师负责赔偿菜点的成本价。

(2) 若厨师在烹制菜点过程中,自己发现或同事提醒有质量问题,而烹制者坚持要求进入前台销售,遇客人投诉,则按该菜点的销售价赔偿,若遇到打折或客人不买单现象发生,则全部费用由烹制者承担。

通过该制度的制定,并明确赔偿的责任和标准,厨师在烹制菜点过程中认真负责使得该酒店菜点质量零投诉,大大提高了酒店的声誉,同时也减少了浪费。

四、生产后的成本控制

无论哪家饭店,再先进的管理,仅靠生产前的计划控制、生产中的控制未必能够达到预期的控制目标,生产后的经营分析即生产后成本控制是控制厨房生产成本不可缺少的补充。

当实际成本发生后,相同的核算周期内(不同的饭店核算周期不尽相同,有的每日核算,也有的每周核算一次),营业额相近,而成本却明显偏高,这就需要核算部门的密切配合,拿出具体财务数据,通过比较可找出哪些成本上升,哪些成本减少,哪些持平,供厨师长管理时做参考。例如:在一个核算周期内,营业额相近,但水、电、气费用明显上升。通过财务报表所反映的现象,厨师长在日常管理中就应该反思,厨房是否存在常流水现象,有无及时关灯,是否存在燃空炉现象等。如果确实在管理中忽视了这些问题,那么就需及时补救,在今后的厨房管理工作中,注意把握这些细节,管理中层层提醒,层层落实,就会很快改善浪费现象。再如,假设是原料成本上升,同样也要分析其原因,只有找出原因,才能针对性地解决,防止再次发生。造成原料成本上升的原因可能有:

- 采购价格偏高;
- 部分原料涨价;
- 客情预测不准,造成原料浪费;
- 生产中的各种浪费现象;
- 厨师偷吃;
- 上人情菜等等。

在这些因素中可能都有存在,也可能比较集中在某一方面。比如本周有两次大型接待活动,人数都在300人,可到开餐时只来了200人,由于是事先预定好的,所以菜肴都已准备,结果造成很大浪费。找出成本增大的原因后。就要有相应的解决办法和措施。销售部门在今后接待团体会议聚餐时就要签订协议,在协议中明确上下浮动的人数或收取一定的违约金等。厨房在准备原料时鲜活原料如鱼等可以迟一点宰杀,可避免由此造成的浪费。总之通过生产后的经营核算、分析,根据厨房成本变动的不同问题采用不同方法,进行适时调整,任何问题都没有千篇一律的解决办法。这就要求我们的厨房管理者,在平时的工作中不断总结经验,加强学习,创造一整套符合实际管理需要的成本控制方法,为自己所服务的企业作贡献。

五、厨房成本分析控制法

厨房成本分析是餐饮经营中一项重要的工作,它可以及时了解并掌控厨房的生产状况、盈利水平。当前许多饭店企业应用较流行的方法是运用数据比较分析成本控制法。即利用每日厨房原材料成本进出台账和餐厅食品销售收入日报表进行比较获取数据来计算出每日的食品毛利率,并进行记录。根据每日记录的毛利率数据与酒店规定的毛利率进行比较,找出毛利率高、低的原因并及时修正,始终将毛利率控制在一定的水平。

表6-2 食品原材料每日进出台账

日期	原料名称	上日库存	今日购进	实际使用	今日库存	单价	金额
合计							

表6-3 餐厅食品销售收入日报表

日期	台号	食品销售收入	酒水销售收入	其他收入	金额	备注
食品销售收入总额						
酒水销售收入总额						
其他收入总额						

表6-4 每日销售毛利率对照表

日期	实际销售毛利率	规定销售毛利率	差额	备注

厨房在日常经营中,每天坚持填写好表1并及时送达财务部,财务部根据餐厅食品销售收入日报表能及时计算出当天的食品销售毛利率。填写销售毛利率对照表时,发现问题要及时与厨师长沟通并查找原因。

毛利率计算公式为:

$$销售毛利率=(销售价格-成本)\div 销售价格$$

$$销售毛利率+成本毛利率=100\%$$

例：某酒店 3 000 元/桌标准的婚宴，其中调料占售价的 5%，菜肴原材料占售价的 35%，要求分别计算调料成本、菜肴原材料成本、销售毛利率及成本毛利率。

解：调料成本＝3 000×5%＝150(元)，菜肴原材料成本＝3 000×35%＝1 050(元)

销售毛利率＝(销售价格－成本)÷销售价格＝(3 000－150－1 050)÷3 000＝60%

成本毛利率＝100%－60%＝40%

答：该桌婚宴的调料成本是 150 元、菜肴原材料成本是 1 050 元、销售毛利率是 60%、成本毛利率是 40%。

1. 厨房成本分析的作用

厨房成本分析既是厨房成本控制的开始，又是厨房成本控制的阶段性工作总结，对提高和改善厨房成本控制水平具有非常重要的作用。

(1) 发现厨房成本漏洞

通过每日销售毛利率对照表就能反映出厨房销售毛利率水平的高低。例如，近几天销售毛利率水平低于酒店规定的销售毛利率几个百分点，那么，厨房原料成本上肯定存在漏洞，或者是厨房对原材料加工不规范，存在浪费现象；或者是厨房对菜肴配份不规范，存在配菜份量加大；或者是原材料价格上涨，导致成本加大等。找出了这些漏洞，才能采取有效的成本控制措施。

(2) 堵塞厨房成本漏洞

厨房成本漏洞找到后，就要对成本漏洞进行调查分析，找出产生漏洞的原因，采取有针对性的成本控制措施，堵塞这些漏洞。从分析上述三个表格，如果食品销售收入不变的情况下，原料的价格也没有上涨，但是食品原料台账显示当日成本加大，那么就应该查找厨房内部管理因素。是否发生厨房内部偷盗、偷吃现象，是否厨房冰箱有过多的原材料积压，是否有原料变质浪费，是否上人情菜等。逐一分析进行筛选，确定造成成本上涨毛利率下降的真正原因，采取有效的厨房管理措施堵塞这些漏洞。

(3) 及时修正成本标准

通过对上述三个报表的分析发现，实际销售毛利率与参考标准毛利率有明显的差异，经过进一步的分析研究也没有发现成本的漏洞，这就需要对我们制定的参考标准进行修订。看是否是因为成本控制指标定得太高，无法实现。例如，酒店的标准菜谱通常更换的周期都较长，菜谱上的价格相对稳定。在这较长周期中，菜肴原材料的价格已上涨很多，如果仍然采用设计菜谱时规定的销售毛利率，作为现阶段经营毛利率参考的标准，那么就无法达到考核的标准。这就需要重新修订销售毛利率参考标准，或更换菜谱重新定价。

2. 厨房成本分析的内容

厨房成本分析的内容很广泛，厨房生产的一切活动中都存在成本控制问题，既然存在成本控制问题，就要进行成本分析。因此，厨房成本分析涵盖了厨房生产管理的各个方面，具体内容包括：

(1) 厨房原材料采购成本分析；

(2) 厨房原材料验收成本分析；

(3) 厨房原材料储存成本分析；

(4) 厨房菜点生产加工成本分析；

(5) 厨房用工成本分析；

(6) 厨房低质易耗品使用成本分析。

3. 厨房成本分析的实施

厨房成本分析是一项收效明显、难度较大的工作,需要酒店给予厨房大力的支持,需要投入一定的人力、物力和财力。为了提高厨房成本分析的效果,必须要建立一个成本分析组织机构系统。

(1) 厨房成本控制人员构成

厨房成本分析应该由酒店财务总监负责,由财务部的成本分析小组或成本核算人员执行,厨师长协助。

(2) 聘请厨房专家参与厨房成本控制

厨房专家从专业的角度往往能够站得高,看得更深入,能够帮助成本分析人员发现那些他们不易发现的问题,可以为厨房成本控制水平的迅速提高起推动作用。但聘请专家需要花费一定的费用。因此,许多酒店往往不愿意这样做,这要根据企业的规模而定。

(3) 定期召开厨房成本分析会议

厨房成本分析一定要纳入到酒店高层管理的议事日程上来,高度重视这一工作。督促财务部总监定期组织厨房成本核算人员召开厨房成本分析会议,及时分析问题,改善厨房成本控制工作,不断提高成本控制水平。

相关链接

从一个鸡蛋说起

说到煮鸡蛋,大家都会,首先打开炉具点火,锅里放水,3分钟水开,再煮10分钟鸡蛋煮熟灭火。我们来看看日本人是怎样煮的,用一个长、宽、高各4厘米的特制容器,放进鸡蛋,加水50毫升,点火后1分钟把水煮开,3分钟后熄火,再利用余热3分钟把鸡蛋煮熟。通过对比,不难看出,日本人的方法更节水、节能,效率却提高了将近一倍。

从中我们能得到些什么启示呢?做事情不能只追求结果,还要注意能源消耗和效率的问题。

号称"塑胶大王"的王永庆是世界巨富之一。他白手起家,成就了非凡的事业,归根结底,他的致富经验用两个字就可以完全概括:节省。王永庆在降低公司运营成本方面,始终不遗余力,从一点一滴做起。他主张公司进行技术改造,那样可以少花将近一半的成本。从而使客户能买到更具价值的台塑产品,极大地增强了市场竞争能力。

平时王永庆也反复强调,公司员工也养成厉行节约的好习惯。节俭可以使企业员工更自觉地保持好的工作作风,节俭能使公司管理人员保持冷静、理智,从而更好地决策公司事务。可以说是节约为王永庆带来了利润,同时也是节约为王永庆创造了财富。

(资料来源:邱玉栋,王华玉.节约倍增效益.北京:机械工业出版社,2009)

检　　测

一、课余活动

1. 请收集常用原料鸡、鸭、鱼、肉不同品种的净料率。
2. 请查找资料写出常用干货原料的涨发率。

二、课堂讨论
1. 为什么说成本控制的好坏体现着生产人员的个人素质?
2. 如何有效地控制厨房生产成本?

三、课后思考
1. 厨房生产成本由哪些方面构成?
2. 厨房成本控制的好坏对企业有哪些方面的影响?
3. 灵活运用成本、净料率、损耗率的公式进行菜品核算。
4. 分别阐述厨房成本控制的不同类型。
5. 如何对厨房原材料进行成本控制?
6. 厨房生产过程中的成本控制有哪些内容?

第七章 厨房人力资源及其技术管理

学习目标

◎ 掌握厨房技术管理的要求
◎ 了解厨房生产目标的实施
◎ 掌握调动厨房员工积极性的方法
◎ 了解影响厨房生产效率的因素
◎ 了解团队在厨房生产中的作用
◎ 掌握厨房员工培训的内容和方法

本章导读

厨房员工是饭店、餐饮企业不可或缺的生产者，一个好的厨房组织必然有一个技术过硬的团队。厨房生产人员与技术管理已成为现代厨房管理工作的中心任务。有效的员工管理也是稳定厨房员工队伍、激发员工活力、提高工作效率、不断开发产品的有利途径。本章系统介绍了厨房技术管理、生产效益管理、团队情商管理的有关内容，同时对厨房员工激励和技术培训诸方面进行了论述，为厨房管理者进一步调动员工的积极性提供了有益的思路。

第一节 厨房人力资源与技术管理概述

引导案例

世纪宾馆在员工的管理上大胆创新，走出常规，在及时奖赏优秀个人和微笑大使的时候，又推行了"过失单重罚制度"，并将工资收入与个人表现、工作绩效切实挂起钩来。他们推出了"单据记载，小错重罚"制度，力求防患于未然。

在员工签到打卡的登记处，有块醒目的"过失表现"告示牌。告示牌上分部门分级别地登记了最近一周整个宾馆的好人好事及违纪过失情况，以及宾馆的表彰和处理意见。告示牌上迟到、早退是常规内容，连员工随意串岗、离岗都在记录之列。

厨房有一位年轻厨师，菜做得不错，是宾馆的主要业务骨干，但是自我要求很不严格，总是不遵守酒店规章制度。有时不带厨师帽，有时又溜出厨房到宿舍里打个盹。厨师长的批评他左耳进，右耳出，"虚心接受，死不悔改"，一派逍遥自得。时间一长，连一些新进的厨工都被影响得变成懒懒散散了。自打"过失表现"告示牌挂起来后,他的名字屡屡曝光,酒店上下全都知道了。这可比厨师长一人的劝告厉害得多,人都爱面子,况且还有随之而来的重罚。没多时,他便重又勤奋守纪,一如当年的学徒样。

每位部门经理和厨师长都有一个"好事记录本"和"过失登记本",记载本部门当天发生的好人好事及其违纪过失现象。对于由顾客投诉和管理人员发现的违纪现象,一旦核实,部门经理立即开出过失单,一式四份,员工自留一份,部门存档一份,总经理室一份,财务室一份。罚款额度视过失性质和影响程度而定。对于重大过失的处罚则更是毫不手软,不留情面。

过失单重罚,使每个员工都养成了自觉遵守规章制度的好习惯,以往那种上有政策、下有对策的松松垮垮的懒散作风基本上绝迹了。

点评:采用好的管理制度,加上激励机制到位,就象给生产设置了一个轨道,让员工的行为都在这个轨道的规范下进行,不越轨,协调有序。

当今社会,餐饮企业的管理已经从过去单纯追求经济效益,转为越来越重视品质、利润的创造者——人的因素,实施以人为中心的管理。人本管理逐渐成为企业界关注的热点,因为它符合时代的潮流,符合企业发展的趋势,符合企业发展的本质要求。人力资源是未来经济竞争的焦点所在。

厨房是一个特殊的劳动密集型的场所,厨房所有的产品需要广大员工按流程一件一件地去完成,而且很多是手工完成。应该说,厨房生产完全是技术性的活计,其技术好坏对产品质量关系重大。高档的烹饪原料需要有技术较高的人员去进行加工烹制,才能成为美味佳肴;先进的厨房设备,也需要有懂设备的人来使用和保养。假如厨房中没有高素质的生产人员,再高级的原料,再先进的厨房设备也很难生产出优质的菜点。因此,要搞好餐饮企业的经营管理,其关键是抓好厨房的技术管理和劳动力管理。

一、厨房人力资源管理的意义

餐饮行业是以人为中心的行业,厨房的管理,说到底就是人的管理。管理学家福莱特认为,管理是一种通过人去做好各项工作的艺术。因此,加强厨房人力资源的管理,具有极其重要的意义。

1. 保证企业经营活动顺利进行的必要条件

厨房生产是以手工技术为主体的劳动,其产品工序多,流程复杂,它需要的是技术性强的工作人员。说到底,厨房生产活动离不开人和物这两个基本要素,而人是业务经营活动的中心,是一种决定因素。正如毛泽东同志所说:"一切物的因素只有通过人的因素才能加以开发和利用。"不仅如此,厨房员工的劳动不是一种孤立的个体劳动,而是一种协作的社会劳动,它需要炉、案、碟、点各岗位的协同作战。因此,要保证餐饮经营活动的正常进行,首先必须合理招收员工(具有一定数量和质量的劳动者),并科学安排、处理、调整、考评人与人之间、人与事之间的关系,使其有机地结合起来。而这些正是厨房人力资源管理的基本职能。

2. 提高企业素质和增强企业活力的前提

厨房生产,人的因素是决定因素,不同的员工就会有不同的产品质量,也就会有不同的企业素质。在市场经济的条件下，餐饮企业要想在竞争中站稳脚跟，打开局面，就必须提高企业的素质，增强企业的活力，而企业的素质，归根结底是人的素质。至于企业的活力，其源泉在于企业员工主动性、创造性和积极性的发挥。众所周知，人是有思想、有感情的，其积极性的发挥，不是光靠发号施令或上级下一道指示所能做到，只有采用现代化的方法，进行科学的管理才能解决。所以，提高员工素质，激发员工主观能动性的充分发挥，是提高企业素质、增强企业活力的关键。

3. 提高餐饮质量、创造良好效益的保证

餐饮企业是通过向中外顾客提供食品来获得效益的经济组织。由此可见，食品质量的好坏、服务质量的优劣是企业能否取得良好社会经济效益的决定因素。仅有一流的设施设备、漂亮的装潢是很难吸引顾客前来消费的，还需要有一流的产品质量、优质的服务，它需要全体员工的劳动才能发挥效能，决定企业产品质量高低的关键还是员工的有形产品和无形服务。这些有形产品和无形服务的好坏在于全体员工的服务意识、精神状态、心理素质、身体状况等精神因素和操作技术、服务艺术等业务水平。因此，质量优劣实质上是员工素质好坏和积极性高低的体现。要提高产品质量，以取得良好的社会效益和经济效益，就必须努力搞好人力资源的管理。

二、厨房技术管理与开发

一个饭店、餐馆的成功经营，应在巩固和发扬自身特点的同时，不断推陈出新，以激发顾客的消费欲望，稳定和扩展企业经营所需的客源，从而提高企业的经营效益。如何做好这一点呢？厨师长可以运用他独到的专业能力，使厨房形成一种团结、敬业的良性竞争工作氛围。同时能对厨房各级员工进行定期的专业技术和思想意识的培训，以提高厨房工作人员的整体素质，在工作中及时发现存在的不足和各环节的利弊，最后进行各项汇总。因此，要管理好厨房，厨房的规范管理是非常重要的环节。

1. 厨政管理的全局意识

作为一个厨房管理者，上任就职以后要有自己的思路和设想，但这一点必须结合饭店特色并要求确实可行。厨师长要树立自己的威信，一切从企业的大局出发，从自身做起，善于团结厨房所有工作人员，摒弃"宗派"的恶习，把工作的重点放到生产与经营管理之中，并在饭店总体管理思路下，合理地控制成本，最大限度地满足客人的需求，为企业创造最大的经济效益和社会效益。

餐饮部是前台和后台共同组成的，具体说，他们与宴会预定、餐厅、采购、财务等多个部门相联系。在经营中，应明确"厨房服从前台，餐厅服从客人"的运作程序，不必在工作中过度计较孰是孰非。许多骨干厨师，特别是年龄大一点的厨师，这个观念老是转不过弯。作为管理者要敢于面对现实，一切应以顾客的需求为中心。

厨房管理应在企业总体管理思路之下，运用科学管理的方法，加强厨房生产与运作管理，发挥和调动厨房各方面的因素和力量，为饭店创造良好的餐饮声誉和经济效益。不仅如此，厨房管理还必须保持随时满足客人对菜品的一切需求，及时提供优质适量的各类菜点，保持始终如一的产品形象。

有些厨房管理人员，他们在自信中把自己抬得高高的，认为厨房的一切成功归于自己领导有方，而不去谈论员工的辛勤劳动。相反遇上客人投诉、领导批评，则一股脑推向某某厨师，好像与己无关，这样往往会挫伤广大厨师的工作热情，还会导致许多厨师尽量少做事，以便少出差错。一个管理者要真心实意地敢于承担责任，并愿意与下属分享成果。正如南京某五星级饭店行政总厨在获得全国旅游系统劳动模范时所说：我所取得的成绩，如果没有上级领导的正确指导，没有厨房这么多的弟兄的鼎力相助以及前台人员的密切配合，是绝对不可想象的。

2. 有效实施技术管理

在厨房生产中，要形成一个有序的指挥链，要求每一位员工或管理人员原则上只接受一位上级的指挥，各级、各层次的管理人员也只能按级按层次向本人所管辖的下属发号施令。企业不应要求任何人同时受命于数人。实施技术经济责任制是企业技术管理的重要方法。特别是饭店、餐饮企业以手工操作为主，技术水平的高低、产品质量和服务质量的优劣在很大程度上取决于技术人员的主动积极性和创造精神，这是由饭店、餐饮企业技术管理的特点决定的。只有认真执行技术经济责任制，按技术和能力定岗位，才能培养和造就大批专业技术人才，才能充分调动和发挥广大技术人员的潜力，提高企业的技术水平。

在厨房管理中，要强调责、权、利对等的原则。"责"是为了完成一定目标而履行的义务和承担的责任；"权"是指人们在承担某一责任时所拥有的相应的指挥权和决策权；"利"是根据人们的技术劳动所产生的效益状况给予相应的报酬。权力意味着责任，如果一个人有权力去做某件事，那他就要对这件事的后果负责。技术经济责任制是企业经营承包管理责任制在技术管理方面的运用，认真执行技术经济责任制，必须要与责、权、利相结合，坚持技术人员的劳动所得与劳动成果相匹配，即一般劳动与复杂劳动、高难度与低难度劳动的区别要与经济利益挂钩。它要求做好以下三个方面的工作：

① 制定管理制度，对不同工种和不同岗位的技术人员，规定明确的要求和责任；
② 加强对专业技术人员的教育和培养，做好劳动考核，充分调动技术人员的积极性；
③ 合理分配劳动报酬，要把技术人员的贡献大小与工资待遇挂钩。

对于确有专长的技术人员，在工资未作相应调整以前，可以发给适当技术津贴，推行技术经济责任制是对技术操作的规范与限制，使技术操作人员的产品稳定在出品的范围内，它是对技术操作人员的管理手段。

3. 加强新技术新产品的开发

开发菜点新品种已经成为厨房管理工作的一个不可忽视的内容，特别是当今餐饮的激烈竞争，企业的发展"不创新，便死亡"，创新意识已经深入到企业内部。许多饭店多在菜品开发方面制定了一些制度，有条件的饭店组织骨干人员成立"菜肴研究小组"，如许多企业组织骨干人员定期研制新菜；有些饭店制定了"末尾淘汰制"，每年淘汰最后两名人员，还有些饭店根据厨房岗位、津贴的不同制定了创新菜计划指标，如某酒店规定，各岗位人员除了完成日常工作以外，而且要主动出新品，要求头炉每个月出两个新菜，二炉出一个新菜，三炉两月出一个新菜。许多管理者认为，制度如果定得不紧，要想有新的菜品出现是较难的。一个饭店、一个部门上去难，要垮下来很容易。许多大饭店一直是这样孜孜以求的。

许多厨师也认为，如果单位每个人的工资都一样，就会影响到大部分人员的工作积极性。厨房内部也要有竞争，要看大家的表现和工作热情，水平高的厨师干不出活，或没有责任心，绝不能被重用，这在许多招待所特别需要贯彻。厨师在工作中必须要有责任心，常出差错的人容易给企业带来损失。厨房的工作，不只是简单地完成任务，而是要主动并不断出新品。

除了要求厨师常出新菜外,饭店也要提供各种机会让骨干厨师走出去品尝、学习与交流,或请名师到饭店指导交流,注重加强厨师的培训。对于饭店定期开发的新菜,可利用中午时间每周一次进行探讨、交流,将创新菜进行演示培训,让厨师们学习,使人人皆知基本方法和特点。

稳定的出品质量是引客、留客的关键。然而产品的生命更在于创新。因为只有不断的创新产品才吸引顾客,达到留住客人、吸引新客人的目的;同时创新可以激发员工的创造性,提高企业内部的活力,增强员工对企业的归属感,给企业更大的自由发展空间。作为厨房管理者也要进一步增强员工忠于企业、热爱本职工作的荣誉感和责任心,为企业可持续发展积蓄后劲,开辟广阔之路。

4. 建立厨房技术档案库

一个餐饮企业都需要根据自己经营的特点在企业内部建立多种技术档案,把经营多年的菜品、美食活动、人员安排状况建立内部档案资料库,这是企业内部技术资源的重要组成部分。它便于以后厨房开展技术培训和美食活动,成为企业内部最有价值的参考资料。从经营策划的角度来说,企业和厨房内部应该加强技术资料的收集、整理、分类、储存,一方面为技术研究、技术开发和新产品开发创造条件,可以挖掘、继承和总结优秀历史文化遗产;另一方面,可以通过信息传递,对技术人员提供各种帮助。

厨房或餐饮部门技术档案的各种技术资料要根据企业的技术特点来建立,有的需要采用文字记录,装订成册;有的需要设计表格;有的需要采用卡片记录;有的可以采用录音、录像。技术档案的内容要根据技术性质分类,一般可以分为以下几种技术档案:

① 专业技术人员档案。内容有技术人员的简历、文化程度、年龄、专业工种、技术等级、擅长绝技、业绩、技术成果等。

② 专项技术的资料档案。如全国或某省烹饪大赛的资料,内容包括创新菜品、传统菜品以及近几年来的流行菜品;有关"主题宴席"的资料收集和各地举办主题宴席的情况介绍等。

③ 专门技术活动的资料档案。历年来本店举办美食节活动的菜单、应聘人员、餐厅布局与装饰、物品和菜品的展示等。

④ 日常菜单资料档案。这是企业产品的历史记录,如时令菜、节日菜,年复一年,到时更替,过后存入档案,来年可作参考。

⑤ 外来餐饮活动和菜品信息的记录档案。主要收集同业的企业菜品信息,其中包括本地、外地的各种菜品资料、美食节策划、促销活动的安排等,便于企业自身经营开发时使用。

三、厨房人力资源管理目标与绩效考核

任何管理活动都必须有一定的目标,否则就没有方向。厨房内部人力资源管理的基本目标就是提高厨房的劳动效率。厨房劳动效率是衡量厨房技术和管理水平的重要标志,是考核餐饮经营情况的一项综合性经济技术指标。

1. 厨房人力资源管理的基本目标

根据厨房人力资源管理的基本目标,其具体的要求如下:

(1)造就一支技术过硬的厨师队伍。餐饮经营要取得良好的经济效益,不仅应有一定

数量的员工,而且这些员工的质量要符合企业业务经营的需要。任何一家饭店、餐饮企业想在竞争中取胜,就必须重视造就一支优秀的厨师队伍。优秀的厨师队伍是不会自发形成的,必须通过一系列专门的人力资源开发管理工作,并经过一定的时间才能逐渐形成。首先要根据企业的经营发展的要求,广开才路,招纳贤才,形成一支符合企业经营业务要求的员工队伍。其次,要加强员工队伍的培训和提高,不仅要提高其业务素质,也要提高员工队伍的良好的思想品德,强化服务意识。再次,要通过科学的管理和有效的激励方式,激发员工的主动性和创造性,使员工热爱企业,热爱本职工作,各尽所能地发挥最大的效用,最终形成一支高素质的优秀员工队伍。

(2) 使厨师队伍得到优化组合。厨房管理者需要设立一个科学、精练、高效的生产运转系统,就必须组织一支技术好、能干活的厨师队伍。一支优秀的厨师队伍,必须经过科学合理的配置,才能形成最佳的人员组合。因此在企业生产经营和管理活动中,要做到岗位明确、职责分明、权责对等、各尽所能,使每个员工都能人尽其才,才尽其用,形成最大的工作效能,形成一个精干、有序、高效的劳动组织。这样,员工的积极性调动起来了,工作效率就可以提高,产品的质量就有了保障;关心集体、敬业乐群,对技术精益求精的风尚和精神就可以形成并发扬光大。

(3) 创造和谐的劳动工作环境。现代厨房在生产运行管理中,管理者需要运用情感管理,配合经济的、法律的、行政的各种手段和方式,激发厨房员工的工作热情,这是管理者的工作任务。人的管理实质并非"管"人,而在于"得"人、谋求人与事的最佳配合。古人云:"天时不如地利,地利不如人和。"一个企业不怕没钱,不怕设备落后,最怕人心不和、士气低落。因为没有钱可以赚,也可以借;没有设备可以造,也可以买;但失去了人才和人心,则一切都没有了。企业的人力资源管理,就是要通过各种有效的激励措施,创造一个良好的人事环境,从而使员工安于工作、乐于工作,最大限度地把自己的聪明才智和积极性发挥出来。

2. 绩效考核与合理分配

厨房生产一贯是工作分级的,即划分工作岗位等级。具体说,就是将厨房中所有的岗位,按其劳动的技术繁简、责任大小、强度高低、条件好坏等因素,划分为若干相对等级。实行考核制度,实际上就是对员工工作数量和质量考核的具体内容和要求的规定。这两项工作的好坏,将直接关系到劳动报酬分配的合理与否,必须予以重视。

(1) 绩效考核。绩效考核是厨房管理的基础工作。所谓绩效是指个体能力在一定环境中表现的程度和效果,即每位员工在其工作岗位上所做出的成绩和贡献。这种成绩和贡献主要通过能完成的工作的数量、工作的质量、工作的效率、工作的效果几方面来体现的。透过工作绩效对组织来说可以反映出一个组织的效率、功能、生命力、作风等,对个体来说可以反映出一名员工的知识、能力、素质和品德。

绩效考核就是检验、评价、衡量其要求达到与否,程度如何,原因何在,因此,考核的内容和标准都要紧紧围绕岗位工作的要求,说到底,就是每个岗位的职责、职权和职能。没有这些客观的依据,就没有明确的考核尺度和标准,就做不到对员工的工作绩效做出恰如其分的评价。在考核中要将考核与个人利益紧密联系,即针对考核结果进行必要的奖惩结合,赏罚分明,进而与薪资分配、人事变动、培训进修、发展机会等配套挂钩。

绩效考核包括劳动出勤、劳动责任和劳动质量三个方面。劳动出勤是员工劳动态度的重要方面；劳动责任主要是考核实际工作中的表现，如工作中的主动性、积极性、工作效率、是否完成任务、服务态度等；质量考核则包括工作质量、生产质量、差错事故、安全卫生情况等。

绩效考核还包括接受任务是否服从命令、听从指挥，勇于主动承担艰巨任务，是否千方百计提高产品质量，满足顾客需要等。在考核中，有逐级逐日全面考核制、月终综合评定考核、过失记录考核等等。其途径有上司考核下属、自我考核、下属对上司的考核和同级之间的考核等。

(2) 合理分配。每一个员工的需要都是多样的，但就其满足的手段来说，最基本的有两个方面，即物质刺激和精神鼓励。就社会分工而言，劳动仍然是人们谋生的手段，对物质利益的追求是人们从事一切社会活动的物质动因。因此，要有效地调动厨房员工的积极性，还必须坚持物质利益原则，加强物质刺激。根据企业的实际主要必须抓好三个基本环节：

① 加强劳动报酬管理，搞好按劳分配。劳动报酬是员工收入的主要来源，是保障和改善员工生活的基本条件。劳动报酬分配总的原则是"各尽所能，按劳分配"，如何执行这一原则，企业还需有具体的原则作保证。在分配中主要有：一是"两个挂钩"原则，即劳动报酬的高低与企业的经济效益好坏、劳动者本人的劳动成果多少挂钩。二是奖优罚劣原则，劳动报酬既要相对稳定但又要有灵活性，必须体现干多干少不一样、干好干坏不一样。

② 关心群众生活，加强福利工作。多少年来，饭店、餐饮企业提倡"爱店如家"，但首先要考虑企业有值得员工爱的地方，只有重视解决员工的实际问题，才能激发员工的自豪感、归属感，才能增强企业的凝聚力。否则，就难以使员工全心全意做好服务工作。如做好员工食堂及其附属设施的建设，包括食堂、更衣室、浴室、员工活动室等，做到清洁、整齐、设备基本齐全，这是保证劳动力再生产的必要条件，也是塑造员工所必备的条件，同样必须予以重视。

③ 创造良好的环境，增强员工的安全感。厨房工作环境的好坏将直接影响到产品的质量、生产效率和生产人员的工作情绪。厨房的空间、噪音、通风、光线、排水等，是厨房硬件中最为敏感的，也是影响产品质量的主要因素；人员之间的协作、友好、创新的良好氛围是提高厨房工作效率的重要内容。良好的环境能提高厨房员工的工作积极性，良好的环境主要体现在三个方面：一是舒适、整洁、安全的工作环境；二是安定、和睦、欢乐的生活环境；三是团结互助、平等友好的人事环境。

第二节　员工激励与效率管理

引导案例

一位人事管理专家在认可激励优先原则的时候指出，应该注意给予员工的激励要恰到好处，也就是说"苹果的高度要适当"。如果我们将苹果的高度挂在了他们始终摘不到的地方，他们就会失去信心；如果放得太低，他们可以毫不费力，甚至不劳而获就得到了，这不仅使企业会付出很高的成本，而且还会腐蚀员工队伍。

某著名餐饮企业每月、每季度由各班组员工和顾客选出最优秀的员工,最后由经理或厨师长负责确认每月、每季度的先进人员,对每月多次评为先进工作者的人员分别给予奖励。他们将旅游活动与提高员工的业务素质结合起来。每年选拔一定数量的优秀员工送出外地,如香港、新加坡,甚至日本、欧洲旅游。看似旅游,但却并非简单的旅游,而是带着考察、学习任务去旅游。一定要把发达地区和国家的饭店、酒楼先进的管理和服务、新颖的烹饪技术和菜品学回来。所以,十几年来无论是在菜品质量上还是在服务的意识及内容上,他们在全国始终保持着领先地位。

四川某酒楼的周年庆活动和中秋、春节联欢会,他们每次都发动骨干人员将业务知识、专业知识编成小品、谜语、抢答题,穿插在活动中,使活动既生动活泼又联系工作实际,不知不觉地将晚会变成了第二课堂,也调动了员工工作的积极性。

点评:在具有完善的制约机制条件下,要尽可能地多用激励机制,多做加法,少做减法,这样才会让大多数员工保持较好的精神状态。

厨房管理的水平高低,生产组织是否合理有序,生产工艺先进与否以及员工的工作热情如何,都可以从厨房的生产效率中体现出来。一个生产效率高的厨房必然凝聚着全体管理人员和员工的汗水和智慧,这个生产集体必然具有很强的凝聚力。相反,一个纪律松懈,人心涣散的员工队伍,其生产效率必然低下。

一、调动员工工作积极性的激励方式

一个厨房的管理成功与否,在很大程度上取决于厨房最高管理者。作为厨房管理者应该具有超前的管理意识,其一言一行都会影响着每位员工的工作热情,在团队中管理者应具备博大的胸怀,崇高的思想境界,在厨房管理过程中要勇于承担一切责任,而厨房工作所取得的成绩也应归功于全体厨房员工,是他们智慧和汗水浇灌的结果;出现了错误也主要是自己管理不善所造成的,而成绩功劳是大家齐心干出来的,具有这样胸襟的厨师长是没有理由管理不好厨房的,厨房的工作效率也没有理由提不高。

调动厨房员工的积极性,就是激发广大厨师的工作热情,促进员工的工作行为。人的行为是由动机支配的,而动机又是由需要引起的。所以,要激励员工的行为首先必须从员工的需要出发。

激励是调动厨房人员积极性的主要方法之一。人的行为需要激励,通过恰当而有效的激励,能唤起人的潜在的行为动力,能获得意想不到的积极效果。

1. 需要激励

需要激励是企业中应用最普遍的一种激励方式。其理论基础是美国心理学家马斯洛的需要层次理论。他把人们的需要分成五个层次,即生理需要、安全需要、社交需要、自尊需要和自我实现需要。厨房管理人员要按照每一个员工对不同层次需求的状况,选用适当的动力因素来进行激励。管理者在采用激励手段时,要注意处理好物质激励与精神激励这两者之间的关系。但是,要注意把物质奖励和员工的工作成绩、工作表现以及努力程度很好地结合起来,搞平均主义、吃大锅饭就会使物质奖励失去应有的激励作用。

当然,人的需求往往是多方面的,既有物质方面的,又有精神方面的,厨房管理者要注意综合运用这些激励因素。

2. 目标激励

心理学家研究表明,激励要有一个目标,利用振奋人心、切实可行的奋斗目标,可以达到激励的效果。目标管理方法促使每一位员工关心自己的企业,使之成为提高士气和情绪的原动力。目标体系包括企业目标、部门目标和个人目标。在确定目标时,应注意目标的难度与期望值,目标过高或过低都会降低员工的积极性。目标的制定要多层次、多方位,但最重要的是制定员工工作目标、晋升目标、业务进修目标等。需要注意的是,在制定目标时一方面要根据企业的特点切合工作实际,另一方面要对工作目标的执行情况进行监督,对违反工作目标的行为要加以纠正,必要时要进行惩罚。管理者要清楚,制定目标是为了激励,是为了激发员工努力工作的热情。

3. 情感激励

人对事物的认识和行动都是在情感的影响下而完成的,因为人非草木,孰能无情,情感激励是针对人的行为的最直接的激励方式。感情联系是无形的,它不受时间、空间限制,与有形的物质联系相比较,能产生作用更为持久的效应。情感激励的正效应可以焕发出惊人的力量,使员工自觉地努力工作,而负效应则会大大地影响员工的工作情绪。情感激励的关键是管理者必须用自己的真诚去打动和征服员工的感情。真正地尊重、信任和关怀员工,管理者对下属员工的爱护、关心和体贴越深、越周到,越有利于在员工心中形成一个和谐的心理气氛,使他们热爱自己所工作的环境。一个好的管理者应具有用饱满的激情感染和激发员工工作热情的能力。

4. 信任激励

管理者充分信任员工并对员工抱有较高的期望,员工就会充满信心,员工在受到信任后,自然会产生荣誉感,增强责任感和事业心。这样的员工愿意承担工作,更愿意承担工作责任,同时也愿意在自己工作和职责的范围内处理问题。对他们应明确责、权、利,即使各项工作的标准定得稍高一些,他们也会通过努力工作去设法达到。他们希望在完成任务时遵循规定的程序和标准,不希望管理者过多地干涉他们的工作。如果管理者紧抓权力不放,将使下级感到领导对自己不信任,从而影响其工作积极性。管理者在用人方面必须做到"用人不疑,疑人不用",信任下属,使下属感知到领导的信任,满足其成就欲,以达到激发工作热情的目的。

5. 榜样激励

榜样是实在的个人或集体,显得鲜明生动,比说教式的教育更具有说服力和号召力。榜样容易引起人们感情上的共鸣,给人以鼓舞、教育和鞭策,激起他人模仿和追赶的愿望。这种愿望就是榜样所激发出来的力量。在运用榜样激励时,要注意所树立的榜样必须具有广泛的群众基础,真正来自群众。

另一方面,企业管理者的行为本身就具有榜样作用,领导者自身无时不产生着一种影响力,其工作态度、工作方法、性格好恶甚至言谈举止都会给下属以潜移默化的影响。作为管理者应注意树立自身的良好形象,成为有效激励员工的榜样。

6. 惩罚激励

惩罚激励是对员工的某些行为予以否定和惩罚,使之减弱、消退,以达到强化的方向来激励员工的目的。管理者利用恰如其分的批评、惩罚手段,使员工产生一种内疚心理,以消除消极因素,并把消极因素转化为积极因素。

惩罚激励要注意以事实为依据、以制度为准绳来处理,要对错误的性质进行分析,不能以个人的好恶来评价一个员工的行为,要做到制度面前人人平等,对事不对人,要在批评惩罚的同时进行细致的观察,一旦发现有好的表现要即时表扬,这样就会使那些被惩罚的员工感到领导不是在有意整自己。处理情况最后与被处理者本人见面,以免造成冤假错案,否则不但起不到激励的作用,反而造成"怨情",影响员工积极性的发挥。

以上谈到的只是激励的几种基本方式,在实际工作中,激励并没有固定的模式,需要厨房管理者根据具体情况灵活掌握和运用。

二、影响员工生产效率的因素

厨房生产效率实际上就是厨房工作人员在厨房管理人员的带领与指挥下,将食品原料按照规定的操作程序及操作方法转变成饮食品的生产能力。在由原料转化为饮食产品的生产过程中,其中人员、设备、原材料和生产程序及方法对生产效率都具有一定的影响。影响最重要的首先是人员,在制造业和农业生产中,当现代的机器设备代替了手工劳动时,其生产效率将会大大提高,而厨房生产中即使投入了大量的资金购买了先进的厨房设备,也未必能提高生产效率,因为厨房菜点的烹制仍需厨师手工操作,其技能性很强,所以要从根本上解决提高生产效率问题,除了设备、环境等因素外,还得从人自身因素上多下功夫,厨房管理者多深入了解员工的喜、怒、哀、怨、苦等,多实行人性化管理,让员工有一个愉悦的心情,投入到生产过程中,或许会收到事半功倍的效果。只要我们采取相应的措施和方法,就可大大改善厨房的生产效率。

生产效率是衡量厨房生产组织的合理性、生产技术的先进性和员工劳动积极性的标志之一,它直接关系到厨房生产管理的成功与否。影响厨房生产效率的因素有很多,但如果将其归类可分为两大因素,一类是内因即人自身的因素,另一类就是外因即除人自身之外,诸如环境、设备、设施等因素。

1. 内在因素

员工的生产效率在很大程度上是由自身的内在因素所决定的。同一个人有时生产效率非常高,但有时其生产效率又非常的低。它包括人的动机、情绪、与其他员工的关系和与上级领导的关系等等问题。

造成员工工作效率下降的内在原因主要有:
① 岗位分工不当,造成员工对该岗位工作没有兴趣;
② 员工在技术上无法胜任其岗位工作,因力不从心而产生厌倦情绪;
③ 自我感觉大材小用,不受领导重视;
④ 同事间人际关系紧张,造成情绪低落;
⑤ 有些客观问题得不到解决,如家庭纠纷、小孩生病等。

上述这些因素对员工的生产效率会起着直接的影响,管理者切不可忽视。

(1) 员工的逆反心理。它与人受教育程度有关,也与自身的认知水平有关,当然也与厨房管理者的管理方式有关,不完善的管理方式在员工看来,就是在压制他们的一切行为,包括他们的创造性。这就要求厨房管理者推心置腹,勇于承认自己的过失并加以改进,可消除员工的这种敌对心理。

(2) 人际关系。厨房生产是分工协作共同完成某项工作,任何一个工作环节出现差错都会影响厨房的生产,这就要求员工之间有密切的配合、有凝聚力,但在实际工作中由于利益关系、性格差异等原因,使得有些员工之间的人际关系比较紧张,造成情绪低落,作为管理人员要及时帮助沟通、疏导,找出问题的焦点,可消除不必要的误会,化解矛盾。

(3) 生理因素。人在身体状态欠佳的情况下工作,其工作状态往往不尽如人意,表现为力不从心。作为管理者发现员工工作状况不好,要及时了解情况,条件允许的情况下可安排生病员工回家休息,如果的确工作忙,不能安排休息,可安排其体力较轻的工作,说一些安抚员工的热心话,使员工感到管理者的关怀。相反,动辄批评、不分青红皂白地指责员工消极怠工,往往会激怒员工,长此以往管理者就会在群众中失去威信。员工的工作如果是在管理者的高压政策下被迫完成的,是一种被动的,而不是心甘情愿的一种奉献,那自然就会影响生产效率的提高。

(4) 其他原因。诸如岗位分工不当,造成员工对该岗位工作不感兴趣;员工家庭困难,一些客观困难得不到解决等因素,都会制约着厨房生产效率的提高。这就要求我们的管理者根据员工的特长合理地安排其工作岗位,充分发挥每位员工的特长,告诫所有员工,岗位安排一段时间后可实行岗位竞争的办法竞争上岗。这样,员工在竞争的氛围中努力工作,不仅大大地提高了生产效率,而且还会发现不少人才,使员工充分发挥自己的用武之地。这样做可让厨房工作人员看到了希望,每位有能力的人可以有施展才能的空间,让员工觉得在这样的企业工作自己有发展的机会,从而极大地鼓舞了员工的士气,大大提高了厨房的生产效率。

2. 外在因素

外在因素即除员工自身因素之外的诸如工作环境、设备设施不够完善、人员配备不合理等因素对厨房生产效率的影响。这些因素是客观存在的,有时候也起着非常重要的作用,作为厨房管理者不应该回避这些客观现实。而应该正视,通过自己的努力可以弥补一些缺憾。

(1) 厨房设计布局不完善。许多大型现代化饭店的厨房设计一般在前期就比较讲究厨房布局与设计,他们在饭店筹建初期就聘请了一些餐饮专家认证和参与,根据饭店的经营特色反复推敲、商讨,因而其设计布局比较合理,工作环境得到了极大的改善,员工在这样舒适的环境中从事生产劳动,其工作效率较高。但也有不少企业一味地强调利润的最大化、成本支出的最小化,往往厨房建好后在实际运用过程中存在这样或那样的问题,如:操作间通风不畅,闷热,操作流程不畅,厨房空间太小等。这种不完善的设计与布局容易使厨房环境脏、乱、差,厨房地面滑、闷热,员工生产时互相碰撞,这样的环境连最起码的生产安全与卫生质量都难以保证,更谈不上劳动工作效率。

(2) 设备、设施不健全。餐饮产品生产不同于其他产品的生产,其产品生产显著的特点是生产时间相对集中,生产与销售同时进行,每餐生产的高峰大约在1~2小时左右。在如此短的时间内要想满足客人的需要,一方面要求厨师有娴熟的操作技术,另一方面也要有完善的设备、设施与其配伍。如果设施、设备达不到经营的要求,最终将会影响厨房生产的速度和工作量,不仅影响员工的工作热情,更主要的是生产效率得不到提高。

(3) 人员配备不合理。厨房生产离不开人,人是提高生产的核心,但一个厨房究竟要多少人才算合理。如果一个厨房工作人员安排偏多,那么就必须有一部分人闲着无事可做,然后扎堆闲聊东家长、李家短,一方面容易造成员工之间的矛盾,另一方面也容易造成工作量不均等,结果严重影响厨房的工作效率,也不利于厨房的管理。那么是不是厨房人员安排得越少越好呢?有些饭店厨房管理会走这样的极端,将厨房的工作人员压低到极限,员工长此以往超强度、超负荷地运转,使其身心疲惫不堪,久而久之,员工会对自己的工作产生一种厌恶感,产生一种跳槽的意念,一有机会立即辞职,没有机会就机械地应付工作,根本谈不上工作的效率。

(4)厨房组织机构职责不分明。建立完善、合理的厨房组织机构,能够使各岗位的员工清楚地认识到谁是自己的直接上司,平时的工作听谁指挥,使员工在有序的领导监督下保质保量地完成自己的工作,从而有效地提高工作效率。现代饭店经营管理的经验告诉我们:组织机构必须精练,不宜设置过多。有些规模较大的厨房在总厨师长与领班之间设置分点厨师长,总厨师长负责厨房的行政管理,而分点厨师长则负责日常具体工作的安排与管理,其一切行为应向总厨负责。在厨房组织机构设置上还要避免另外一种错误倾向,即过于简练,厨房的一切事务由厨师长一人管理,由于一个人的精力有限,再加上厨房的工作比较烦琐,员工的技术水平参差不齐,往往在管理中顾此失彼,造成许多岗位无人管理,容易给员工钻空子,严重时连日常工作都无法进行,更谈不上工作效率。

三、促进员工生产效率提高的措施

在现代企业中,广大员工不仅是企业管理的对象,而且是企业管理工作的积极参加者,是管理的主体。一个企业的管理效能的高低以及产品质量、服务质量的好坏,关键在于能否充分调动广大员工的积极性。抓生产、搞管理,一方面要考虑到企业的利益和利润,另一方面也要考虑到员工的实际情况和个人利益。

1. 制定高标准的管理规范

厨房管理是厨师长带领一帮人共同为企业创造效益而从事生产和服务的过程。当然,这种生产与服务可以是多种多样的,但必须是满足客人需求的、提供质量优良菜品的生产与服务。作为厨师长在厨政管理中一定要制定高标准的管理规范,确立良好的质量意识。这是管理者必须向员工灌输的重要的现代管理意识。

质量是一个企业的生命线,企业在谋求业务的发展,无论何时,在何种情况下,都有力图增加收益、扩大规模、逐年发展、不断巩固经营基础的愿望。要做到这一点,就必须加强企业的品牌和质量管理。厨房生产的质量,它包含着两个方面,一是餐饮产品的质量;二是厨房生产工作的质量。餐饮产品的质量是衡量厨房管理水平的重要标志,是厨房各项工作质量的集中体现。要加强厨房生产质量的控制,就必须提高厨房工作人员的素质,使用标准化食谱,并且确保员工都按照食谱操作,把质量控制贯穿于厨房生产活动的全过程,以达到厨房生产管理的目标。

在厨房的综合管理上,对质量而言,质量只存在好坏之分,而不存在较好与较差之分。要想有好的质量,就必须要树立好的质量意识,并且还要树立质量管理的高标准。在制定菜品质量高标准时,首先应强调卫生管理的高标准,树立确实为顾客饮食健康着想的意识,强化厨房加工过程和生产过程的卫生。

现在,已有不少企业在厨房管理中为了增加员工的质量责任意识,对造成菜点质量差错,影响顾客饮食消费的员工采取了相应的罚款等处罚措施,以加强厨房工作人员的责任心。许多企业在厨房内部成立质量检查小组随时测定厨房菜品的质量标准;许多企业注意来自餐厅消费者对菜点质量的信息反馈,正确处理客人的意见和投诉,及时解决菜品质量问题;还有些企业采取记录分析法,将厨房在生产过程中或成品销售过程中发生的质量问题一一进行记录,分析原因,制定解决的措施,并检查措施执行后的效果。

2. 改变厨房的生产方式

厨房的生产方式,是厨房生产所采取的一种组织形式,传统的厨房生产方式是冷菜、切配、炉灶、面点、初加工等部门分工细化,各自为政式的生产,这种生产方式的缺点是各岗位工作量不均衡,有的岗位很忙,而有的岗位员工很闲,这就要求厨房管理者亲临工作现场指挥,本着岗位分工不分家的原则,合理地调配每个岗位的员工,让人人都有工作可干,可大大缩短工作时间,提高劳动效率。有条件的单位可将所有的食品原料的加工工作集中在加工厨房内进行,包括原料初加工、切配、初步熟处理等一系列工序。将原料直接加工成可供烹饪的半成品,并集中保藏,其他各厨房可根据自己的生产需要凭单来加工厨房领料,既节约了劳动力,又便于集中管理,不仅统一了加工标准,而且有利于成本控制,更提高了工作效率。

3. 购置和使用高效率的厨房设备

随着社会的进步,现在人们的生活水平得到了很大的改善,餐饮市场也随之发生了巨大的变革,客源市场已由过去单一的政府消费群体,转变成广大工薪消费群体,客源市场的广阔,使得过去传统的厨房手工操作生产远远不能满足餐饮发展的需求,供厨房生产的厨房设备,也向高效率发展,先进的机械化厨房设备,能在很大程度上替代厨师的工作,如厨房的一些加工设备:切片机、绞肉机、粉碎机、多功能搅拌机、去皮机等。这些机械设备的运用,不仅节约了大量的人力,而且还保证了原料的加工质量。又如厨房的一些加热设备:电饭锅、微波炉、广式灶炉等,大大缩短了原料的加热时间,特别是广式炉灶的运用,由于其发火猛、火力旺,使厨师的出菜速度极大地提高,避免了许多客人催菜的现象,也为餐厅翻台提高出菜速度提供了保障。

4. 简化工作程序,提高有效劳动

厨房生产有一套严格的操作程序,厨房的一切生产活动都是围绕工作程序而展开的,但其工作程序中有些劳动是无效劳动。简化工作程序,实质就是取消无效劳动,从而达到提高生产效率的目的。

在厨房生产中,时常会出现重复劳动和无效劳动。比如,厨师为使用某一用具,转弯抹角,东奔西跑;还有的厨师一人要顶数个岗位,跑来跑去,结果生产效率降低,生产质量差。目前,许多的大中型厨房其岗位分工细致,责任到人,各负其责,因而提高了生产效率。简化工作程序还与厨房设备、设施的布局以及生产分工和操作程序的改变有很大的联系。

简化工作程序,并不意味着简单、马虎地工作,随意地简化工作程序,而是在讲究产品质量,保证生产正常进行的前提下,减轻员工的疲劳,改善工作环境,提高生产效率。厨房实施工作简化,要对厨房的整个工作过程和每一步骤进行具体而又细致的研究,详细记录贯穿整个工作的程序,分辨哪些工作对实际生产有用,哪些工作是多余的,这样就可以为重新制定新的工作程序提供参考依据,以取消无效的劳动。

目前,许多饭店都很重视简化厨房生产的工作程序,有的已取得了很明显的成效。例如厨房生产的标准化、规格化、程序化就是典型的例子。厨房在菜肴烹制上,将常用的复合味型调料汁在开餐前事先兑好,如糖醋汁、花椒盐、豉油皇汁等。这样做的结果,不仅减少

了厨房在烹调时的重复调味动作,更重要的是稳定了菜肴的口味,提高了烹调的速度。

5. 开展技能竞赛活动

劳动竞赛是企业调动员工积极性的措施之一。竞赛可以造成一种心理压力,形成你追我赶的局面。开展厨房技术竞赛活动可以培养员工的主人翁精神和集体主义精神,可以满足他们对尊重和荣誉的社会性需要。厨房可定期或不定期地分岗位开展各种竞赛活动,竞赛能增强集体中每一位员工的心理内聚力,使他们的行为更加协调,竞赛能缓解员工内部之间的矛盾,为了能在竞赛中超过竞争对手,大家往往会互相鼓励,出谋划策,在某些非原则性问题上不再过多计较自身的得失。竞赛还能调动人的潜力因素,使员工思维敏捷,操作迅速,在竞赛中能学习到别人的长处,提高自己的技能水平,使厨房员工的整体技术水平进一步提高,从而有效地提高工作效率。

竞赛中要有明确的目标,在竞赛中应当有胜负,评出名次,予以适当的精神和物质的奖励。有的单位将竞赛中的优胜者,评比出来的先进人物的照片放大挂上光荣榜,使先进者获得精神奖励,给广大员工树立学习榜样,形成个个学先进、人人争当先进的局面。

6. 合理编排人员班次

厨房工作时间较长,厨房人员的休息如果安排不当,一是会造成生产效率的降低,二是会导致员工满腹牢骚,消极怠工。因而影响到厨房生产的正常进行,研究结果表明,一名员工长时间地连续不断地工作之后,体力和脑力都会下降。现在国家规定每周五天工作日,员工就有了"较为宽裕的时间来休息、调整",这样,可有效地提高生产率。

合理地编排厨房人员的班次,是厨师长的一大职责,厨师长应根据餐饮经营的具体情况,一般晚餐较忙,应较多地安排人员上班,而午餐相对来说比较清闲,应多安排一点人员休息,厨房可改全日制休息为两个半日制休息,除非员工有特殊情况可安排全日休息。这样不仅会节约劳动力成本,而且也不影响工作。

在编排人员班次时,要考虑到厨房生产忙、闲的时间段,为了足够的时间让员工休息,作为厨房管理者在日常管理工作中,要打破传统的墨守成规式的作息时间,采用弹性制这种独特的工作作息时间,在生意不太忙的时间,开餐高峰期过后,留一部分人员值班,放一部分人回家休息。采取轮流转动的形式让人人都能有充足的时间去休息,既调节了员工的情绪,又不影响工作,充分体现了管理者的关心与爱护。一旦遇上厨房任务繁重,员工也会自觉放弃自己的休息机会,积极投入到厨房生产中,不仅提高了厨房的生产效率,也增加了企业的凝聚力和亲和力。

7. 多劳多得的工资分配方式

工资可以作为调动积极性的手段来运用。目前为克服平均主义和吃大锅饭而进行的工资制度的改革,有利于调动员工的工作积极性,有利于贯彻"按劳分配,多劳多得"的社会主义分配原则。

现在许多饭店的厨房都已实行岗位工资制,即员工在什么样的岗位就拿取什么样的劳动报酬,具体炉灶分头炉、二炉、三炉等,砧板分头砧、二砧、三砧等按劳取酬。这种工资分配方式已比传统的按工龄、资历拿报酬的分配方式有了很大的进步,但这样的工资分配方式仍然不能适应生产力发展的需要,无法在真正意义上提高劳动效率。员工的工资应与企业的经营效益挂钩,不能忙与闲、劳动强度大与小仍然分配原有的工资,这样的分配方案实际上也是一种吃大锅饭现象,无法调动员工的工作积极性。一些知名度较高、效益很好的饭店，经常发现有员工集体辞职的现象，究其原因，矛盾的焦点往往就集中工资分配上，由于员工拿的是固定岗位工资，而饭店生意又特别的好，使得员工心理不平衡，认为自己的付出与得到不平衡。

改革工资分配方式，让企业的效益与员工的收入挂钩，充分体现市场经济浪潮下的分配制度，即员工多劳多得、少劳少得、不劳不得的原则。企业可通过一定时期的试运转，可以二个月或三个月为一定的时间周期考核，制定月营业额，员工的工资可根据月营业额按一定的比例提成发放，这样员工就没有固定的收入，其收入是一个变量，上不封顶，下又可保底（保底数为周期考核制定数），这样的分配方式对企业和个人都有很大的益处，能充分发挥员工的积极性和创造性，企业的命运与员工的利益息息相关，大大地激发员工的工作热情，也大大提高了劳动效率。

第三节 厨师长的管理技巧

引导案例

作为北京五星级饭店的总厨师长，从事厨房管理工作20多年、担任行政总厨10年的某位大厨，自有一套管理的经验。他把经营头脑、管理能力、成本计算、创新精神、个人品行等作为厨师长应具备的基本素质。其中，技术创新、成本控制、对外开放、人员合作又是其总厨的工作之重。他说，餐饮业中对厨师的管理与其他行业的管理不同，不仅需要有忘我的敬业精神全身心地投入到工作之中，有时还要求管理者必须强硬，决不能优柔寡断、徇私情；有时又要求管理者需以自身优良的品行感染他人，得到大家的信赖和肯定。

他认为，要想搞好一个厨房，就要有一支有道德、有事业心、有技术的厨师队伍。那种只注重技术培训，忽视厨师人品、道德的做法是不可取的。为此，他进行的"人性化人才管理"颇具特色。比如，若接到哪个餐厅哪道菜点质量下降的反馈意见，他从不厉声责问，而是每天饭点时亲自到该餐厅点要该菜品，并无多言。连续几次后，制作者就会意识到问题并立即改正，绝不再出现类似错误。又如，看到某个厨师工作服不整洁，他就会在工作会上讲一名厨师不爱护自己的形象，怎能谈到爱护集体、爱护企业的道理。他说，这种不点名、不怒自威的方法尊重厨师，他们更易接受，效果更好。

在对厨师技术严格要求的同时，他更多地给予厨师们生活上的关心。一位助手说，不久前一位员工的母亲去世了，在巨大的精神打击下这名员工也病倒了。在行政总厨的号召下，大家捐款、慰问，不仅感动了这名员工，也使所有的人都体味到浓厚的人情味。而如果遇到哪个员工感冒生病，亲自做碗热汤送去，或是要求所有管理人员在工作中不许说不文明和伤害感情的话这些小事，更无时无刻不温暖大家的心。

对于培养发展型的人才，他认为，不仅要在日常工作中仔细发现每个人的特长，因人而异，有的放矢，还要善于从多角度、多侧面发现人才。虽然，工作中严厉无情，但休息时他却十分随和、平易近人。他经常在工余聊天、下棋中了解员工情况，把握他们的思想，从探讨、交流中提高他们的专业知识，挖掘人才。他认为，善于思考、肯干钻研、做工作的有心人，这样的年轻人就要努力培养,大胆任用。

点评:打造一个好的团队需要领头人和这个群体共同努力与协作,领头人关心和体察员工将会起到许多积极的效果。

在厨房运作中,管理者要从全局出发掌握得当的方法,正如某总厨所说:对于较低层次的厨师,要善于用"权",要使别人服,就得按程序办事;对于中等层次的厨师,要合理"任人",即任人唯贤,让他们踏踏实实地跟着你后面干;对于较高层次的厨师,下达的指令要让其"认同",即让其承认、服你。

一、严格要求与体现关爱

厨房是一个特殊的劳动密集型工作,在厨房管理的运转中,人是最重要的因素。要创一流的餐饮水平,必须有一流的厨师队伍,首先厨师长是至关重要的。厨师长的技术、能力、管理水平、开发能力对酒店的餐饮经营举足轻重。

1. "严"与"爱"的密切结合

厨房管理者与员工之间的关系,除了"上级与下级"这一面外,还有"人与人"这一面。厨师长在某种程度上也是"师傅",人与人最好的关系,是"真诚"的关系。作为厨师长,要处理好"员工关系",就不仅要在管理工作中,体现出"严",而且要在管理工作中,体现出自己对员工的"爱"。只有既体现出"严",又体现出"爱",才能有一种"严"与"爱"相结合的、高效而又富于人情味的管理。厨房内部许多是师徒之间的关系,不少管理者依靠朴素的感情去管理,也渗透了"严师出高徒"的管理风格。科学的管理,需要我们运用"严"与"爱"相结合的方法,工作中的"严",要通过对员工的要求、评价和赏罚来体现,而对员工的"爱",要通过对员工的尊重、理解和关心来体现。在厨房管理中,如果我们的管理者,能这样因人制宜地去关心和要求自己的员工,能把员工"个人的事"与"企业的事"联系起来考虑,那么,员工也就会把"企业的事"当作自己"个人的事",尽心尽力地去做了。

厨房人员的管理是比较复杂的事情,有人将人的管理比喻为植树,这棵树苗不管以前生长在什么地方(在哪家店工作),只要进入本企业,成为这个家庭的一员,就有责任为其提供适合生长的土壤、水分和肥料,还要不失时机地为其除草除虫(指出缺点、改正错误),令其茁壮成长,成为有用之才。在庞大的"植树工程"下,每位员工都有机会成为"植树工程"的受益者,只要能吃苦耐劳,有信心,有能力,表现出色,就有升职加薪的机会,英雄有用武之地。当然,也有水土不服,不适应环境者,那只有遭到淘汰。

2. 合理竞争与营造氛围

厨房工作实行的是岗位责任制,最佳的方法应是按岗取酬,不同的岗位不同的报酬。头炉、头砧的工资要高于二炉、二砧的工资,但这些岗位的人员都不是一成不变的。厨房内部要订立"比、学、赶、帮、超"制度,每年进行一至两次的技术考核和岗位竞争,每一个厨师的机会都是均等的,让每一个人都有机会竞争高一档次岗位,以此充分调动每位员工的学习热情和工作积极性,最大限度地发挥他们的聪明才智。在具体管理时,应根据不同人的性格差异,针对性地采用激烈方式,注重培养与员工之间的亲情。厨师长不能高高在上,应主动与员工交流思想,营造良好的工作氛围。

要充分发挥厨师的技术骨干作用,开拓一些切实可行的、大家喜爱的活动,如每周可召开一次厨房"三干会",厨师长、主管、领班一起结合经营状况探讨一些问题,研究一些新菜式,或进行技术交流等,充分调动大家的工作热情,以饱满的姿态投入到工作和业务管理中。在整个厨房中可定期请一些名厨进行烹饪和菜品演示,请专家进行一些专题讲座,或外出考察与餐饮有关的项目,也包括一些娱乐活动,特别是走出饭店外的活动,可与餐厅服务人员一起共同活动,以达到多了解、多沟通,这样可便于前、后台的工作协调和正常的开展。

3. 关注员工的情绪与工作表现

厨房管理人员要经常了解员工的情绪和工作表现,员工的工作积极性不高,有时是因为对工作有某些不满意之处,或个人碰到有不顺心的事情,而这些心理状态又会从他们的情绪上流露出来,在工作中表现出来。因此,要经常分析员工的情绪和工作表现,以便及时了解情况,把消极因素化为积极因素。了解情况的方法是多种多样的,作为厨房内部的管理主要有以下几点:

① 察言观色。上班看脸色,吃饭看胃口,工作看劲头,开会听发言,平时听反映。

② 谈心家访。情绪低落必谈,同事纠纷必谈,批评处分必谈,遇到困难必谈,工作调动必谈。生病住院必访,家庭纠纷必访,婚丧喜事必访,天灾人祸必访。在谈心和访问中了解员工的思想情绪。

③ 群众反映。深入到群众中去,和群众闲谈,或听取群众议论,从中了解情况。

④ 依靠骨干了解。以班组骨干作媒介了解情况。

⑤ 数据分析。通过各种数字看问题,了解员工的情绪。

⑥ 收集记录分析。通过检查各种记录,从中发现问题。

二、严于律己与指导下属

1. 摆正自己的管理天平

一个厨房少则十多人,多则上百人,即使小的家庭式厨房也要有4~5个人。厨房管理者管理到位,博得下属人员的一致赞许,不仅仅是他的性格特点、技术水平,还有很重要的一部分就是他的管理水平,为人处世把握尺度地对待事情。衡量厨房管理者管理政绩的重要指标也不仅仅是毛利和利润,还要处理好各方面的关系等。真正好的厨房管理者是通过自己的权利、知识、能力、品德及情感去影响厨房员工,充分调动厨房员工的工作积极性来共同实现厨房管理的目标。

一个厨房有多种岗位,厨房人数中近半数是有一定技术水平的人员,其中也必然有些经验丰富、技术过硬的老一辈,也有较年轻的、身强力壮、工作能力和进取心较强的新一代。他们各有所长,各有所短,要努力使各技术骨干团结起来,互相配合,取长补短,达到工作上的一致,共同完成生产任务和部门管理。作为厨房部技术管理人员应善于团结和组织各技术骨干力量,使他们成为本部门工种的坚强技术核心。

每个饭店都有明确的管理制度,饭店各岗位都是一样,需要建立健全各种奖勤罚懒、奖优罚劣的规章制度。作为管理者都必须按章办事。厨房工作人员与酒店其他岗位的员工略有差别,其特点是比较讲究"宗派"和"师徒关系",加之厨房工作环境和厨师文化水平的局限,比较重"义气",所以,有些厨师长在管理中重情、义,难以按章办事,特别是遇到师兄弟、徒弟或者某某领导的关系户,处理问题时就优柔寡断,甚至庇护,由此而带来一些不公平的决定。这些现象在厨房中十分常见,这自然会带来一些弊端,给工作造成被动。

真正好的厨房管理者往往是大公无私者,处理问题时首先要杜绝私情,在注重方式方法的同时,两手都要硬,以此来树立自己的威信。管理首先要把"人"管好,然后才能做到管好"菜"。按制度办事要一视同仁,制度就是"热水炉",叫你不要触犯它。其次,出现问题时要及时处理,不要因工作比较忙而拖沓。第三,在处理问题时对事不对人,公平对待,厨师心中自有"一杆秤",他们能明辨是非,秤出你的威信。由于厨房工作的特殊性质,处理问题一定要特别细心,以防止一些骨干厨师心情不快而出现无辜的跳槽现象,造成不必要的损失。

一个好的厨房管理者应通过适当途径,随时了解厨房员工的动态,不仅知道厨房发生了什么事情,而且能帮助员工、指导员工去解决问题。解决问题一定要公正、客观;一定要及时,不要拖延;一定要严格管理,对事不对人。

2. 合理地指导下属工作

员工的效率就是管理者的成绩,激发员工的战斗力,使员工保持高的工作效率,是管理者成功的关键。

但是,许多厨房管理者常有一个错误的假设:一切都在自己的掌握中。这是一个错误,厨房管理者们唯一能够掌握的,或许就是自己的时间表(有时候,甚至连自己的时间也没有办法控制)。很多主管为了控制下属,只让部下做他能够控制的事情,以达到"一切都在掌握中"的目的,这样的确可以不出什么差错。但是,这样一来,主管自己就会很辛苦、很累;而下属们则不再有自主性和积极性。

而高明的管理者知道,下属既是自己的"帮手",同时也是自己的"心腹"。换句话说,下属分担自己简单的工作,同时也发挥他们的智慧,为自己排忧解难。如果你希望自己的下属发挥全部的潜力,下面的几点经验和建议是值得借鉴的。

(1) 告诉下属明确的目标和要求。很多管理者不直接告诉下属自己的期望,却希望下属能够理解,甚至以为下属已经理解。要知道,即使再聪明的下属,也不可能知道你所有的期望,除非你明确地告诉他们。因此,提高下属工作效率的首要原则就是:告诉他们明确的目标,以及相应的要求;防止下属出现花费宝贵的资源而工作南辕北辙的方向性错误。

(2) 解决下属不能够克服的困难。美国管理大师戴明说过,企业面对的问题中,有94%来自"制度",而不是人。那么,在制度方面,你能够为下属做些什么呢?

你可以从两个角度来观察分析现有的制度:首先可以从"做事"的角度,也就是从工作本身出发,查看哪些制度实际上没有必要,甚至使工作变得复杂;其次,从下属的角度观察制度,有哪些制度束缚了他们的手脚。

总之,你必须运用自己手中的权力,使下属不受制于不切实际的各种制度,从而提高他们的生产力,也就是说,你可以改变一些制度。

(3) 给予完成任务的下属奖励。或许你认为,完成工作是下属的本分或者工作本身就是最好的奖励。但有经验的管理者都知道,提高下属的战斗力很大程度上依赖一些很实际的奖励措施,包括现金、红股、休假和升迁。

例如,设计一套科学的奖金制度,如果你不能用金钱奖励下属(或许你也无能为力),可以用时间,当一名下属完成一项重要的工作之后,可以给他一定时间的旅游、考察等。

最关键的,你必须清楚,什么样的奖励可以激励他们,同时也不要忘记称赞,要大声、明确,而且不断重复。

三、团队意识与情商管理

每个人都生活在团队组织当中,作为团队中的一员,都希望有一个好的组织和团队。作为厨师长,你每天都在与团队打交道,以便实施各项任务的接待和产品开发项目,或完成对市场与顾客的长期研究,或改善企业的产品质量与服务质量。提高团队意识,不仅有赖于提高餐饮厨房所有成员的个人素质,更重要的是要在个体情感的基础上,加强开放式沟通,增加厨房团队成员间的相互信任和尊重,建立有效的管理机制,并营造一种创新型学习氛围。

1. 提高团队合作精神

合作,使我们的企业充满生机。美国一位社会学家曾经指出:一个人、一个工厂、一个公司、商业机构是否成功,关键在于是否建立起良好的合作关系。俗话说得好:一个篱笆三个桩,一个好汉三个帮。人多力量大,能拧成一股绳的团队,力量更是惊人。良好的合作关系可以使众人的力量,多个集体的力量拧成一股,万众一心向一个目标前进,充分调动每一个人、每一个小单元的积极性,也使作为市场经济主体的个人、企业充分利用社会分工的优势,充分利用、分享社会的信息资源,为自己的事业添加成功的润滑剂。

在成功的团队中,每个成员都强烈地感到必须为共同目标而全力以赴。为了实现目标,他们积极承担责任,不考虑各级指定权力的影响。成员的创新能力高涨,他们在工作中精神饱满,充满热情。

任何经营管理者如果光靠单枪匹马很难成功,要学着利用集体的力量不断完善自己,要充分利用和加强团队建设,这样才能不断壮大企业和组织。

现代企业中的大多数工作都是由各种团队去完成的。为此,团队的工作气氛以及凝聚力对工作绩效有着深刻的影响。团队能否和谐,不仅取决于其中每个成员的情绪智慧,更取决于团队整体的情绪智慧。

高情商的团队,成员之间往往具有亲和力和凝聚力,团队显示出高涨的士气;低情商的团队,士气低落,人心涣散,缺乏战斗力,因而所在组织也不会有好的发展。

一个团队能否上升为"明星团队"取决于这个团队是否和谐,团队成员是否相处愉快,等等。如果团队成员中有人觉得"没有人关心我,大家都各顾各的",或者他们对团队中某人感到非常气愤,或者他们难以忍受团队领导的管理方式,他们就不会全力以赴地工作,也不能和别人很好地合作。整个团队的表现也因此受到削弱。

在瑞士酒店的厨房管理中,十分重视员工的合作精神和团队意识。在厨房的任何一个部门,如果管理者发现有的员工提前完成了自己的工作而不去帮别人,管理者会立刻指出并纠正。他们认为,如果一个团队由于人员技术水平不一或意见不同而各自为战,会严重影响经营效果。酒店要求员工能从事多项工作,即我们通常所说的"一专多能"。在客人比较多的时候,各级管理者都能亲自"操刀上阵",不会出现"会管的不会做,会做的不会管"的现象。

2. 创建和谐的工作环境

沟通是人们之间相互传递信息、思想、知识甚至兴趣、情感等的一种行为。沟通对团队成员的交互行为、对团队的生产与运行都起到极大的影响和促进作用。只有沟通,才能使厨房员工的感情得到交流,才能协调员工的行为,形成共同的愿景,产生出强大的凝聚力和战斗力。

沟通是一种自然而然的、必需的、无所不在的活动。一般沟通的需要出于很多理由,但总的来说是想借此来影响他人的态度和感觉,并最终影响他人的行为。在厨房生产与管理中,对于管理者来说,沟通不是可有可无,而是至关重要、不可缺少的组成部分。因为通过有效的沟通,许多疑难问题以及工作中的矛盾和误会都会迎刃而解。作为管理者必须通过自身的学习,掌握有效沟通的技能,才能取得较好的工作效果。

沟通时要尊重别人的感情。人都需要尊重,只有尊重对方才能获得其信任感。良好的沟通要求身同感受对方的感情世界,对别人的心理需求有正确的反应,感受到他人的愤怒、恐惧、悲哀或喜悦、兴奋、渴望,就好像是自己的感觉。

尊重对方要有体察对方心情的能力,不带成见,不带批评态度,沟通时要细心倾听对方的言谈,体会其含义。例如,在批评下属的时候,要尽量避免公众场合。个别谈话使人更觉私人化,也能照顾对方的面子和感受,使对方易于接受,收到事半功倍之效。

3. "情感管理"的有效激励

越是经济深度发展的时代,整个社会对人的感情的需求越是迫切和强烈。用感情来打动人,用感情来团结人,用感情来鼓舞人,用感情来激励人,成为一个成功企业和一个优秀管理者不可忽视的重要文化策略。

一般成功企业的管理者也往往认识到企业成功与情感文化的重要关系,从而确立了"以情动人"的价值观,强调了人之情感的重要性,并由此建立激励机制,从而满足了员工在情感和物质上多层次的需求,使员工对企业表现出不同寻常的忠诚与负责,并为企业发展贡献出自己的全力。

成功的厨房管理者往往极为重视员工的需要和利益,只有在工作过程中重视员工的情感需求和利益需求,员工才会在工作中焕发巨大的能量,从而使整个企业产生一种齐心向前的文化氛围。

人是餐饮企业之本,是餐饮文化形象塑造的主体,因此,餐饮企业的文化形象建设,也必然要依靠全体员工的共同努力。但企业员工是一群有着多种需求的人,他们需要改善物质生活,需要照顾家庭,需要感情与激励,需要受到尊重和信任,需要社会交往等等。作为身处文化社会的人,具有受激励的潜能,他们一旦受到尊重、关心、激励,就会把自己的利益和企业的命运紧密相连,对企业充满信心和责任感,从而释放出巨大的潜能,其效果是其他因素所无法比拟的。另外,企业从情感上关心员工也会得到全社会的好评,从而为企业的持续发展创造了一个良好的外部环境。

4. 情商管理及其效能

上世纪 90 年代,"情商"这一概念在世界各地得到广泛的宣传。至此,"情商"(Emotional Quotient,简称 EQ)作为一个时髦的名词,出现在人们的言谈话语中。EQ 概念成为美国人,甚至全世界人的茶余饭后的话题。简单地说,情商是控制自己、影响他人情绪和行为的能力。

与社会交往能力差、性格孤僻的高智商者相比,那些能够敏锐了解他人情绪、善于控制自己情绪的人,更可能找到自己想要的工作,也更可能取得成功。情商为人们开辟了一条事业成功的新途径,它使人们摆脱了过去只讲智商所造成的无可奈何的宿命论态度。

心理学家认为,情绪特征是生活的动力,可以让智商发挥更大的效应。所以,情商是影响个人健康、情感、人生成功及人际关系的重要因素。

卓越的管理者在一系列的情绪智能,如影响力、团队领导、政治意识、自信和成就动机上,均有较优越的表现。情商对管理者特别重要,是因为领导的精髓在于使他人更有效地做好工作。一个领导人的卓越之处,在很大程度上表现于他的情商。

这就是为什么人们不是推举一些聪明的人做领导,而是推举一些能关心别人、与人关系融洽的人做领导的原因。相比较之下,情商高的人更能够为众人办事,也更能发挥群体的积极性。

在美国,人们流行一句话:"智商决定录用,情商决定提升。"情商之所以能决定一个人的命运,取决于它的几个作用:

(1) 情商具有调节情绪的功能。人们在准确识别自我情绪的基础上,能够通过一些认知和行为策略,有效地调整自己的情绪,使自己摆脱焦虑、忧郁、烦躁等不良情绪。情商让你学习审视和了解自己,学会怎样激励自己,能够从容地面对痛苦、忧虑、愤怒和恐惧的情绪,并能轻而易举地驾驭它们。

(2) 情商能影响认知效果。情商在解决问题的过程中,能影响认知的效果。情绪的波动可以帮助人们思考未来,考虑各种可能的结果,帮助人们打破定势,创造性地解决问题。

(3) 情商是一个基本的动机系统,能为人生提供能力与动力。一个人事业上的成功,需要有正确的思想和理念的指引。真正具有建设性的精神力量,蕴藏在左右一生命运的情绪中。每时每刻的精神行为,会对命运产生决定性的影响。情商高的人生活更有效率,更易获得满足,更能运用自己的智能获得丰硕的成果。反之,不能驾驭自己情感的人,内心激烈的冲突,削弱了他们本应集中于工作的实际能力和思考能力。

第四节　厨房员工的技术培训

引导案例

肯德基《员工手册》中的经营管理理念

★ 主张"四个追求"

一是追求消费者的满意,提出了追求"美好的食品、美好的服务、美好的环境和氛围",孜孜以求做足一百分的理念;

二是追求企业的成长,强调"不进则退"的道理;

三是追求个人成长,提出要培养"马拉松"式员工的理念;

四是追求事业伙伴的相互提携,实际上也是一种先进的合作、和谐、双赢、多赢的理念。

★ 对员工灌输八个管理理念

(1) 对质量一丝不苟;

(2) 重视培训;

（3）尊重个人，保护员工的隐私，鼓励他们的积极参与精神；

（4）欣赏并塑造完整的人格。鼓励并欣赏谦虚、诚实、表里如一、积极进取、善于与他人合作的人；

（5）提倡团队精神，重视将功劳、荣誉和利益让群体中的每一分子都能得到分享；

（6）勇于面对问题。对于可能发生的或已经发生的问题，不仅不回避，而是勇于面对，把发掘问题、解决问题当成成长的契机；

（7）坦诚、开朗，主张沟通、合作，反对口是心非、阳奉阴违；

（8）不断创新、不断改进，永不故步自封，永远追求更好。

点评：一个优秀的企业必须具有先进的理念，如果将这种理念渗透到每一个管理环节和培训环节中去，必将能干出一番大事业来。

餐饮业与其他行业相比，培训工作往往滞后，不少餐饮企业负责人对培训的认识存在误区。作为餐饮企业管理者必须明白，在市场竞争日益激烈的今天，人力资本竞争已成为企业竞争的焦点，而培训无疑是企业培养高素质人才并提高核心竞争力的重要手段。

当今成功的企业都有一个共同的特点，就是十分重视员工的培训。他们把有效的培训视为"经营战略"的任务，把人员培训称之为"智力能源开发"。许多企业家们都有一个共同的看法，认为企业间的竞争，本质上就是企业人员素质的竞争。由此可见，要提高厨房人员的素质和工作积极性，进行有效的培训是必不可少的。

一、厨房员工培训的必要性

持续培训是全面品质战略的一个重要部分。摩托罗拉公司每年平均向雇员提供100万小时的训练时间，这些训练有40％专门用于解决品质与服务问题。摩托罗拉公司负责训练和教育的副总经理威根霍因说："与品质有关的训练从最高行政主管开始，然后延伸到公司的每个员工。"

对员工进行培训和开发的直接目的，是为了保持高品质的产品质量和服务水准，从而保留顾客。除此之外，经过良好培训的员工在他们的工作中，更为轻松自如和更有信心，并且对企业更尊敬和忠诚。一个优良的新员工总是渴望学习，对于企业未能向他们提供进步的机会将感到失望。即使是已经满足于现状的员工，如果企业能帮助他们更新技术和精益求精，他们将更高兴且更积极。

一些现代管理专家认为，现代品牌企业80％的管理行为的实现要依靠培训，因而培训已经成为现代管理必不可少的重要环节。应该说，现代餐饮企业的各级管理人员，不重视自身和下属员工的培训、不会制定和实施培训计划、缺乏培训的能力，都不能说是一个合格的管理人员。因此，对餐饮企业来说，培训是一项十分重要的管理工作。

1. 培训可以使企业不断增强实力

学习与培训，是人力资源管理的主要任务，是提高企业人员素质的有效方法。饭店、餐馆离不开厨房，厨房离不开有技术的厨师，厨师要提高业务素质就离不开培训。有效的厨师培训，可系统地提高厨房人员的烹饪技艺，能够有效地提高厨房的生产效益和改进工作方法，可以克服厨房生产中出现的种种难点，解决经营中出现的各种疑难问题，提高工作质量。通过各种培训，可使新员工能及时上岗并正确地使用厨房设备。对于厨房中的技术骨干,要做到有计划的培养,分期、分批地进行有目的的培训,向他们灌输现代经营与管理思想,增强他们的创新意识和管理能力,最终使企业在餐饮经营方面具有较强的竞争力。

经常开展对厨房工作人员的培训,不仅能提高内部生产、管理的业绩,还能为每个人注入新的活力和信心。在今天技术高度发达的激烈竞争的市场上,日新月异的餐饮变化,需要人们随着社会的变革不断地去适应。由此,培训的重要性已经使其跃升为商业战略的重要组织部分。但是,许多饭店和餐饮企业在有关培训的实际行动和方针制定上还犹豫不决。不少管理者的培训决策是在"着火"阶段而不是"防火"阶段做出的,往往只考虑眼前,而忽视了长远利益。

企业和管理越来越趋于全球化。没有一个地区、个人、团体和行业能避开这一趋势。餐饮企业要想生存,必须生产出更高质量的菜品并进行更周到的服务。实际上,在过去的年代中,任何自满情绪都遭受到了挫折。越来越多的人认识到企业必须跟上世界先进水平才能生存并提高业绩。这也只有通过新理念、新思维的培训来达到目的。

全球化趋势摧毁了企业中的官僚结构,从而使企业和行业提高了适应变化的能力。这就必须鼓励所有人通过学习以改变现状。同样也通过新思想、新概念、新市场、更少的浪费和客户反馈等指标来衡量企业行为的改进。

2. 培训可以不断提高企业的管理成效

抓好员工的业务技术培训,既是提高食品质量的一个重要方面,也是人力资源管理的一个重要内容。因为企业的员工,都是经过招收、挑选、雇佣后,经过培训教育才上岗的。通过培训教育,使员工的厨房操作工艺不断进步,运用新原料、新技术,不断创新品种,不断提高食品质量水平,满足顾客对食品求新颖、求营养保健的需求。

厨房是餐饮企业的特殊岗位,劳动强度大,技术要求高。熟练的操作技能是提供优质服务的基础,服务意识的提升是企业的一贯要求,各岗位的沟通协调是企业管理成功的象征。而这些都需要通过培训让所有员工清楚和牢记。社会在不断进步,顾客的期望在不断提高,因此我们只有不断提升服务标准,才能不断满足顾客要求。这些都需要企业的培训来解决。

一个饭店、餐馆要想开展有效的培训活动和工作,使培训为经营管理如虎添翼,必须建立和制定培训的管理制度。制度的贯彻执行需要政策的配套和协调。因此,对企业各方面、各环节、各形式、各渠道的培训活动和工作,还需规定相应的政策,既严肃认真又灵活弹性地对培训工作的有关事务进行支持鼓励抑或约束控制。

企业的培训管理还需要有监督机制,这主要是对培训者和培训职能部门而言的。对他们的工作开展情况,任务完成状况,能力、水平、效果、质量,要定期考核、评估、督导。

研究表明,通过培训能为企业获得一些明显的管理成效,主要包括以下若干方面:

① 提高成本竞争力:保持低成本,取消不必要的工作,用更少的人做更多的事;
② 帮助员工更好地适应变化;
③ 提高员工活力和参与意识,增强信任;
④ 强化竞争力:更高的顾客满意度,最佳生产操作和卓越的产品与服务;
⑤ 有助于建立有成效的机制:对劳动力的管理灵活、高效,实行团队制工作;
⑥ 为生产和服务的新领域提供培训;

⑦ 提高整体质量；
⑧ 帮助完成企业目标；
⑨ 符合国家及行业标准；
⑩ 确保企业符合政治及环境因素的要求。

在历史的长河中，万物皆在演变、进步中。尤其在优胜劣汰的市场竞争中，只有正视自己的不足，通过不断的管理和业务培训，不断吸收新的养分，不断在稳步前进中创新，才能不断开拓自己的新路。

3. 培训可以为企业营造舒畅环境

一些重要的企业都知道，不断变化的环境和餐饮经营的复杂性需要具有高超技巧并充满活力的人才。人力是一个组织中最昂贵又最具流动性的资源，培训必须对这一资源担负起激发能力和开发潜力的重任，以使他们在餐饮的经营和运作中，不断研究新课题，开辟新的菜品制作思路。这不仅可以满足消费者求新、求变的饮食需求，而且可以给厨房内部带来良好的舒畅环境。

员工具备了一定技能和行为规范后，也就具备了企业需要的基本素质，那么如何稳住企业员工，使其形成内聚力，忠心耿耿地为企业服务呢？适当的工资、福利、待遇固然重要，但更重要的是让员工有发展的机会，同时造就愉快的工作环境。随着物质、文化水平的提高，优厚的薪水已不再是企业调动员工积极性的主要手段，有思想的员工更多的要求是希望通过培训和锻炼，使自己知识面更广、视野更开阔、创意更大胆，去尝试一些目前只有管理层有机会做的工作，期望在能力提高的同时职位也得到上升，有自我实现的成就感。因此，企业就必须多给员工创造发展的机会，让他们更多地去锻炼自己。工作是生活的一部分，舒畅的工作环境，友善和谐的人际关系，能给员工一个愉快的心情，营造一种高效的工作氛围。所以管理者在管理中必须注重员工的人力资源的开发，使每个人都能体现自身的价值，这也是培训与学习所产生的效果。

与此相反，假如一个企业长此以往缺少激励与培训，就很难发挥员工的工作积极性和团队精神，导致员工跳槽和流动率过高。而过高的员工流动率会影响到企业的利润，因为替代员工的代价非常高，业主和管理者常常没有意识到其真正的成本，其中包括：

① 检查即将离开的员工所花的时间；
② 刊登招聘新员工广告费用；
③ 由于不得不对某些工作做一些调整，工作发生调整的员工的积极性可能会降低，因此其生产效率有可能降低；
④ 面试新员工所花的时间；
⑤ 培训新员工所花的时间；
⑥ 新员工在学习期间所造成的浪费；
⑦ 新员工的服务意识和标准也可能会降低。

二、厨房员工培训工作的主要内容

1. 厨房人员的培训方法及培训内容与形式

餐饮业的发展、社会环境的变化、员工学习需求的差异，为培训工作提出了新的挑战。但企业的培训与学生在校学习不同，饭店不是学校，它的主要任务是经营，因此我们必须让培训工作渗透到管理工作的每一个环节中去,形式多样、联系实际、因地制宜地配合经营来搞好培训。我们可以通过传授、例会、讲座、参观、竞赛、评比、游戏、辩论、读书会、情景教学、角色扮演、职务代理、敏感性训练、案例分析、网上培训、外送进修等形式进行。具体来说,餐饮企业的培训方法一般分为三大类:

一是在职培训方法。这是指在工作场所进行的培训方法,是将经过仔细安排的学习机会,与现场工作结合起来,再通过管理者系统化的反馈和要求,循序渐进地提高员工的各种能力,进而提高企业的运作效率和整体竞争力。其方法主要有:直接传授、竞赛与评比、授权下级、职务代理、岗位轮换、分级选拔、开会、自助培训、读书会、协作学习、网上培训、管理顾问、敏感性训练、企业教练等。

二是脱产培训方法。这是指远离工作场所进行的员工培训方法,这种培训需要专门安排时间,对正常工作会有一定的影响,为保证达到预期的目标和效果,在策划和组织脱产培训时,要耗费较多的培训经费和资源。其方法主要有:课堂讲授、多媒体教学、暗示教学、抛锚式教学、经营模拟、实战模拟、沙盘模拟、参观访问、游戏、团体训练、野外拓展等。

三是综合培训方法。这是一种既适用于在职培训,也适用于脱产培训的方法。这类方法的特点是综合性较强、可灵活运用,而且对场地和资源的要求不会很高。其方法主要有:演示、测试、假象构成、研讨、头脑风暴、辩论、角色扮演、演练、案例分析等。

培训的形式是多种多样的。作为厨房的内部培训,可以分步实施刀功、火候、调味、拼摆、装盘、标准食谱的演示,创新菜和重点菜品的技术、知识的培训等,可以由厨师长讲解和示范,也可以指定技术较好、具有较强专业技术知识的主管、领班或技术骨干讲解和示范;或通过现场考察、品尝等活动进行实地品评;或根据经营过程中出现的一些带有普遍性的问题结合起来有针对性的、联系实际的培训等等。

参观、旅游也是一种很好的学习和培训的机会。许多企业将员工或中层以上管理人员进行封闭式的培训,以期达到较佳的培训效果。不少企业将厨师分别派往主要城市巡回参观、考察,或以举办美食节的方式到外地表演和考察等等。

2. 做好培训计划

餐饮企业要发展,必须对所有员工和餐饮管理者进行所需的职业培训,从而使他们具有使餐饮企业发展的较高能力和水平。对企业的培训来说,培训前期的需求与后期的评估工作,是决定培训成败的关键性工作,却又是企业培训中经常忽略或是感觉无从下手的两个环节。企业在实施培训工作时,一定要结合企业的实际工作情况,根据不同部门的特殊需求进行有针对性的培训。然而,要想实施成功的培训,取得预想的培训效果,就应该对员工进行科学和规范的培训。

一般来讲,培训第一步要做的就是培训需求分析。对餐饮企业而言,就应该以餐饮企业的发展为主要目的而设定培训计划和方案。在餐饮经营与培训工作中,培训计划是实现培训目标的前提和基础。为使培训计划建立在科学的基础上,每次方案出台前,都应对培训需求情况进行摸底调查,广泛征求基层班组的培训需求,在此基础上设计整体培训计划。

对餐饮管理人员的培训首先应列出哪些是管理者的薄弱环节,然后根据这些薄弱环节再设定课程和培训方案,培训内容可以根据情况设定。

对管理人员的培训大部分是在职培训。在职培训使受训者既能学习,同时又能在工作岗位上摸索和积累经验。这种培训需要有能力的主管人员和外来的专家担任讲课与培训任务,才能达到培训目的。

实施培训,关键是看培训后的效果,有的餐饮企业非常重视培训工作,但是对于培训后的结果如何却不太关心;有的餐饮企业的领导虽实施了大量的培训,但目的是在向董事会汇报时有具体的数字。这些培训浪费了大量的时间和人力,收效却不好。

对任何企业来说,都应当制定一个着眼于未来的、成功的培训计划。它至少应包括以下要点:

① 对初入门人员所进行的广泛培训,重点要放在独家特色的技能上;
② 把所有员工都当作可能的终身雇员;
③ 需要定期的培训;
④ 要舍得花费大量的时间和资金;
⑤ 培训可以成为新的战略性推动的先导;
⑥ 在危机时刻要强调培训;
⑦ 所有培训都要靠第一线来推动;
⑧ 培训可用来传授本企业的理想和价值观念。

在这样一个培训计划的基础上,现代成熟的企业有必要创办一所"企业大学",以加强落实培训计划。许多企业都在朝着这个方面努力。尤其是要弥补仅仅初、高中毕业的员工在技能方面的不足。在饭店和餐饮业,如国外著名的希尔顿、假日、香格里拉饭店集团,国内的如南京金陵饭店、广州白天鹅宾馆、长沙徐记海鲜、成都大蓉和等饭店及餐饮集团都率先启动了"企业大学",把培训工作推向了一个新的起点。

3. 加强培训管理

加强厨房内部的培训管理,要注意做到以下几个方面:

① 企业上下重视培训,树立"培训就是力量""培训是发展的助推器""培训关系到企业发展战略""未来的组织是学习型的培训组织"等等好的观念;
② 访问培训业中的最佳企业,建立合作和交流的伙伴关系;
③ 高效灵活地运用新技术、新设备和新原料;
④ 使分散和固定的团队都能得到方便的整体培训以及多种技能训练;
⑤ 明确教育培训部门及其工作人员的责任,配备权力、设立目标、履行义务;
⑥ 制定系统的、科学的培训管理制度与政策,用以使培训制度化、规范化和常规化;
⑦ 提高培训人员的素质和精神,加强培训者的培训工作,使之掌握必需的理论、方法和技巧,担负起推动培训有效开展的重任;
⑧ 培训部门和工作人员要主动征求各方面的意见,注意收集各方面信息,接受好监督;
⑨ 评价培训学习的效果;
⑩ 试着既当培训者又当受训员。

三、厨房员工培训工作的基本程序

1. 确定培训目标

在确定培训目标之前,要先开展培训需求的调查和分析,找出需要培训的对象,确定培训的方式和需要达到的培训标准。

2. 制订培训计划

烹饪培训计划应根据不同等级、不同工种的厨师，分别制定实施计划，计划要有具体明确的内容。计划内容主要包括培训对象、培训方式、培训时间、培训要求、培训内容及时间分配计划、考核方式、考核时间、确定授课人员和指导人员及各自承担的具体任务等几个方面。

3. 培训准备

计划制定以后，为使计划得以顺利实施，就要按计划内容做好准备工作。

（1）培训人员的准备。在确定培训对象后，就要根据培训内容的需要，确定培训老师。培训老师必须精通所教内容，熟悉培训对象的基本需求，做到有针对性地授课。

（2）培训资料的准备。培训老师确定后，就需要该老师对所授内容进行研究，详细备课，编写培训教学提纲，准备教学所需的有关图片材料。

（3）培训地点的选择。培训地点应满足培训教学需要，理论授课时，要备电脑、投影仪、白板、笔、教室等。实践授课时，要考虑到厨房场地的大小、烹调设备和用具、烹饪原材料等。

（4）其他工作准备。如培训资料的印刷，培训对象的工作班次编排，培训老师的工作时间调整等等。

4. 实施培训计划

实施培训计划，就是根据计划着手进行培训。它必须在规定的时间内达到计划所规定的要求。

（1）培训前的动员。使受训者在思想上做好充分准备，了解培训的目标、内容和时间。

（2）向培训老师提出培训要求。由于有些培训老师既要承担教学任务，又要承担厨房的生产任务，工作时间较紧，准备并不充分，因此，管理者要对其提出要求，以便完成授课任务。

（3）实施计划内容。培训老师要根据计划的时间、方式、要求、内容按顺序进行授课。同时还必须了解受训者的要求，及时发现问题及时解决，使每一位受训者都能学到必须掌握的知识和技能。

（4）检查、督促、对照培训的进程。检查计划的完成情况，如教师的授课内容是否准确，培训计划的进程是否与原定的一致等。

5. 培训效果的考评

考核是评定培训效果的重要手段，考核主要有两大类型，即理论考核和操作考核。通过考核，能够了解受训者对规定的学习内容所掌握的程度，对培训的效果和人员的选用有着重要的作用。同时，还对修改与完善培训计划也有一定的帮助。

相关链接

培训评估管理表

员工培训工作的评估方法很多，许多饭店往往会用表格的方法吸收各方面的意见和信息。以下介绍的是员工培训评估管理工作的表格。

表 7-1　新员工培训评估表

姓名		学历		特长	
培训时间		培训内容(内容)			
培训负责人		填表日期			

1. 新员工对企业文化、规章制度的了解程度
2. 新员工对培训内容的知晓程度
3. 新员工对专业知识与技能的掌握程度
4. 新员工对企业发展所提的合理化建议
5. 举实例分析新员工专长,判断自己(或评价新员工合适的工作岗位)
6. 培训负责人评估
7. 管理层人士评核意见

(注:新员工培训评估表既可以让参与培训的员工自己填写,负责人评核,也可由新员工培训部门的负责人填写。)

表 7-2　受训者反应一览表

	很满意	满意	较满意	不满意	很不满意
1. 业务知识提高					
2. 操作技能训练					
3. 工作适应能力					
4. 职业胜任度					
5. 工作责任心					
6. 职业兴趣培养					
7. 提高工作效率					
8. 企业凝聚力					

填表人姓名_____　　　　　　　填表日期_____

检　测

一、课堂讨论
1. 人员管理与积极性调动的方法。
2. 在员工有矛盾的情况下,怎么去协调他们之间的关系。

二、课余练习
1. 请设计厨房员工培训工作计划。
2. 查找资料:情商管理的来源与运用。

三、课后思考
1. 厨房人力资源管理有哪些重要意义?
2. 如何有效地实施厨房技术管理?
3. 一个出色的厨房管理者必须符合哪些条件?
4. 如何调动厨房员工的工作积极性?
5. 影响厨房生产效率的因素是什么?
6. 一个好的厨师长需要掌握哪些员工管理技巧?
7. 试分析团队在厨房生产中的作用。
8. 厨房员工培训的内容和形式有哪些?

第八章 厨房设备和器具管理

学习目标

◎ 掌握厨房设备的选购要求
◎ 学会正确使用厨房加工、冷藏、冷冻设备
◎ 了解厨房生产中常用的各种机械设备
◎ 了解定期保养设备的方法
◎ 掌握设备管理的基本要求
◎ 熟知厨房设备工具的管理制度

本章导读

厨房生产与设备随着社会的发展不断推陈出新,厨房设备也更加新颖、光洁、科学和经久耐用,随之设备的造价及饭店用于设备方面的投资也越来越大。对此,在厨房生产管理中,增强设备知识、强化设备管理对餐饮经营和厨房正常运行就显得特别的重要。本章从设备的选择入手,系统地介绍常用厨房设备的品种、性能、使用和特点,如何认真妥善地对厨房设备和工具加以管理,制定操作使用规程,定期维护保养,充分利用设备、工具的使用效率,尽可能地延长设备和工具的使用寿命。

第一节 常用厨房设备

引导案例

拉斯维加斯曼达莱贝酒店耗资130万美元改造和装修它的餐厅厨房。该酒店选用了许多漂亮的红宝石来装饰餐厅,用大红漆为厨房镶边,并用锃亮不锈钢板做天花板。设计师指出,这样做不仅是为了美观而且也符合中国古老的审美原则,红色表示兴旺,闪光的不锈钢表示积蓄力量。设计的另一个重点是根据管理原则,给厨师长选择一个最佳位置。厨师长坐在这位子上可以看清整个餐厅厨房,包括各个进出口处。设计师在近300 m² 的大厅的各个位置上设置了摄像头和监控器,通过这些高技术监控设施,管理者能观察到餐厅的每一个角落。这样就可以掌握整个操作流程了。因为有了监控器,可以看到各个桌面的情况,从而大大降低餐具的损失。厨师长可以利用监控器顺利地监控30～100位客人就餐的操作过程,可以基本上做到菜肴服务和客人就餐相协调。例如,他可以指示厨师在客人用

完正餐前五分钟烘制好巧克力蛋糕。这样可以使餐厅的一切操作程序井然有序。像这样的大餐厅里在过去要做到这一点是很难的,但有了高科技的监控系统,就可以大大减少工作中的盲点。

点评:科学高效的厨房设备将为厨房生产和产品质量提供良好的物质基础,豪华的设备器具也为饭店企业增添了无上荣光。

厨房设备是指用于烹饪加工、冷藏、洗涤、就餐的各种器械用具,主要包括:烹调用具、炉灶具、饮食具、主副食品加工机械,冷藏设备、厨房附属设备以及特殊饮食装备等。按其功能来分,可分为加工设备、加热设备、冷藏设备、排风设备、清洗设备、包饼制作设备及其他设备等。厨房设备是做好烹饪工作、保障饮食产品及时供给不可缺少的物质基础,先进的厨房设备,能够减轻员工的劳动强度,提高生产质量及生产效率。

一、加工设备

现代厨房生产中,运用食品加工机械将原料进行初步加工,可使原料生产成半成品或成品,常用的机械设备主要有:

1. 食品处理机

这是近年来加工设备中的新秀,融食品加工成片状、块状、丝状于一体,实现一机多用,并可配置不同的刀具,随心所欲的调节片、块、丝的厚薄、大小、粗细。全不锈钢制作,体积小、高效、卫生、易于清洁、使用寿命长。

2. 切片机

有半自动和全自动切片机,全自动切片机是在半自动切片机的机身上多一个装料斗。切片机具有一体化的驱动系统,切片效果好,噪声小。刀片设计精确,制作工艺特殊,能保证刀刃持久锋利。切片机适宜切脆性植物性原料,如藕、土豆、萝卜等。如用来切动物性原料,原料需冷冻。切片机能调节切刨厚度,能根据需要切制出大小、厚薄一致的片。

图 8-1 节片机

3. 绞肉机

主要用来将动物性原料粉碎成茸泥状,有时也用来绞制蔬菜、水果等。它分为手动绞肉机和电动绞肉机两种。规格、型号多样,有台式和立式,其主要由机身、进料口、出料口、机筒、转动轴、刀片、多孔盖板、电动机等构成。

4. 去皮机

专门除去根茎类蔬菜表皮的机械器具。运用离心运动使原料之间互相碰撞摩擦来达到除去外皮,常用来除去土豆、芋头、生姜等脆质根茎蔬菜的表皮。

图 8-2 绞肉机

5. 锯骨机

规格、型号多种,由不锈钢制成。主要物件有电动机、圆环形钢锯、调节滑轮、不锈钢钢架、操作平面板等。常用于切割带骨的大型动物性原料以及大的猪骨、牛骨等。

图 8-3 锯骨机

6. 食品切碎机

用于肉类、蔬菜类食物,能快速地将肉、蔬菜、瓜果等食物切碎。该机采用涡轮、蜗杆减速传动。该设备凡接触食物的部件均采用电蚀铝合金或不锈钢制作,符合卫生标准,并设有保护装置。掀开上盖就自动停机,安全可靠。

7. 切肉机

主要用来切肉片、肉丝、肉丁,肉的厚薄、粗细、大小可以自由调节,工作效率极高。

8. 脱壳机

一般分卧式或立式,型号、规格各异,采用电动机传动装置,由主机、进料口和两个出料口组成:一个出料口出沙,另一个出料口出壳,主要用于豆沙的去皮脱壳。

9. 磨浆机

一般使用立型碟式电动机,主要由进料口、机身、电动机、出料口、过滤网、刀片组成。它的特点是:机身体积小,占用地面较小,用来磨豆类、谷物的粉浆,它磨制的粉浆细、效率高。

10. 磨粉机

主要用来磨制糯米、粳米、籼米的粉料。有立式及卧式两种类型,型号及规格多样,主要由进料口、出粉口、传动马达、主机及网筛等构成。

图 8-4 磨浆机

11. 多功能搅拌机

图 8-5 多功能搅拌机

规格、大小型号多样,集和面、调馅、打发蛋泡糊于一体。由机身、机座、搅拌器、升降滑轮、传动齿轮、搅拌桶、调速器、电动机等部分组成。使用时先旋转升降滑轨把手,将搅拌桶下降再放入所需搅拌的原料,装上相应的搅拌器后,再旋转升降滑轨的把手,将搅拌桶上升到相应的高度,根据所搅拌的原料的性质,选择调速器的档位,开机操作。

12. 压面机

这是专门用来压制面团的面食器具。它分立式、直立式两种,机身装有光滑的双滚筒,滚筒的下端装有切面刀,机身的一侧装有活螺栓,能够自由地调节两滚筒间的距离。使用时先启动电动机,等机器运转正常后,将和好的面团放入进料口,调节螺栓,压面机就能根据需要压出厚薄不同的面皮,由于面条切刀的牙数不等,又可切出精细不同的面条。它是一种兼压面、制皮、切面多种功能于一体的机械。

13. 全自动包馅成形机

主要部件由主机和各式模具构成,只需要在使用过程中,根据成品的规格、形状、大小,适当更换不同模具,便可生产出各种形状的有花纹或无花纹的成形品种,如:各种肉包、夹花包、小笼包、大小汤圆、馅饼等各式有馅点心,具有一机多用途的优势。该机规格大小都由显示盘控制,采用不锈钢等卫生材料和特殊合金钢制成,耐磨、无噪音。

图 8-6 压面机

14. 冻藏醒发箱

型号、规格大小多样,有单开和双开门之别,箱体采用不锈钢材料制成,夹层以发泡材料保温,保温性能好,省时、省电。采用全自动程式控制温、湿度,数字式显示,采用间隔喷雾式,强制冷热风循环对流,从整块面团快速冷冻、抑制发酵,到自然回温发酵,最后快速发酵都可自由设定,使面团处于最佳状态。

二、加热设备

炉灶历史悠久,中国古代将不可移动者称之为灶,可移动者谓之炉。炉灶品种、形式多样,根据所使用的能源不同,可分为柴草灶、煤炉灶、煤炭灶、蒸汽灶、电炉灶等。柴草灶所有柴草都可作为燃料,操作简便,但火力不易控制,烟尘较大,现在一些边远地区的农村烧饭做菜仍用此灶。餐饮业使用的是新型、热能高效、卫生的燃气灶和电磁灶。

炉灶的使用:先打开炉灶的长明火气阀再点火,点火后再开炉灶的主气阀,还要调节空气阀门,同时开风机开关。使用炉灶时要注意不要将油或水溅到炉膛中防止气嘴堵塞。在使用炉灶的过程中,厨师要养成良好的操作习惯,有些厨师在操作炉灶的气阀、电源开关不是用手去操作,而是用膝盖去顶或用手勺去敲,特别是炉灶上的水龙头开关操作,厨师的动作较野蛮往往容易造成龙头滑丝脱落。炉灶在使用后要随手关掉所有的开关、阀门。每次开餐结束后,要做好炉灶的清洁卫生工作,特别是炉膛周围一定要擦亮,否则长期不清洁油垢会使炉圈腐烂变形喷火,影响炉灶的使用效果及使用寿命。另外,在清洁卫生时注意不要将水喷溅到电源插座或开关、风机上,防止短路或烧坏风机。

1. 煤气灶炉

以煤气、液化石油气、天然气等为燃料的炉灶,从传统的砖砌底部、瓷砖灶面、中间放置煤气头的形式中革新出来。现代煤气炉的外壳全是不锈钢板制作,炉胆用特级耐火砖隔热,并配有鼓风设备、气阀,灶面配有水斗、水龙头及排水沟,其操作方便,清洁卫生、工作效率高。煤气灶因不同菜品烹调的要求有所差别,因此,其产品的构造款式也有一定的区别,一般有广式炒炉、淮扬炒炉、潮式炒炉等。根据成灶炉头个数的多少,常用的有单头炒炉和双头炒炉。

图 8-7 煤气炒炉

图 8-8 蒸汽炉

2. 燃油灶炉

以柴油作为燃料的一种炒炉,金属支架,全不锈板材制作外壳及炉面。其特点是灶面宽、炉灶大而火力猛,多数为广式炒灶。其构造与煤气炒炉基本相同,差别之处是燃油炒炉在炉膛中装有雾化喷油嘴,当打开油阀、柴油经喷油嘴后,柴油变化雾状有利于充分燃烧。

3. 矮仔炉

又称汤炉,是上杂专门用来吊制汤的一种较矮的炉灶,便于汤桶的上下拿取。一般分单头和双头炉,带有鼓风设备,调节油阀或气阀及风门阀可控制火力的大小,操作简便。

4. 煲仔炉

以煤气、石油液化气及天然气为燃烧能源，有四眼、六眼、八眼及十二眼等不同规格。煲仔炉的灶面有可拆卸的隔板以便于清洁卫生，其火力较小，主要用来炖烧砂锅、汤罐保温等。

5. 万能蒸柜

是蒸制菜肴的一种专用加热设备。规格、型号多样，主要有单门、双门及三门万能蒸柜；从使用能源上可分蒸汽式、燃气式、燃油式、燃电式等几种。其构造由水箱及柜体组成，不锈钢制作。门上装有把手，弹簧门内框装有橡胶密封垫以防蒸汽外泄。万能蒸柜是上杂专门用来蒸制海鲜、水产等菜肴，有时也蒸制一些不易煮烂的动物性原料及蒸制米饭、点心等。使用万能蒸柜开门要注意一次开到位，否则弹簧的拉力会使门反弹关上。若长期这样使用，会使弹簧失去弹性，容易使门关不严，也易使橡胶密封垫破损漏气。另外，在每天使用后要放尽水箱里的水，第二天使用前再加满水，防止水胆内形成水垢使蒸柜水胆壁增厚——一方面水垢会使加热时间延长而浪费能源，另一方面水垢具有一定的腐蚀性，影响万能蒸柜的使用寿命。

6. 烤炉

供烘烤食品的炉灶具，过去称烤炉，现代逐渐被烤箱所代替。传统的烤炉由砖砌的、铁制的、不锈钢制的。使用的能源一般是木炭、煤炭或煤气。有明炉和暗炉之分。明炉为敞口火炉，烤时需要将原料用烤叉叉好，反复均匀地用手移动或转动烤叉至食品烤熟。暗炉炉体一般呈圆的腰鼓形，中间是空的，炉内上部有活动的挂钩，供挂制烘烤原料之用，炉的中部开有供拿取原料的门，如烤鸭炉。另外，还有一种砖砌的大型烤炉，其外层砌有空心火墙，烟和火力经过空心墙绕炉体向外逸，既能充分利用热能，又具有排烟效果。现代烤箱已有了很大的进步，成为烤制食品的主要加热设备，从传统的远红外烤箱，发展到今天的电气烤箱、瓦斯烤箱、热风旋转炉、专业性摇篮炉。其使用的能源从原来单一的电加热，发展到柴油燃烧加热、瓦斯燃烧加热、热力加热。产量上从烤制一两盘发展到现代的大容量18盘、24盘、36盘等多种选择，不仅在效率上大大提高，而且现代烤箱运用了精确的电子计时器、火焰监视，因而，热量分布均匀，产品质量更高。

7. 电炸炉

分单缸、双缸两种炸炉，主要由油槽、炸筛、温控器及发热电管组成，由不锈钢材料制成。操作比较方便安全，可根据炸制的食品品种、数量自由调节温控器，温度一到即自动停止加热，安全性能很好，同时，炸出的成品受热均匀，色泽美观，是炸制食品的好帮手。

图 8-9 电炸炉

8. 电平扒炉

规格、型号、大小各异，台式主要由不锈钢底座、发热铁板及温控开关组成，操作简单方便，可根据需要自由调节温度，是面点制作中理想的成熟设备，适宜煎饺、煎馅饼、煎各式甜糕等。特点：发热均匀，效率高，安全性能好。

9. 微波炉

以电为能源，其主要物件有磁控管、变压器、高压电容、镇流器、波导管及风扇等。磁控管发出的微波是一种高频率的电磁波，具有反射、穿透、吸收三种特性。微波炉的主机磁控管产生的超高频率微波快速震荡食物内的蛋白质、脂肪、糖类、水等分子，使分子之间相碰撞、挤压、摩擦重新排列组合,所以,微波炉是靠食物本身内部的摩擦生热原理来烹调。用微波炉烹制食物,一般要先将原料调味处理后再放入盛器,然后再放入炉中加热。但器皿不能用金属的,如铝、铁、不锈钢、搪瓷等。而是用玻璃、陶瓷、塑料等非金属材料盛装原料。另外,一些有坚硬外壳的食物也不能直接放入微波炉中加热,如核桃、鸡蛋等。否则,会引起爆炸。

10. 电磁炉

又名电磁灶,是现代厨房革命的产物。其外形是一扁方盒,表面是放锅的顶板,是无需明火或传导加热的无火煮食厨具,完全区别于传统所有的有火或无火传导加热厨具。电磁炉作为厨具市场的一种新型灶具,打破了传统的明火烹调方式,采用磁场感应电流(又称为涡流)的加热原理。电磁炉是通过电子线路板组成部分产生交变磁场,当用含铁质或不锈钢锅具底部放置炉面时,锅具切割交变磁力线而在锅具底部金属部分产生涡流,涡流使锅具铁分子高速无规则运动,分子互相碰撞、摩擦而产生热能,使器具本身自行高速发热,用来加热和烹饪食物,从而达到煮食的目的。具有升温快、热效率高、无明火、无烟尘、无有害气体,对周围环境不产生热辐射,体积小巧、安全性能好和外形美观等优点。

三、冷藏设备

厨房在生产中为了使食物不变质,一般都需要冷藏保管。冷藏设备通常包括下列品种:

1. 冰箱

现代厨房中使用的冰箱一般有四门、六门或冷藏工作台,它们的大小、规格多样,由不锈钢制成,主要由制冷压缩机、温控调节器、电源开关、发泡保温层组成。其温度一般控制在-15~8℃。

2. 点菜风幕机

用来直观展示酒店出售的菜点样品,规格、型号多样,其长短可根据商家的需求量身定做。主要由制冷压缩机、散热风扇、机身、隔层架、照明灯、风幕帘等组成。有的还装有防触电保护装置,柜内温度通常控制在4~10℃。

3. 冷库

分冷冻库和冷藏库。冷冻库温度-30~0℃范围内自由调节,冷藏库温度-10~2℃范围内自由调节。传统冷库可自制,一般为混凝土砖砌成房屋形,墙体夹有保温层。主要由制冷压缩机、铜制盘管、温控器、电源开关等构成。现在市场上的冷库大都是采用发泡保温材料制作的板,根据用户的需要拼装而成,无论是从卫生方面还是制冷效果上,都远远超过了传统自制冷库,有的还配备了微电子中央处理器精确控温,液晶数字清晰显示温度,防触电保护装置等,大大方便了使用,并且更安全、卫生、节能。

冷库在使用过程中,要尽量减少开关门的次数,若要存放食品原料,应待所存原料自然冷却、分门别类包装、编号后按贮存的要求分门别类整齐地码放在冷藏室或冷冻室内,要经常保持冷库的地面及环境卫生,定期除霜化冻,以保证冷库的冷冻或冷藏效果。

冷库的检查保养处:经常检查冷库的温控器;定期检查冷库的线路,防止老化;定期补充氟利昂,保证冷库的制冷效果;定期停机除霜、清洁卫生;经常检查压缩机的运转情况。

四、排风设备

一般装在厨房的炉灶上方,由吸风罩与抽油烟机两部分组成。它能把厨房中的油烟、灰尘、水蒸气、热量排到室外,改善厨房内部的环境,保障厨房工作人员健康。排油烟罩种类很多,有手工自制的和机械制作的;使用的材料有白铁皮、镀锌板、不锈钢等。较为先进的有:

1. 气帘式排油烟罩

这种设备在抽吸油烟、蒸汽的同时,在炉灶上方靠近操作人员往下输出新鲜空气,形成"气帘",防止油烟向外扩散,以增加排气效果。

2. 带循环水式排油烟罩

该设备顶部是倾斜角为 45 度左右的不锈钢板,循环自来水从板的背面流过,当高温的油烟和蒸汽被抽吸向上升腾时,遇到温度相对较低的不锈钢板,会凝结在其表面,形成油滴和水滴,沿倾斜的不锈钢板流进油污收集槽内被排出。

五、清洗设备

洗碗机,是专门用来洗涤餐具的洗涤机具。型号多种,有掀盖式洗碗机、转盘式洗碗机和隧道式洗碗机等。全自动隧道式洗碗机由高压花洒、洗涤药水分配器、杯筐、锥齿轮传动、电动机、水温控制系统等组成。操作时,先将洗碗机电源开关打开,待水温升到控制系统所需的水温时,机器自动工作,齿轮开始传动杯筐。此时将餐具表面的残物刮净,然后斜插在洗涤筐中,将洗涤筐放入洗碗机的进口处,杯筐就会自动进入,操作人员只需在杯筐出口处等待杯筐自动输出,此时的餐具已集洗涤、烘干、消毒于一体。该机操作方便、卫生、效率高。

洗碗机技术状况完好的标准:传送餐具平稳无震动,速度快慢均匀,清洁剂、亮洁剂分配均匀,干燥效果好,温控灵敏。

六、餐具消毒设备

餐具消毒设备,是指用于对人们正常使用的餐具如碗筷、汤匙、餐盘、餐盒、杯子等进行清洗消毒的设备。酒店常用的餐具消毒设备有:

餐具烘干机,采用高温的方式对餐具进行干燥和消毒。一般实际烘干温度应达到 120 ℃ 以上。有高温远红外线烘干机和高温蒸汽烘干机两种。

电热食具消毒柜,通过电热元件加热进行食具消毒的消毒柜。

臭氧食具消毒柜,通过臭氧进行食具消毒的消毒柜。

蒸汽食具消毒柜,是利用蒸汽对餐具进行蒸煮消毒。这种消毒方法操作简便,消毒过程中无污染,是比较理想的一种餐具消毒设备。

第二节 厨房设备的选购与使用

引导案例

上世纪90年代末期,N市一位从事娱乐行业的魏老板,决定在本市开一家1 500个餐位的海鲜大酒楼,酒楼共3层,一楼是可容纳500人就餐的零点餐厅,二楼、三楼分别拥有50个豪华包间,该酒楼共设3个厨房。酒楼筹建厨房时,有3家厨具公司前来招标,并分别送来标书,魏老板聘请了当地比较有经验的餐饮业专家帮助他来评标,3个厨具公司的标书里,厨房的平面布局基本相似,其设备的配备上,有一家厨具公司的炉灶是当时比较先进的广式炉灶,其价格是普通炉灶的3倍。当时评标的专家一致建议魏老板选用发火猛的广式炉灶,并且向魏老板详细介绍了该炉灶的优点:发火猛、出菜速度快、生产效率高,在经营过程中避免客人催菜现象。但魏老板没有采取专家的意见。

魏老板向专家说了他的心里话:酒楼规模这么大,需要资金的地方太多,再说这么大的酒楼开业后不一定就立即爆满,还是先将2楼的厨房配备广式炉灶,其余两层的厨房配备普通炉灶,将来根据生意状况及资金情况再作安排。

针对魏老板的想法,最后酒楼在厨房炉灶的配备上采取了魏老板的意见,很快酒楼的筹建工作就结束开业了。由于该酒楼当时是N市规模较大、档次较高的海鲜酒楼,开业后生意立即爆满,出现了排队等餐的壮观场景。这下可急坏了魏老板,除2楼餐厅没有客人催菜外,1楼、3楼餐厅到处都是催促菜肴的声音,魏老板挨桌给客人发名片、打招呼、打折扣,忙得焦头烂额。

魏老板所犯的错误是在选择厨房设备时欠慎重,没有听专家的意见,一味地为了节省资金,结果所购买的炉灶设备,由于其火力小,不能适应厨房生产时间短、速度快、就餐客人集中的特点,结果菜品得不到及时供应,不仅把厨房正常的生产秩序打乱,而且易造成客人投诉,严重地影响饭店正常经营,影响饭店的声誉。

点评:不少饭店的管理者为了节省资金在选购厨房设备时,只图价格便宜,结果所购的设备,要么规格不达标,要么质量不能过关,严重地缩短了设备使用的寿命,结果不仅使饭店企业多花钱,而且在生产过程中由于购买设备不慎重而人为地扰乱了正常的生产秩序。

性能完好的厨房设备在厨房生产中的运用,能够改善厨房的工作环境,减轻厨师的工作负荷,提高工作效率,降低运营成本,提高菜点出品的速度和质量等,有益于厨房工作人员的身心健康,同时也增加了饭店的竞争力。相反,如果厨房设备性能不好,在使用过程中经常出现这样或那样的故障,不仅不能提高劳动效率,更为严重者甚至会影响厨房的正常生产,破坏饭店的正常经营秩序,造成不良的后果。因此,保持厨房设备技术状况的完好,在厨房生产中具有重大意义。

一、厨房设备的选购

厨房设备的选购应根据企业的实际情况,结合餐位、档次、菜品等多方面来选购,其购买的品质,不仅体现了饭店的档次标准,而且直接关系到厨房生产的效率、菜肴的质量以及卫生安全等诸方面。饭店企业要让有限的资金投资发挥最大的生产和经济效益,在选购厨房设备时,必须从设备的性能、价格、使用、维护等多方面进行综合的选择和评价,同时也要请厨房管理专业人员参与该项工作,尽量根据厨房生产的实际情况确定选购设备的品种、数量、规格等,以减少厨房设备购置的盲目性,节约投资费用。

1. 选购原则

现在生产厨房设备的厂家很多,在激烈的市场竞争下,涌现出一批品牌企业,他们生产的设备性能良好,价格适中,讲求信誉,售后维护服务及时、周到、全面,但也有一些企业纯粹以价格优势取胜,往往在生产过程中偷工减料,所用材料达不到产品规格要求,虽然表面上价格较便宜,但往往在使用过程中存在这样或那样的质量问题,如炉灶火力不猛,调理台板材厚度不够,承重后易变形,内部使用镀锌龙骨等,严重影响厨房的生产,那么究竟如何选购厨房设备,以便做到既能节省费用又能保证产品质量而确保厨房生产呢?

首先应该掌握选购厨房设备的总原则,即要求所购的厨房设备技术上要先进,价格上要合理,便于操作,易于清理、保养,有很好的售后服务,具体原则有以下几个方面:

(1) 计划性原则。购买厨房设备要有明确的目的和计划,计划是结合饭店的经营规模及特色等因素编排的,计划要反复推敲,力求严谨,根据计划来确定购买的各类规格、数量,一方面要满足生产需要,另一方面要有长远计划,适当留有余地,便于饭店今后发展需要。选购设备要克服两种错误现象:一种是无计划性盲目选购型,这往往存在于国有企业的饭店,属于意识形态上的错误,总认为饭店是国家投资的,花的是国家的钱,因此在选购设备时追求高档、齐全,容易忽视实用性,常常设备投资过大,有的还会闲置,给企业造成巨大的浪费。另一种错误是虽有计划性,但不执行。这通常存在于私营或股份制企业的饭店,属于吝啬型的错误,由于饭店是自己开的,所花的每一分钱都由自己掏腰包,因此在购买厨房设备时舍不得投入,忽视了厨房生产时间短、生产集中等特点,结果不仅给员工工作带来不便,还严重影响饭店的经营。

(2) 价格合理性原则。价格是买卖双方永恒的话题,卖方总希望能将自己的产品价格高一些多挣点利润,而买方却希望少花钱能买到好的产品,追求的是人们普遍所谓的价廉物美。然而价格与质量始终是一对相辅相成的孪生兄弟,好的设备价格一般较贵,而质量差的设备较便宜。因此饭店在选购设备时,应以能满足生产为前提,至于价格在合理的基础上即可。可通过供方提供送货上门、免费安装、延长保修期、发现质量问题无条件退货,保调试等一系列措施,努力降低购买费用,力求以合理的价格购买优质名牌的设备。

(3) 安全牢固、经久耐用的原则。厨房生产安全是重中之重,所购设备有无威胁到生命和财产安全的隐患,是设备购买中必须考虑的问题,因此在设备选购时,要认真观察设备有无安全说明书和安全保护装置。如自动报警、自动断电等。另外,还要检查设备的边角、边缘,有无突出尖锐棘手的毛边,焊接处是否牢固,板材是否按照规定的厚度,设备内部的一些龙骨支撑点是否利用镀锌材料或其他劣质材料代替等,必要时有些机械设备需开启转动,查看运转是否正常,有无异常声音。

(4) 多功能性和可移动性。随着科技的进步,现代厨房已有许多品种集多功能于一体。如多功能切肉绞碎机、多功能搅拌机等。前者容切肉丝、肉片、绞肉于一体,后者容和面、揉面、拌馅、打蛋糕等功能于一体,购买使用这种先进的多功能设备,不但减少投资费用,而且减少了厨房的占地面积,提高了工作效率,也降低了劳动力成本。厨房设备的可移动性可方便不同部门的使用,也便于清洁、维修。

(5) 易于清洁的原则。厨房设备生产厂家,可谓鱼龙混杂,有品牌公司,也有家庭作坊式的生产商,他们生产出的厨房设备差异性很大,有些虽然能用,但很不便于清洁保养,如多数和面机用后清洁时,由于底部没有装漏水孔,污水不能排出,只有用抹布吸水,清洁时很不方便。同样的问题,许多电油炸炉也存在这方面的缺陷。因此,在选购设备时要选择设计简洁、合理,便于清洁卫生。如工作台、工作柜的门要便于拆装、清洗,大型汤锅的锅体要能旋转,设备的表面要光滑,抗腐蚀,性能稳定等。

(6) 售后服务及时周到的原则。厨房生产会产生大量的油烟,加上厨房的湿度也较大,长此以往,厨房设备很容易发生故障,如维修不及时,会影响饭店的正常经营。设备售后维护是否快捷、周到往往决定买方是否购买卖方的设备。售后服务好,方便企业的使用,对企业的正常工作是十分有利的,自然得到企业的认可。

(7) 节省能源的原则。饭店一旦开业,其生产是不间断的,选择不同的能源其生产成本也不一样,日积月累,成本的差异是非常惊人的,就目前供厨房生产的能源来说,有电、煤气、液化气、柴油、天然气等,在选择厨房设备时,应根据饭店的实际情况,设备的功率大小应根据厨房的生产量来确定,应选择热效率高、能源利用率高、能量消耗低的设备,具体选择时可征求设备供应商和厨房管理者的意见,这方面他们都有比较丰富的经验。

2. 购买途径

(1) 预先订制购买。这种购买厨房设备的方式,一般适用于规模较大的饭店,通常是饭店的管理者选择几家质量过硬的厨房设备生产商,让其根据饭店的规模,厨房的平面图,设计布局出一份厨房所需设备的图纸,经有关专家及厨房管理者论证认可后,选择一家比较优惠的生产商,与其签订合同,由厂家按合同定做。按图纸定做的设备,一般规格要求都符合饭店的要求,而且布局也较紧凑,符合厨房生产的需要,但有时价格可能会贵一些(有非标准件产品,其制作比较麻烦),但售后服务较好。

(2) 市场购买。这种购买厨房设备的方法,一般是小型饭店,根据厨房的需要去市场自己选购,所购到的设备都是标准件,由于购买的数量有限,一般优惠幅度不太大,因此在选购时,更要做到货比三家,比质量,比价格,比信誉。因为所购买的数量有限,一般商家不赊账,往往商家拿到钱后,就不管售后服务了。

3. 应注意事项

厨房设备在现代餐饮经营过程中,发挥越来越重要的作用,如果选购不慎,不仅浪费资金,而且还会影响生产,在选购厨房设备时要慎之又慎。

(1) 尽量选择品牌公司生产的厨房设备,其产品质量稳定,性能好,使用寿命长,不易损坏。

(2) 尽量选择本地厨具公司生产的设备,其售后服务快捷,便于及时维修。

(3) 应事先向设备生产厂商索取设备的生产功能、型号、能耗量、生产量等,以便参考,选择适合自己需求的设备。

(4) 签订质量承诺保证书,对达不到使用要求的设备,无条件调换直至符合生产需求。

(5) 尽量选购标准件和通用化的设备。

(6) 应根据本厨房的能源供应情况来选择设备。

(7) 设备要求美观、实用、噪声小且无污染。

二、厨房设备的使用

目前,稍具一点规模和档次的饭店都很重视厨房设备的配置,现代酒店经营管理经验告诉我们,先进、美观、耐用且多功能性的厨房设备在厨房生产中发挥革命性的作用。它对提高厨房的出菜速度、出品质量、减轻员工的劳动强度、改善厨房的工作环境、丰富菜点的品种等起着非常明显的作用。但是,厨房设备价格高、投资大,如果在生产过程中忽视了对厨房设备的管理,不严格按照设备的操作程序盲目使用,不仅会损坏设备,给企业带来较大的损失,而且有可能威胁到生命财产的安全,以致影响整个企业的经济效益和社会效益。

1. 培养员工正确使用厨房设备

先进的、完好无损的厨房设备,应让其在厨房生产中尽可能长久地发挥作用。作为厨房管理者应该从多方面加强厨房设备管理,让厨房每位操作设备的员工都有用好、管好所用设备的意识。

厨房设备的种类多样,具体来说有加工型设备、加热设备、冷藏设备、排风设备、清洗设备、包饼制作设备以及储物等其他设备,不同的设备在厨房生产中所发挥的作用也不相同,其操作方法、维护方法也不相同,作为从事烹饪工作的厨房工作人员,在实际生产中只有掌握了其操作方法,灵活自如地运用,厨房设备才能发挥其应有的作用。如果工作人员不会操作或操作不当,厨房设备不仅不能发挥作用,反而损坏设备,影响生产。因此,厨房管理者要对厨房工作人员进行设备操作培训工作,具体培训方法步骤,可请设备专家或设备供货商提供专业人员,来现场培训,将操作不同设备的相关人员分组培训,先由专家示范操作,边操作边详细讲解各种设备的操作程序,告知为什么要这样操作,如果不这样操作会产生怎样的后果。然后再由相关人员在专家的陪同下自己操作设备,反复操作多次,直至能独立熟练操作为止。

2. 使用厨房设备的注意事项

(1) 严格按设备性能和工作原理进行操作,不得滥用。

(2) 对复杂设备的使用,应在显眼处标明操作程序和注意事项。

(3) 在使用设备前要检查电器开关和保险装置是否完好。若有损坏和短缺时,要采取相应的措施,同时要注意电器是否受潮或沾水,如果电器上有水,要立即切断电源,将水擦干,否则会因漏水而发生危险。

(4) 厨房人员必须遵循安全规则,工作时不得擅自离开开动的机械设备。一旦发现设备运行异常,要立即停机检查分析原因,对于不懂设备性能者,不得随意拆卸设备,以防事故的发生。

(5) 注重设备的清洁卫生。厨房中的有些设备极易沾染物料,如不及时清洁,就容易造成食品污染,甚至引起食物中毒事故的发生,危害身体健康。如切肉机、磨浆机、和面机等,用完后若清洁不彻底,一些碎肉、粉浆、面粉都会残留在机腔、刀缝、搅拌轴上,引起细菌的繁殖,等到下次生产,这些细菌就会粘到新鲜的加工原材料中,造成变质现象。

三、厨房设备使用的意义

厨房设备是做好烹饪工作、保障饮食产品及时供给不可缺少的物质基础,先进的厨房设备运用到厨房生产中,特别是在上规模的高星级酒店、社会大型餐饮企业中的中心厨房发挥着日益重要的作用,其经济效益极其显著。

1. 提高劳动效率

如加工设备中的一台多功能切丁、切丝机加工量可达到每小时 1 300 千克到 1 500 千克,一台工业型绞肉机每小时生产量为 1 000 千克,一台上浆机加工量从每小时 20 升到 1 000 升,一台小型锯骨机每小时可加工排骨 500 千克等。炉灶厨师运用高效热能广式炉灶,每餐可烹制 60 人左右的菜肴。先进的厨房设备对提高劳动效率、减轻厨房员工的劳动强度具有极其明显的效果,它的运用对厨房生产起到了革命性的作用。

2. 提高产品质量

先进的设备在厨房生产中的运用,可以大大提高菜肴的品质。例如,高效热能广式炉灶具有发火猛,火力集中,燃烧充分无黑烟的优点,运用这种炒灶烹制菜肴速度快,菜肴色泽、成熟度、光泽度好。再如,利用切片机、切丝机加工原料,不仅速度快,而且其加工的半成品粗细、长短、厚薄均匀,感观效果好,烹制过程中成熟度一致。

3. 大幅度降低采购成本

先进的厨房设备在规模较大、拥有中心厨房的饭店中使用,整个饭店其他各功能厨房的原料,全部集中在中心厨房加工、采购,因集中采购单个品种采购量大,因此全部原料采购均向一级市场和原产地采购。如:肉类、蔬菜等直接向生产地和生产工厂订购,最大限度地降低了原料成本。

4. 大幅度减少运行成本

由于大规模运用高效厨房设备,劳动效率提高,一方面人员使用相对减少,另一方面也可以相对减少厨房面积,扩大餐厅的经营面积,使得厨房的卫生清洁工作量以及动力、照明、燃气等消耗指标降低,使员工的工作行走距离减少,从而减轻了劳动强度。

5. 卫生安全可靠,确保顾客生命安全

厨房设备绝大部分都是利用符合卫生标准的不锈钢材料制作,这些设备平整光洁,便于清洁保养,同时冷冻设备的运用使原料在 10～-18℃ 得到有效的保藏,抑制了微生物对食品原料的污染。全自动洗碗机的运用使餐具洗涤、烘干、消毒一体化,避免了餐具在洗涤过程中的交叉污染。

6. 节能环保

在能源利用上,一些高星级酒店在厨房安装了热能回收系统,通过炉灶排放到大气中的废热能的回收再利用,生产热水供厨房的生产使用,实现了环保、节约(虽然一次投入较大,但从长久来看利大于投入)。

第三节 厨房设备的维护与保养

引导案例

麦当劳虽然已经成为世界上最大的餐饮连锁集团,但还是通过各种有效途径尽量降低每家连锁店的费用成本。麦当劳餐厅主要通过能源一览表、机器设备维修记事表以及机器设备调查等途径展开节能活动。

餐厅的日常运作中,当班店铺经理主要通过"Fire up schedule"对厨房机器的电源进行控制,尤其是在营业清闲时期更要根据当时的营业销售额来调整机器的使用状况,关闭暂时不使用的机器开关。这项工作可以由经理亲自执行,但在大部分场合,为了培养店铺员工的节能意识,经理会命令员工去完成这项工作,然后自己进行再次确认。

麦当劳餐厅在进行厨房机器设备检查时,首先检查厨房内部的中央部分。检查人员仔细观察铁板区域的机器,关闭不必要的电源开关,并确认控制显示器是否已经熄灭、排气扇是否已经停止转动等情况。接着,分别检查面包烤炉和蒸汽机,然后对油炸机的运转情况进行确认和调整后,检查人员走到冷冻箱和冷冻库的后面,用手触摸感觉外壁是否有凹陷和冷斑,并检查电容器是否清洁,有没有附有冰霜和灰尘,如果发现灰尘,则今后应该注意缩短该机器的维修清扫周期,同时还要通过试验操作检查插销和垫片的状态是否良好,检查完冷冻箱和冷冻库的后部后还要对前部情况进行检查。

接着,要对软冰淇淋和水果奶油冰淇淋机器的压缩机、电容器和过滤器的运转情况进行确认后,再对咖啡机、热巧克力机和汉堡包保温库进行检查。再接着对厨房所有机器一一检查,还要对空调、冷却塔、排风扇以及厨房和室外的各种部件进行确认。

点评:急于求成的强制节能措施只会破坏店铺的形象,对店铺来说,以机器设备的检查内容为依据开展维修和保养是非常重要的。

厨房的重点是抓好生产、菜点质量管理以及成本控制,但厨房设备的维护和保养也是厨房管理者不应忽视的问题,厨房设备一经投入使用,其工作的效率、使用寿命的长短、损耗程度的大小、维修频率的高低,除了与其自身质量有关外,还与正确使用、日常的设备保养有密切的关系,定期对厨房设备进行维护和保养,能使厨房设备处于最佳运行状态。因此,对厨房设备的维护和保养并不是可有可无的程序,而是一项必不可少且行之有效的程序。

一、建立健全岗位责任制

厨房设备的管理,应该做到定人、定岗、定部门,本着谁使用谁负责清洁保养的原则。将设备管理的内容纳入员工的日常考核项目中,与员工的切身利益挂钩。厨房里容易发生故障的设备,应落实到具体管理人员,有必要厨师长亲自监督检查,发现问题立即与工程维修部门联系,排除隐患。

二、严格遵守操作规程

厨房设备的种类繁多,使用频率也很高,管理者应根据设备的不同特点和不同要求,对其使用方法、操作规程及注意事项作出规定。设备使用者严格遵守操作规程是提高设备的生产率、使用寿命和产品质量的保证。反之,如果违章操作,不但会影响到设备的工作性能,还会发生安全事故,危及员工的人身安全,缩短设备使用寿命。因此,为加强厨房设备管理,有必要编写设备操作程序,培训员工严格按照规定的程序操作设备。

三、加强安全操作与警示防范

机械设备虽能带来效率,但也最容易发生事故。因此,在操作时必须思想集中,严格按照规定的操作程序操作,并要有专业人员指导培训。对于一些机械设备的防护装置,不要为了图方便而随意拆卸。为了警示操作人员操作时注意安全、集中思想,可在机器设备附近较醒目的地方挂一些警示标牌,如:"请注意安全!""请严格按规定程序操作!""请女员工将头发盘上带好工作帽!"等等,目的在于提醒操作人员加强安全操作意识,防止意外事故的发生。

四、建立维护保养制度

厨房设备一旦投入到生产运作过程中,由于它长期使用,再加上厨房环境的因素(如油烟多、闷热、潮湿等),厨房设备很容易发生故障,作为生产人员在使用过程中,除日常清洁保养外,还要派工程专业维修部门定期跟踪保养,特别是炉灶设备、蒸柜、脱排油烟机、多功能搅拌机、洗碗机等设备,由于其运转负荷较大,工作环境较差,往往比较容易出现故障。因此维修部门应建立这些设备的保养制度,规定一定的期限必须保养检修一次,每次检查后作记录,有故障隐患及时处理,并由使用部门的负责人签字,使设备保养形成制度化、程序化、公开化、监督化。

图 8-10　厨房工具管理

除了大型、复杂的厨房设备的定期维护保养由工程技术人员或供货商负责外,日常维护保养要做到以下"五定":

(1) 定人。厨房设备的维护保养必须定岗定人,落实到具体的岗位和员工负责。

(2) 定时。制订厨房设备定期维护保养的计划,并检查落实的情况。

(3) 定位。厨房设备位置固定,不得随意移动。

(4) 定使用保养方法。由专人或生产厂家负责培训操作使用人员,严格按照操作规程使用和保养。

(5) 定卡。建立厨房设备档案卡,记录设备的编号、安装地点位置、日常维护保养、维修或大修的具体内容细则,并注明每次维修的费用。

第四节　厨房餐具使用管理

引导案例

几年前,G市某星级酒店餐饮部庞经理,他紧跟餐饮发展的潮流,决定在新、奇、特、异上下一番功夫,于是他决定先购买一批新款的餐具来点缀厨房所开发的新、奇、特、异的菜品。一批价值十几万的餐具很快购买回来了,并投入到厨房中使用,可不到两个月时间这批价值十几万的餐具所剩寥寥无几。这批新餐具哪里去了?责任管理者是谁?经过追查,原来这批餐具订购后直接送入厨房,当时并没有登记造册,也没有责任到某个具体的人管理,加上那时的管理水平还不高,员工的思想觉悟也不高,工作中破损严重,很快就耗尽了这批餐具。找不到责任人最后将庞经理撤职。

5年后,庞经理已是F市一家规模较大、档次很高的私营酒店的执行总经理。这家私营酒店不仅在F市很有名气,而且在该省的名气也很大,酒店管理严谨,生意一年四季天天无淡季,多年来在行业中一直名列前茅。许多同行都慕名而来取经。

庞总在向各位同行介绍酒店的成功管理经验时,道出了自己5年前在国营酒店管理失职一事,他深有感触而自豪地说:如今他管理的这家酒店,开业3年来,酒店的餐具除自然破损外,几乎能做到零破损,他自己在多年的实践中总结出了一套行之有效而独特的餐具管理经验。

点评:庞总经理所说的餐具管理的具体措施,正是我们下面所要介绍的管理思路。

在厨房生产中,与餐具打交道的部门较多,有冷菜间、点心间、灶炉间、传菜部、餐厅、洗碗间、房内用膳等,不仅牵涉到本部门的众多岗位,而且还牵涉到饭店的其他部门。因此,如果不建立一套行之有效的厨房餐具管理办法,厨房餐具不仅容易破损,而且也容易流失,造成巨大的浪费,将影响饭店的收益。

一、登记造册,建立盘点制度

厨房餐具在订购时,其规格、型号、数量一般都是根据饭店的经营档次及经营的品种确定的,尤其是餐具的数量,一般在订购时都要放一定数目的破损率及周转量,因此其数量往往大于实际使用量,餐具到货后厨房应根据各岗位的实际用量领用,并根据规格、型号登记造册。多余的餐具集中存放在仓库中,并建立厨房现有餐具每月盘点制度,有利于厨房餐具的管理。

二、建立专人值班发放餐具制度

无论是厨房盛装菜点的餐具,还是前台供摆台用的骨碟或客人用餐后的脏餐具,其集散中心都在洗碗间,加强洗碗间的管理,建立专人值班发放餐具制度,有利于查找破损餐具的源泉,杜绝破损餐具的外流。具体操作步骤如下:

1. 洗碗间不发放破损餐具,领用部门拒收破损餐具

洗碗间在每餐开餐前派专人值班发放干净的餐具,各领用餐具部门具体领用人,在领用餐具时如发现餐具破损则拒绝领用,其餐具破损责任由洗碗间承担,如果餐具领用人在领用过程中没有发现餐具破损,待餐具领用到本部门后发现有破损,则破损责任由领用餐具部门负责。明确破损责职,加强每个岗位每位员工的责任心,减少餐具破损后互相扯皮的现象,不仅能有效地控制厨房餐具的破损率,而且也能及时找到责任部门或责任人。

2. 层层把关,拒收破损餐具

一般中餐经营的饭店、餐馆,厨房餐具在厨房生产过程中流动程序示意图如图8-11所示。

图示中的流动程序为相互间的,前面已经提到各部门首先将本部门需要的干净餐具集中到洗碗间领用后,在使用过程中要层层把关,拒不收上一个工作流程中传递过来的破损餐具,否则责任自负。如

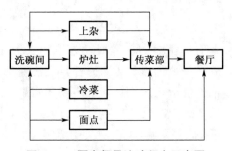

图8-11 厨房餐具流动程序示意图

炉灶间不接受洗碗间发放的破损餐具,传菜部不接受炉灶间或上杂、冷菜、面点等出品部门盛装菜点的破损餐具,餐厅服务员不接受传菜部传递来的盛装菜点的破损餐具,洗碗间拒不接受餐厅、传菜部、上杂、炉灶、冷菜、面点等部门回流的破损脏餐具,充分发挥每一工作流程中工作人员的监督作用,就能及时查找到破损餐具的责任人或责任部门,发挥层层把关,相互监督,员工就会养成良好的工作习惯,餐具也就不易破损了。

3. 及时汇报,并作好破损餐具记录工作

餐具管理工作是一项长期而艰巨的任务,洗碗间在接受各使用部门撤回的脏餐具时,心要细,要仔细观察,如发现某个部门送回的脏餐具有破损时,要及时向厨房管理者汇报并做好记录,分清责任让其确认,决不可将破损的餐具清洗后再汇报,这样就很难说清是清洗过程中破损的,还是别的部门送还时破损的,不利于查找责任人,给管理带来不便。

【案　例】

加强餐具管理与降低损耗

南京某星级酒店,为了加强餐具管理,降低损耗。餐具管理由管事部主管负责,实行主管负责制,负责对餐饮部所有餐具的管理工作。负责制规定全年餐具的破损率在行业规定的每月千分之三之内,若管理者控制得当,损耗率小于行业规定的标准,则差额部分全部作为奖金,由管事部主管负责分配;若管理失误,损耗率大于行业规定的标准,差额部分全部由管事部主管承担,并由其追究相关人的责任。

餐具管理负责制的出台,加强了管理者的责任心。管理者每天都跟班监督,实行餐厅、厨房餐具登记造册、每月盘点、洗碗间派专人发放餐具、检查回收餐具、房内用膳派专人送收,并做好登记注销工作。注重对员工收洗餐具的培训,养成良好的使用习惯,建立谁打破谁负责赔偿制度。对于自然破损,如烧破、蒸裂的餐具由当事人及该部门负责人共同向管事部主管申报,通过这一系列措施,全体员工密切配合,互相监督,将餐具破损控制在零损耗(除自然损耗),为饭店节省了大量费用,员工也得到了实惠,更提高了管理水平。

三、加强贵重餐具的管理

有些经营档次高的饭店,常常使用一些金、银器餐具和进口餐具,这些餐具虽然数量不多,但往往价值较高,因此有必要重点加强管理,对于这种类型的餐具管理,往往由专人管理,使用时由专人借出,用后洗净擦干后如数归还。另外,金、银器这类餐具容易氧化变色,因此管理者还要定期请专业人员保养,以延长其使用寿命。

四、养成良好的使用餐具习惯

餐具属于易损物品,如使用不当很容易破损,为了降低损耗率,减少费用,增加饭店的经济效益,厨房管理者有必要对员工加强餐具使用知识的培训工作,培训员工的良好习惯,轻取轻拿,勤取勤拿。有许多饭店员工在拿取餐具时往往使用餐车拉取,一次拉取的数量很多,而厨房的地面一般使用防滑地砖凹凸不平,餐车在运行过程中,容易发生强烈的振动,使得餐具之间互相撞击,容易发生破碎,特别是餐厅收台工作,服务人员往往将规格不一的餐具放在同一筐内,也容易使餐具破损,因此作为管理者要时刻提醒员工,最好提倡餐厅脏餐具,由传菜生及时用托盘带回的良好习惯,这样可有效杜绝餐具破损的现象。

【小资料】
中餐厨房硬件设备标准

硬件设备是厨房生产运作的基本要素之一,它主要指厨房中的烹调设备、加工机械和储藏设备,更广泛的含义还包括厨房中的各种用具、餐具。

硬件设备对厨房产品质量起着关键的作用。由于厨房生产除了依赖厨师的技艺和原料品质外,还与厨房生产的硬件设备密切相关。因此,菜点的形状、口味、颜色、质地和火候等各个品质指标质量都受其硬件设备的影响。

对于餐饮投资者和经营者来说,硬件设备的选购是一项重要的工作。由于菜点是餐饮经营中重要的产品,它体现餐厅的级别,又反映了餐厅的形象,因而要尽可能选择优质的厨房设备。优质的厨房设备不仅能生产高质量的菜点,而且工作效率高、安全、卫生、易于操作、可节省人力和能源。

在选购硬件设备时必须考虑如下因素:

● 计划性选购硬件设备

现代厨房设备不仅价格昂贵,而且消耗大量能源。因此,餐厅应有计划、有目的地购买厨房设备,应针对餐厅经营的需要,添购适用的厨房设备。要分清必备设备和有用设备的区别。

● 厨房设备应符合菜单需求

菜单是餐厅经营水平、档次的一个直接反映,菜单的需求就是经营的需求。在经营和管理过程中,无论经营何种菜点都必须具备相应的生产设备,生产设备的选购应以符合菜单需求为依据。

所以,购买实用、符合菜单需求、结实耐用、便于操作的厨房设备是餐厅经营对厨房设备选购的根本原则。

● 厨房设备经济效益分析

厨房选购设备时,一定要进行效益分析。首先要对选购设备的经济效益做出评估,然后对购买设备的成本进行预算。

● 厨房设备生产性能评估

厨房设备的生产性能,直接影响到菜点质量和生产效率。因此,在购买厨房设备前,管理人员应根据厨房各部门的具体需求,对要购买的设备逐个进行生产性能评估。

此外,选购厨房设备时,还应考虑到企业未来菜单变化和设备使用的能源情况。

● 厨房设备安全与卫生要求

安全与卫生是选择厨房设备的主要因素之一。它涉及设备用电、用气的安全,设备外观是否光泽、平整,有无裂缝、孔洞,是否利于清洁、保养等诸多方面。

绝不可贪图一时的便宜,买入质量低劣的产品,为生产带来后患。

检 测

一、案例分析

某酒店拥有500个餐位,生意相当火爆,在外人看来这家饭店的老板一定挣了很多钱,可饭店李老板一点都不开心,整天心事重重。有一天,李老板一位多年不见的朋友张先生来饭店就餐,正好碰到李老板,两个寒暄之后互问这些年来的发展情况。李老板向朋友说:表面上看我的酒店生意很好,可实际上挣的钱并不多,现在人员工资高,而且人员很难招到,再加上现在的燃料成本、菜肴等各种成本都高,所以,营业利润总不能达到理想的目标,自己正为这事发愁。

听了李老板的一片苦言后,李老板的朋友张先生开口说:自己这几年也在南方某城市开酒店,而且这些年发展得不错。针对李老板所说的现在餐饮运作成本高,张先生也有同感,不过他针对高成本时代采取了一些策略来降低成本,并取得了可观的效果。如:针对目前煤气、柴油价格高,他所开的饭店已改用一种新型的燃煤灶,该灶的外表与煤气灶、柴油灶一样干净,火力也猛,但在燃料成本上要节约2/3。在人员结构上也作了大量的精简,厨房购买了一些高效的食品处理机、切片机、去皮机等,大大压缩了初加工人员及切配人员,既解决了招工难又节省了工资成本。张先生说:自己使用了低能耗的燃煤炉灶和购买高效的厨房机械设备投入到厨房生产中,光这两项每年要为自己节省20多万,张先生建议李老板也试一试,李老板听了朋友张先生的一番话后茅塞顿开,脸上露出了久违的笑容。

二、课堂讨论

根据上述案例分析,讨论以下内容:
1. 请说说李老板餐饮经营的苦处主要有哪些方面?
2. 为什么说使用了低能耗设备李老板露出了笑容?
3. 怎样理解高效能设备又能节省人的工资成本?

三、课外练习

1. 区分实习厨房各类设备,并制定使用制度。
2. 按照厨房生产的流程,设置所需的相关设备。

四、课后思考

1. 厨房设备选购的原则有哪些?
2. 使用厨房设备必须注意那些方面?
3. 对食品冰库如何进行保养?
4. 如何延长厨房设备的使用寿命?

第九章 厨房卫生与安全管理

学习目标

◎ 了解食品生产安全基本知识
◎ 掌握食品生产中容易出现的不安全因素
◎ 了解现代安全卫生与传统认识的差别
◎ 了解HACCP食品安全管理体系
◎ 明确厨房生产加工过程中的卫生要求
◎ 了解厨房安全生产常识并对常见事故进行控制
◎ 熟识食物中毒的种类并懂得如何去预防

本章导读

餐饮业卫生对顾客的健康有着极为密切的关系,任何一家大小企业都应把卫生作为一项硬指标抓好。从厨房的环境卫生,到厨房的设施、设备卫生,以及厨师的个人卫生,都应该始终如一地保持清洁、无菌、无毒的良好状态。厨房生产与操作安全,是厨房日常管理中的一个特别需要关注的方面。厨房生产安全管理的目的,就是要消除不安全因素,消除事故的隐患,保障员工的人身和企业安全及厨房财产不受损失。本章将从厨房卫生和安全两方面入手,对卫生和安全管理进行全面的阐述,并对当前国际较流行的HACCP食品安全管理体系进行系统的介绍和分析。

第一节 厨房卫生安全概述

引导案例

"凉拌干丝"变质惹祸

××大型超市职工食物中毒的原因终于查明,放倒24人的祸首竟是凉拌干丝!昨天下午,为中毒者提供食物的×××大酒店被罚款16 820元。

1. 凉拌干丝放倒24人

昨天下午,区卫生局和卫生监督所通报了6月7日××大型超市发生食物中毒的调查情况。

6月7日,××大型超市职工中午在单位集中食用了由×××大酒店提供的卤牛肉盖浇凉面和凉拌干丝午餐后,24人陆续出现腹痛、腹泻、呕吐等症状,到金城医院就诊。经过调查分析,午餐中的凉拌干丝是食物中毒的"罪魁祸首"。专家说,干丝在煮熟后没有及时冷却,当前天气较热,容易滋生细菌,存放时间稍长再进行凉拌就会导致人体出现中毒症状。

2. 应急机制立即启动

市卫生监督所副所长说,根据国家颁布的《突发公共卫生事件应急条例》,食物中毒就是三类突发公共卫生事件中的一类。这起食物中毒事件发生后,市卫生监督部门立即启动了应急机制。

6月8日下午4:30分,区卫生监督所接到通报,当即组织人员调查,并赶到×××大酒店突击检查。在该酒店厨房操作现场,监督人员发现生加工间操作台上存放两盆生鱼头、三盆熟蛋饺和两盆熟凉面,还有两只苍蝇;熟食间内的熟牛肉、盐水鸭在购买时没有索取任何相关证明;两名操作工人没有健康证。区卫生监督所当即责令其停业整顿,并作出行政处罚的决定,没收其违法所得1 164元,罚款人民币16 820元。

点评:饮食卫生已成为困扰餐饮业发展的瓶颈,已到了刻不容缓的地步,亟须广大同仁彻底改变传统旧习,从严要求,以营造一个卫生安全的崭新的餐饮世界。

饭店、餐饮企业向顾客提供有益健康、美味及卫生食品应是经营的主要宗旨。然而餐饮企业中的日常操作复杂,而顾客需求迫切,因此,员工(素质)、食品(制作)及器具(清洗)的配置和管理是食品安全卫生管理的重点。

在欧美国家,从事食品和厨房生产的工作人员都必须首先学习食品安全卫生知识,并经过考核达到要求的分数后领取"食品安全卫生证书",才可以进入食品和厨房生产场地工作(类似于我国的"健康证"),否则不予厨房生产工作。

餐饮业卫生对顾客的健康有着极为密切的关系,不管是大、小饭店或餐馆,都应把卫生作为一项硬指标抓好。从厨房的环境卫生,到厨房的设施设备卫生,以及厨师的个人卫生,都应该始终如一地保持清洁、无菌、无毒的良好状态。应该说,一个厨房的卫生状况,体现了整个厨房工作人员的整体素质。

一、厨房卫生安全的影响因素

厨房相当于一个"食品加工车间",这个加工车间同食品厂一样会存在食品安全问题。因此,不仅需要良好的操作规范,更需要控制好加工过程中的关键点。

良好的卫生和个人清洁对于餐饮业的每一位人员都是十分重要的。严格的卫生标准对于整个企业防止食品和食品接触面受到疾病和致病微生物的污染是必要的。这些标准应适用于所有餐饮企业,并且在分工和培训期间告诉所有的员工。管理人员应跟踪检查以确保每一位员工支持标准。

卫生管理是厨房管理中的最基本的任务。任何一家餐饮企业都不能忽视卫生这个根本。造成企业菜品不卫生的主要原因在于生产加工过程的交叉污染、操作环境条件欠佳、使用添加剂不按规定的标准等等,一句话,厨房的卫生问题主要是餐饮管理过程中的问题。因此,避免不卫生因素的发生,最有效的方法就是加强生产卫生、储存卫生、销售过程卫生等的管理与有效控制,使任何不卫生、不安全的因素都能得到良好的控制。从厨房管理的评价来看,厨房卫生程度也是厨房管理人员自身素质的具体体现。设想一个没有好的卫生习惯的管理者也不可能把厨房食品卫生管理好。

1. 管理者对食品卫生安全的态度

一个企业的厨房卫生情况与企业管理者的态度和所制定的制度以及执行情况有很大的关系。作为管理者,要让你的员工及顾客清楚地知道企业十分关注食品卫生,并采取多种管理措施。

食品安全卫生,需要厨房生产中每项工作流程都合宜,从接受食品原料到向顾客供应食品,每一个关键点都必须安全可靠。在这些方面,除了每位员工尽自己的本分安全操作外,还需要全体员工的通力合作。总之,需要企业所有人员的共同努力,务求食品卫生安全。

餐饮卫生管理是关乎广大顾客前来消费与否以及有关健康的问题,如何施行食品卫生制度,体现对顾客的责任,管理人员的责任重大。在欧美,卫生管理十分严格,必须履行全面性的食品安全卫生计划。在美国的食品卫生实用指南上,对餐饮业管理人员提出了一些基本要求,要求认识并应用下列资料:

- 经由食品传播的疾病及这些疾病的病症。
- 预防、除去或减少食品操作过程中所遇到的危险;所采取步骤必须符合国家法规的要求。
- 个人卫生与疾病传播的关系,特别是关于卫生的食物接触到不清洁、不卫生的东西,手接触到即食食品,及时清洗并恰当的洗手。
- 如何防止受伤或患病员工污染食物或污染食物接触面。
- 控制有助细菌快速增长的食物在细菌可以生长的温度中存放的时间。
- 有助细菌快速增长的食物,如肉、家禽、蛋及鱼的安全烹调温度及时间。
- 冰箱冷藏、保温、冷却以及再加热有助细菌快速增长的食物的安全温度及时间。
- 清洁及消毒食具及其他器具的食物接触面的正确程序。
- 有毒化学品、清洁剂的种类,及如何安全地存放、配给、使用及弃置。
- 需用的器具,数目及容量要足够;要适当地设计、组合、安装、使用、维修及清洁。
- 餐馆/食品工场的饮水供应及保持饮水清洁卫生的重要。
- 如何施行食品卫生制度的原则。
- 地方法律指定员工、经理及地方卫生局应有的权利、责任及权力。

2. 菜品卫生管理的薄弱环节

厨房食品卫生工作具有内容复杂、环节繁多、政策性强等特点,要保证和提高食品卫生质量,加强科学的管理就显得十分重要。食品卫生管理是指在国家实行食品卫生监督制度下,饮食企业及其上级主管部门,利用卫生法规及其卫生标准、卫生办法和卫生制度对本系统、本企业的自身行政管理。食品卫生管理不仅是饮食企业行政管理的经常性工作,也是食品卫生监督、检验部门的重要工作。

进入21世纪以来,中国餐饮业的卫生已发生了很大的改变,许多餐饮企业已把安全卫生放在经营的第一位,厨房的工作环境、工作人员的卫生意识也产生了翻天覆地的变化。但一些小餐馆、小排档的卫生还是不容忽视。个别餐馆的厨房脏、乱、差的现象还时有出现。其监管漏洞也是防不胜防,这是影响整个餐饮业高速发展的拦路虎,需要花大气力去解决。

就厨房食品质量问题,据调查结果显示,仅菜品的卫生问题主要有以下几个方面:

(1) 菜品中有异物,如沙子、毛发、草木屑等;

(2) 菜品中含有有害物质而引发的食物中毒以及加工过程污染和加工不当所致等;

(3) 菜品加热不彻底造成的食物中毒等;

(4) 餐具不符合卫生质量要求,如灭菌消毒不彻底、使用破损餐具等;

(5) 选料不严谨,使用质量较差或变质的原料等。

如果仔细分析这些原因,主要还是由于管理不善造成的。因此,加强厨房食品卫生管理水平,尤其要结合现代食品安全管理理念,以确保食品生产全过程的安全可靠。

3. 食品本身的不安全因素

【案 例】

北京"扁豆中毒"伤及62人

近日北京连续发生多起因食用扁豆引发中毒的事故,发病人数已达62人。据了解,每个品种的扁豆如加工不当均可引起中毒。中毒原因主要是烹调加工不当或加热不透,扁豆毒素没有被破坏。扁豆中毒与其含有凝血作用的红细胞凝结素有关,只有彻底加热才能破坏其毒性。扁豆中毒潜伏期为30分钟至5小时,发病初期多感胃部不适,主要症状有恶心、呕吐、腹痛、腹泻、头晕、头痛,大多数病人心慌、出冷汗、四肢麻木等,病程1至2天。

市卫生监督中心提醒各餐饮企业、集体用餐配送单位和广大市民,在烹调扁豆时要采取炖、烧等加热时间长的加工方法,避免采用拌、炒等加热时间短的加工方式。

(资料来源:三峡商报.2007年6月6日)

据卫生部新闻办公室的公布结果:2003年全国重大食物中毒事件共报告379起,12 876人中毒,323人死亡。与2002年比较,重大食物中毒的报告起数、中毒人数、死亡人数分别增加了196.1%、80.7%、134.1%(资料来源:中国青年报2004年2月13日)。仅2004年第二季度,卫生部就收到重大食物中毒事故报告132起,中毒4 700人,死亡97人,其中涉及100人以上的中毒10起(卫生部公告2004年第9期)。事实上,实际发生的中毒事件远远超过以上的数据。然而,对大多数人来讲真正可怕的是隐性中毒。由于隐性中毒的次数、危害无法统计,更显得令人防不胜防。因此,我国餐饮业的卫生安全防范已刻不容缓。

食品中的不安全因素涉及范围较宽,原因复杂。大约可以概括为以下三类:

(1) 生物学因素。生物学的危害包括细菌、病毒和寄生虫等微生物。

微生物分布广泛,绝大多数为非致病性的,而且很多还对人体有利。只有少数微生物在一定条件下才具有致病性。我们的目标就是控制这些致病性微生物的危害。

和食品有关的致病性微生物主要是细菌。吃了被细菌(如沙门氏菌、葡萄球菌、大肠杆菌、肉毒杆菌等)及其毒素污染了的食物,如没洗净的瓜果蔬菜、被腐物污染的食品、过期的食品、腐烂的食物等,都容易引起细菌性食物中毒。

细菌性食物中毒临床表现为恶心、呕吐、腹泻、腹痛等。具有潜伏期短、时间集中、突然爆发、来势凶猛等特点,90%以上发生在7、8、9三个月。

主要是食品在加工、运输、贮存、销售、制作等过程中,由于忽视食品卫生而引起的交叉感染。预防的关键是:加强饮食卫生管理,防止食品污染。

(2) 化学因素。化学因素引起的食物中毒一般具有毒性强、死亡率高的特点。

据卫生部统计,2004年第2季度中毒死亡人数中,有74.2%死于化学性中毒,死亡率达11.2%。见表9-1。

表9-1 食物中毒因素统计

致病因素	报告起数	中毒人数	死亡人数
化学性	53	644	72
微生物性	58	3 578	5
有毒动植物	20	476	18
不明原因	1	2	2
合　计	132	4 700	97

化学性中毒一般分三类,即天然化学物质、添加的化学物质、外部或偶然添加的化学物质。

天然化学毒素指非人工添加的,本身含有的或因为变质而产生的毒素。比如全国发生的多起扁豆中毒事件。扁豆中含有毒蛋白,如不充分加热,极易引起食物中毒。2004年10月,北京出现4起群体扁豆中毒事件。比较常见的天然化学毒素有霉菌毒素、河豚毒素、贝类毒素等。

食品添加剂。如今,许多食品如糖果、糕点、罐头、饮料等都因为加入了食品添加剂,或拥有了诱人的美味,或穿上了艳丽耀眼的外衣。这类食品能刺激人的食欲,具有挡不住的诱惑力,却潜伏着危及健康的隐患。食品添加剂有许多种类,如漂白剂、防腐剂、香精、色素、膨化剂等等。

外部或偶然添加的化学物质如杀虫剂、除草剂等化学污染物,包括兽药残留、农药残留、重金属残留、其他工业化学污染物等。另外,企业本身的一些化学物质污染,由于生产过程中清洁剂、润滑剂、消毒剂、涂料等的使用污染了正在加工的食品等。

(3) 物理因素。主要是由于食品中有如玻璃、金属等硬物,人吃时引起口腔、牙齿等损伤。这种食品引起的投诉是比较多的。

由物理因素引起的伤害较为直接,一般不会对人体造成长远的影响。

二、国家食品卫生与安全法规的建设

新中国成立以后,国家相继出台了一系列的食品安全卫生法规。主要有:《中华人民共和国食品卫生法(试行)》(1982年11月19日全国人大常委会第二十五次会议通过,并从1983年7月1日起试行)、《食品加工、销售、饮食企业卫生"五·四"制》(卫生部、商业部1960年颁布)、《餐饮业食品卫生管理办法》(2000年1月16日)、《食品卫生行政处罚办法》(1997年3月15日)、饭馆(餐厅)卫生标准(GB 16153—1996)、《餐饮业和集体用餐配送单位卫生规范》(2005年6月27日)等等。

近年来,食品安全问题已成为全国人民十分关注的话题。对于餐饮业从业人员来说一直是很重要的一个方面,它直接关系到人民群众的健康和生命安全。国家高度重视食品安全,在原有《中华人民共和国食品卫生法》(1995年10月30日颁布)的基础上,2009年2月28日,十一届全国人大常委会第七次会议通过了《中华人民共和国食品安全法》。《食品安全法》是适应新形势发展的需要,为了从制度上解决现实生活中存在的食品安全问题,更好地保证食品安全而制定的。其中确立了以食品安全风险监测和评估为基础的科学管理制度,明确以食品安全风险评估结果作为制定、修订食品安全标准和对食品安全实施监督管理的科学依据。

《食品安全法》是一部比较系统、完整的食品安全法律。它的颁布标志着我国食品安全卫生工作进入了一个新的阶段,使食品生产、经营有法可依。同时它对保证食品安全防止食品污染、保障人民健康有着重要意义。

1. 贯彻以预防为主的方针,使餐饮产品更加安全可靠

我国食品安全法侧重于从防止有害因素的角度保证食品安全,并在一定程度上兼顾食品的营养要求。这就等于从饮食安全、卫生的角度规定了人民享有健康权。食品安全法在预防方针上不仅要确保当代人健康,还要防止潜在危害性,造福于子孙后代,增强全民族体质。如果在餐饮的运营管理中能自觉地加强安全卫生管理,形成良好的对潜在危害食品的监控机制,将会在很大程度上减少甚至杜绝食品中毒事件的发生。这样就可以使饭店、餐馆加工销售的菜点更加安全可靠,从而成为消费者放心的企业。

2. 维护餐饮消费者利益,提高顾客的满意度

对于饭店经营者来说,要想赢得广大消费者的信赖,关键的问题是要以维护餐饮消费者的人身利益为首要,这就要求餐饮生产销售的食品卫生干净、安全可靠,不会给消费者带来任何不安全的因素。顾客满意度是包括菜点安全卫生在内的一个综合性指标。如果饭店严格执行和实施卫生监督管理,就可以杜绝菜点的所有危害性或是把这种危害性降低到最低,这才是提高顾客满意度的基础。因此,就需要食品防疫部门、卫生部门等对企业的食品安全实施检测和监督,以确保食品的卫生安全性,维护广大餐饮消费者的利益。

3. 充分代表了人民的利益,有利于开展食品安全监督工作

食品安全法是从我国国情出发,明确规定各项禁止生产经营的食品,对造成严重后果的违法者,要负有民事和刑事责任。我国实行国家食品安全监督制度,采取直接授权给监督机构的方式,并在各级人民政府领导下进行监督管理,这有助于权力与责任的统一,为开展食品卫生监督工作创造了必要的条件。我国食品安全法规定,任何人都有权揭发检举或控告违反本法的行为,情节严重的还可直接向人民法院控告,维护消费者的权益。

4. 坚持食品安全法制监督管理,可保障饭店企业的实际利益

提高食品安全质量,没有法制仅靠说服教育不行,但没有道德教育,也是不利于法制的执行。如果饭店企业加工销售的菜品含有对人体有害的因素,一旦给消费者造成伤害时,企业就要承担一定的道义责任,甚至法律责任。轻者对受害人进行必要的经济赔偿,重者会受到法律的制裁。因此,从有效保证饭店企业的利益方面来看,食品安全也是不可忽视的,必须把任何不卫生、不安全的因素控制在最低水平,以确保消费者、饭店企业、企业员工等各方面的利益。

三、对食品卫生安全的认识与变化

1. 对食品卫生安全的必要认识

(1) 食物的危险与挑战。作为一个从事烹饪工作的人员,应明确地认识到安全生产的重要性。因为你要时刻面对以下导致食物中毒危险的挑战:

① 食物的数量及种类有危险;

② 多种引致食物污染的机会。食物在每一个操作过程中,由收货到存货、准备烹调、烹调、保温(避免食品污染)、上菜、冷却及再加热,都有潜在的危险;

③ 不同顾客的差别:儿童、老年人及免疫能力弱的人抵抗病毒的能力低,容易感染;

④ 受过系统训练的员工人数不足。

归根结底,厨房管理人员、饮食业主及管理者要对食物卫生安全负起最大责任。因此,一个良好的食品安全制度及一个有效的员工训练计划是不可缺少的。

(2) 容易受污染的食物。虽然任何食物都会受污染,但潮湿、含蛋白质高的食物会因细菌容易在其上生长而被列为"引致细菌快速增长的食物"。美国公共卫生部把任何含有全部或部分下列成分的食物列为"引致细菌快速增长的食物":

"奶或奶类产品、有壳蛋、肉类、家禽、鱼、介壳类、食用的甲壳类(如虾、龙虾、蟹)、熟的马铃薯、豆腐或其他黄豆类蛋白质食品、蒜头与油的混合物、热过的植物类食品,如豆、生的种子及豆芽、切开的瓜果片及人造的成分(如用豆腐代替汉堡包之肉)。"

(3) 食物危险温度带。华氏 41 度至 135 度(摄氏 5 度至 57 度)是引致细菌快速增长的危险温度带。而且,有些细菌可以在较低温度下生存甚至生长。因此,冷藏食物不是可以完全防止细菌在食物中生长,必须弃掉过期食品。

四小时法则:食物于 5～57℃ 下只能保持卫生 4 小时。

〔注:美国食品及药物管理局的 1993 模范食品条例(1993 Model Food Code)中称华氏 41 度至 140 度(摄氏 5 度至 60 度)是危险温度带。2004 年前规定的温度是华氏 40 度至 140 度(摄氏 4.4 度至 60 度)是危险温度带。上面的数据是 2005 年公布的最新管理条例。〕

(4) 食品的水分活性。食物的含水量又叫水分活性(water activity——简称 AW)。有害细菌可以生长的最低 AW 是 0.85。大多数引致细菌快速增长的食物其 AW 值是 0.97 至 0.99,这个数值范围十分适宜细菌生长。用冷冻、脱水、加糖或盐,或烹、煮可以将 AW 降至安全水平。干燥食品如豆类或米,若加入水分后会变成引致细菌快速增长的食品。

2. 现代食品安全卫生理念的改变

一谈起餐饮安全、厨房卫生,很多人都认为这个问题较简单,但多少年来我们有些企业对这个简单的问题就是没有落到实处,流于形式,表面文章做得较多,个别企业的厨房卫生一直都没有多大的改观。当今,我们讲食品安全,随着时代的发展又有了新的要求与认识。为了满足餐饮消费者对餐饮产品安全质量的新的需求,餐饮经营管理者必须适应这种变化,应对餐饮安全及其卫生控制有一个全新的认识。

现代餐饮安全控制是全方位的,其基本理念是:厨房菜品生产的食品链(自原料生长、加工、包装、储存、运输直至消费)的各个环节和过程,即从农场到餐桌,都有可能存在生物的、化学的及物理的危害因素,应对整个食品生产链中危害存在的可能性及可能造成危害的程度进行系统和全面的分析,确定相应的预防措施和必要的控制点,实施程序化的控制,以便将危害预防和消除降至消费者可以接受的水平。

应该说,传统的食品卫生管理与现代新的食品安全管理理念发生了一个很大的变化,具体表现在以下几个方面:

① 食品卫生与安全的立足点改变。传统观念:人们一谈到食品卫生,就会同时想到饭菜原料是否干净,菜肴加工过程中是否有污染的可能性,最后上到桌上的菜品是否干净卫生,以及餐厅、餐具等是否干净卫生等。也就是说,传统意义上的食品卫生,主要是菜品本

身的干净卫生等,它使经营管理者关注的是餐饮产品表面的卫生水平,而忽略了对餐饮产品消费者全面卫生安全的关注。

现代理念:在倡导"以人为本"的企业管理与经营战略的今天,传统的食品卫生意识显然已经落伍。现在有战略眼光的企业在产品的设计与生产经营中首先应该想到的是"人"(产品的消费者),然后才是产品本身,于是,在我们的周围,无数带着人性化、个性化的产品走向了消费者中间。从关注消费者的人身安全为立足点,一切以顾客为中心,把"顾客"放在第一位,而不是把餐饮产品(即"物")放在第一位。

② 人们所关注的视点更全面。传统方式:传统的食品卫生是以产品的表面卫生为着眼点,为了保证菜品的干净卫生,其主要的关注方式就是事先预防和事后处理。其预防措施主要是对生产场地、原料、产品等项目进行不同方式的检查。此种检查方法虽然可以起到预防的效果,但由于检查在形式和时间上都受到不同程度的局限性,往往有许多隐患不能根本的控制和排除,致使引发的危害事件时有发生。当中毒等危害事件发生后,其关键所在就是做好事后处理。

现代理念:目前对食品卫生安全思考的新理念,就是从更深层次的人类安全需求着眼,把从只关注检查结果为中心的食品卫生管理理念摆脱出来,去关注餐饮产品形成的全过程、全方位、多层面的安全控制,甚至包括它的外延部分的安全控制,使食品安全管理尽可能走向完善。它们在关注方式上是以有效控制与预防再发生为主,当然也包括对危害事件发生的事后处理工作。对餐饮产品从原料到加工生产过程及产品供应全过程的危害分析与关键点控制,可以在最大限度内把餐饮对消费者的危害性降低,甚至完全排除,如控制各种食品的温度和时间等。由于它的运行方式是对所有环节的全面分析与控制,没有任何盲点,为有效地提供卫生安全的餐饮产品创造了良好的先决条件。

③ 对卫生安全认识的角度在提高。传统认识:以前人们对食品卫生的认识,只是仅仅停留在食物中毒或疾病传播,以及菜品中的异物给消费者造成危害的层面上,注重的是餐饮中显在的卫生内容。如果从时限上看,人们所注重的是眼前的或短期的危害因素。

现代理念:作为预防性的食品安全卫生控制手段,现在所强调的是对食品生产过程中各种潜在的食品安全危害进行预防性的评估,并在此基础上确定针对危害的预防控制措施。所奉行的是"不生产不合格的产品"的理念。一句话,以前餐饮消费者更多关心的是表面的餐饮食品卫生问题,而现在关心的是从餐饮产品表面到内在根本的全部卫生安全问题。

④ 卫生安全管理的方法更周全。传统管理:传统的食品卫生管理方法是以定期检查和事后处理为主,事后处理是一种完全的被动方法,无须做详细介绍。检查的方法,表面上看好像有点主动性特征,但细分析起来,也是一种典型的被动方式。被检查者往往流于形式,有时为了应付检查,就不得不搞突击甚或是弄虚作假,对检查者来说也是为了例行公事,而对被检查者来说则是一种形式,难免有遗漏,甚或不彻底,从而失去了对食品卫生安全的保证需要。

现代理念:食品安全的全新理念,是在为了真正保持就餐者卫生安全的前提下,建立一套新型的食品安全管理体系。这种管理体系无论以何种方式出现,都必须达到如下的目的:迫使餐饮经营者、管理者、产品生产者,乃至服务过程都要主动地去寻找任何可能存在的危害因素,使所有危害因素在就餐人食用以前被彻底排除掉。这是一种主动的食品安全管理模式。

总而言之,现代食品安全管理理念,能给企业带来以下好处:
- 使质量管理体系更加完善,管理更加科学;
- 降低质量管理成本;
- 全球认同的食品安全体系;
- 是企业无形资产的积累;
- 为企业的形象增加新的亮点,给顾客以信心。

第二节 危害分析关键控制点(HACCP)

引导案例

5月18日及19日,有近300旅客坐火车往南部。途中,他们感染食物中毒,至少有68人被送去医院。火车曾经中途停车在一间餐馆买盒式午餐。经过调查,该食物中毒极有可能是由餐盒中火腿里的细菌引起。

调查显示在5月15日,盒餐出售前3天,50块火腿送到餐馆后,被存放在一个运转不正常的冻房内。次日,即5月16日,火腿被去骨、烹煮及切片,接着又被冷却但其温度没有被测量,一直冷却至5月18日上午,与其他食物一起被放进午餐盒内。餐盒封盖后被运到铁路车站。餐盒在没有冷藏3小时后即分发给乘客吃。

所有感觉不适的乘客均吃了餐盒内的火腿、焗豆、薯仔色拉、餐包和咖啡或茶。经过对乘客所吃的火腿样本进行化验后证实,火腿内有足够数量的有害细菌引起中毒。同时对一个厨房操作人员的指甲进行化验,发现其中的细菌跟火腿中的细菌一样。

点评:评析:这次食物中毒是人为的,而且是可以预防的。在这个案例中,中毒的其中一个原因是食品加工人员切火腿之前没有洗手;另一个原因是没有充分冷冻火腿。火腿是引致细菌快速增长的食品,应该要放在冻房冷冻。由于切片火腿没有适当的冷冻,细菌都在不停地生长。

许多人可能未必知道这宗个案所出错之处,在以下的内容中,将会提供资料帮助人们辨别问题所在而懂得如何避免此类事件的发生。

对我国餐饮行业人员来说,HACCP是一个比较新鲜的名词。面对加入WTO后旅游事业发展的需求,中国餐饮业面临着必须与国际同行业管理标准接轨的严峻形势,这就有必要对HACCP的内容和运行机制进行全面的了解和引入实施,以便实现与国际管理标准的接轨。从美国等发达国家的食品工业和饲料工业推行HACCP的情况来看,HACCP管理体系在食品安全和饲料安全控制方面有突出的效果。目前,在许多国家和地区的餐饮业也积极导入HACCP管理体系,为保证菜点等食品的安全取得了良好的管理效果。HACCP是目前在国际上比较流行的一种管理体系,已被世界上许多国家引入和采用。我国卫生部也于2002年7月19日公布《食品企业HACCP实施指南》。近10多年来,我国不少饭店企业也积极导入HACCP管理体系,作为餐饮管理者,这是我们目前亟待需要推广和宣传的一项工作。

一、食品安全与 HACCP 管理制度

我国政府的相关部门,历来对餐饮食品卫生安全非常重视,并根据我国的具体情况建立了一套较为完整的卫生安全的管理办法和管理制度,如餐饮企业实行卫生许可证制度等。烹饪与食品安全管理的目的,就是确保企业无安全隐患,保障员工的人身安全和企业及厨房财产不受损失。因此,必须加强对厨房员工的安全知识培训,克服主观麻痹思想;建立健全各项安全制度,使各项安全措施制度化、程序化;保持工作区域的环境卫生,对各种厨房设备采用定位管理等科学管理方法,保证工作程序的规范化、科学化;实施安全监督和检查机制,通过细致的监督和检查,以避免事故的发生。

HACCP 管理制度是 1959 年美国的 Pillsbury Company(菲尔斯伍利公司)与美国国家航空航天局为生产安全的航空食品而创建的质量管理体系。在此过程中,他们发现用传统的品质管理检验制度,无法确保食品的高度安全性,于是形成并提出了《危害因素分析与关键点控制制度》(即 HACCP)。

HACCP 管理制度是英文 Hazard Analysis Critical Control Points 的缩写,习惯把它译成"危险分析关键控制点"。HACCP 管理制度主要是食品卫生管理制度,其作用是:帮助人们**辨认最有可能引致食物中毒的食物及程序**;**订立程序,减低食物中毒的可能**;**监管所有程序,确保食品卫生**。

1. 危害分析(Hazard Analysis——HA)

食品生产中的危害(Hazards)是什么?

(1) 在准备、储存或保温期间微生物会生长;

(2) 在高温下微生物或毒素亦可生存;

(3) 化学剂、洗洁剂可以污染食物或食物接触面;

(4) 杂物意外地掉进食物等等。

在这些方面,稍有不慎就会导致食物的危险性。这就要求对菜肴加工的整个过程,也就是从原料的采购、初加工处理,到切料、配份、烹制、流通乃至最终把菜肴提供给客人为止,对全过程进行评估分析,从而对其中可能发生的危险性明确规定出来。因此,必须要掌握食物的必要控制点。

2. 关键控制点(Critical Control Point——CCP)

这是一项食品操作程序,它应用预防性或控制性的方式来达到以下目的:

(1) 去除危险;

(2) 预防危险;

(3) 降低引致危险发生的情况。

对菜肴加工烹饪过程中可能发生危险的某一点的步骤或加工程序,制定必要的措施加以控制,就会有效的预防、完全避免或最大限度地降低菜肴等食品的危险因素,甚至可以把这种危险降低到最低的、可以接受的程度。

二、HACCP 管理制度的优势

HACCP 管理制度于 1971 年经由美国全国保健会议食品安全专家的一致肯定与推荐,并首先在低酸性罐头食品生产管理中运用,显著地降低了罐头肉毒梭菌感染引致的食物中

毒事件。美国食品药物管理局(FDA)于1997年在美国食品法典中明确指出：餐饮业的HACCP制度的建立,将保障广大消费者的饮食安全；无论餐饮业规模的大小,均应建立制备安全食物的管理制度。欧洲共同体1991年的指令(91/493/EEC),将 HACCP 作为欧洲共同体各国之间流通的水产品制造工厂的认证制度,并称之谓《综合卫生制造过程的承认制度》。HACCP 制度,已成为世界各国普遍认定的最佳的食品安全控制方法。加入 WTO 后,我国餐饮业与国际餐饮业在管理制度上接轨,形成了日益加剧的国际食品大市场的竞争格局。

从实行 HACCP 管理制度的企业来看,在实行管理制度的过程中,是必然遇到许多困难和阻力的。他们的经验是：坚持与厨师合作来解决这些困难。只要目标明确、信心坚定、态度端正、深入实际和不断努力,与厨师互相配合,都可以使新的制度见到明显的效果。因此,我们应该认识到坚持实行 HACCP 新制度,在保障消费者利益的同时,必然地提高了餐饮业的素质、产品和服务质量,使企业改善经营、提高效益。坚持实行 HACCP 新制度,也必然地提高了自己企业的形象和声誉,吸引越来越多的国际旅游人群的不断光顾,为社会带来的综合效益也是不言而喻的。坚持实行 HACCP 新制度,必然会促使传统餐饮业走向现代化,使传统的中国烹饪走向全球化的现代主流餐饮行列,为世界各个民族和国家服务。

目前,我国的厨师总体来说文化水平尚不够高,由于传统的师承教育所形成的"知其然,不知其所以然"的技艺掌握习惯,造成了不习惯于执行制度所规定的温度、时间、数量等烹饪工艺指标,出现难于接受 HACCP 的概念以及难以执行为了控制某些加工步骤的卫生质量的潜在危害所需要改变的操作。这就要求培训人员和单位主管人,一定要深入厨房,耐心说服、讲清道理,与厨师平等友好相处,尊重他们的见解,彼此讨论,求同存异,使标准制定得合理且容易实现,只有选择才能取得良好的效果。

制定企业 HACCP 品质保障制度,要从员工卫生观念的转变和建立卫生操作习惯的自我转变和自主管理入手。以下环节应当作为建设制度的重点：

(1) 从原料采购进货(对货源和货品检查)做起。
(2) 从原材料储存管理(温度、时间、储存期限、虫鼠害防治环节)入手。
(3) 严格坚持正确的原材料前处理(蔬菜的清洗、肉的腌渍等)。
(4) 认真执行正确的热处理量度。
(5) 严格执行适当而正确的热存放和冷却标准。
(6) 严格避免交叉污染的熟食处理。
(7) 正确做好食物的复热处理。
(8) 成品一定要避免烹饪制备好之后,过久不食用的现象。
(9) 严格用水管理,防止水污染可能造成的问题。

从人员健康及卫生操作训练等工作着手,着重提升全体员工食品卫生安全观念意识,关键管理环节在于严格保持清洁(人员卫生训练、厨房设施及机械设备等的卫生管理)、热(加热充分、热存)及冷(适当冷却、冷藏储存)的三要项的正确管理规范和制度。

HACCP 系统的组成要素和理论基础是：如果由于饭菜烹饪和储存中的每一个步骤处置不当,都可能发生显著的危害作用。所以找出每一种类饭菜在烹饪程序、条件中的重要危害因素的关键环节(CCP),并针对 CCP 的各自特色,经过试验来确定出该 CCP,并加以控制,就可以去除其危害发生的环节；经过实验和检测来选定和建立其控制方法和控制界限；

并经过反复试验确定其关键点,一旦失控,应当采取的补救措施,保证使已经受到影响的饭菜,恢复其安全性,重新达到CCP的控制之下;同时制订出处理使受有害条件影响的饭菜食品恢复其安全性的标准化补救措施,并确定相关措施的实施程序,形成书面规定和实施情况的标准的记录格式;建立起系统可靠的确认方法程序,这些规定和程序,包括提供补救性数据的测试步骤,可用于确认HACCP系统运作得是否正常。

三、推动我国食品安全与国际的接轨

目前,食品的国际组织(如联合国、WTO、APEC等)已经采纳危害分析关键控制点(HACCP)管理制度,尤其是以联合国为代表的食品法典中都规定了食品的生产应当推行HACCP管理体系,并将其纳入国际贸易中食品质量和安全管理的规定之中。许多发达国家都已将HACCP管理体系作为食品生产、经营行业的食品卫生安全的制度,受到了非常好的效果。

HACCP管理体系在餐饮行业中的运用,对菜品的卫生安全方面可以发挥巨大的作用:
(1) 可以更有效地预防食物中毒;
(2) 使厨房的菜品更加安全可靠;
(3) 改变传统的菜点安全管理模式;
(4) 可以提高顾客的满意度。

我国加入WTO组织后,包括食品生产经营在内的所有行业都要逐步融入国际统一的大市场中,因此,推行HACCP管理体系,是包括餐饮行业在内的食品加工走向世界的通行证。

第三节 厨房卫生质量管理

引导案例

麦当劳的日常清洁卫生与细节管理

1. 清洁从服务人员的双手开始

频繁的洗手和周密的消毒是清洁的基本出发点。

麦当劳规定:工作人员必须每小时至少彻底洗一次手、杀一次菌。麦当劳制定的规范洗手方法其中最重要的一个程序是:先用肥皂和刷子将指甲缝中的污垢彻底清除。

麦当劳还制定了规范的消毒方法:用水将手上的肥皂洗涤干净后,取一些麦当劳特制的清洁消毒剂,放在手心,双手揉擦20秒钟,然后再用清水洗净。两手彻底清洗后,再用烘干机烘干双手,不能用毛巾擦干;

服务员必须经常互相提醒:

"你刚刚做了清洁打扫工作,手洗干净了吗?"

"请不要用手触摸头发,快去洗手。"

"你刚刚把炸薯条从地上捡起来,赶快去洗个手。"

"洗过抹布后,请记住洗手。"

"只要离开过厨房,回来一定要先洗手消毒。"

为保证服务人员的整洁,麦当劳对员工日常行为还规定:男士必须每天刮胡子,修指甲,随时保持口腔清洁,经常洗澡,不留长发;女士要戴发网,只能化淡妆。顾客一进入这样的就餐环境,也就习惯于自觉清除垃圾,同服务人员一起保持一个幽雅清洁的环境。

2. 养成随时清理的习惯

(1)"与其背靠墙休息,不如起身打扫"

在餐饮行业,每天都有某些时段餐厅内的客人都会很少,员工几乎没什么事可做,大部分餐厅的人员都坐下或靠着墙休息。

但麦当劳规定"与其背靠墙休息,不如起身打扫",要求员工利用这段无事可做的时间,迅速清扫内部卫生,维持整洁、幽雅的环境,使顾客看得舒心,吃得开心。员工逐渐对这些规定认同,并养成良好的卫生习惯,手脚也特别勤快。只需几名服务员就可以使店面保持常新,做到窗明、地洁、桌净。

在麦当劳的大堂区,顾客一般可以看到会有六七个服务员,他们负责扫地、拖地、收拾餐盘和擦桌椅等工作,一刻也不闲着,不像一些餐厅里的服务员那样无所事事。桌椅、地面总是保持十分干净。玻璃门窗也每天按时清洁,让人心情愉快。

(2)厨房的清理

厨房里的工作人员也要有随时执行清理的理念。

煎炉前的工作人员每次将肉饼放在炉台上后,应顺手将塑料套丢入垃圾箱。每煎完一批肉饼,工作人员都不能忘记将炉边清洗一遍,抹去附在锯口上的碎肉屑,清洗飞溅到四周的肉汁,还要把附近的地板至少每小时擦拭一次。

负责面包的工作人员一打开塑料包,将面包送入烤箱后,应顺手将空塑料包丢入垃圾箱,然后拿一把小扫帚将台面上的面包屑扫干净,最后才打开烤箱的定时器。当他把烤好的面包交给调理台,并将下一批面包放入烤箱后,必须进行又一次清扫。这次扫去面包屑以后,应用清洁杀菌剂浸泡过的抹布将台面仔细地擦洗一遍。麦当劳每个岗位上的工作人员就是这样养成随手清洁的习惯。随手清洁已经成为每个工作人员的下意识行为。除了随时清洁和每小时检查一次的制度外,每星期要进行一次例行的卫生检查并记入维护日志。到了节假日,经理还要派工作人员到餐厅附近去巡察,维护餐厅附近地区的环境清洁。

餐厅的每一个用具、位置和角落都体现出麦当劳对卫生清洁的重视。正因为这样,麦当劳才为顾客提供了一个干净、舒适、愉快的用餐环境。

(资料来源:肖建中.麦当劳大学标准化执行的66个细节.北京:经济科学出版社,2004)

点评:麦当劳对食品卫生的态度,即那种认真、严谨和一丝不苟的工作作风是值得我们好好学习的。

自古以来,我国餐饮业在卫生管理方面的要求远远逊色于西方发达国家。在厨房卫生管理上尽管也一再强调卫生的重要性,但提出的要求和处罚的力度都较宽容。特别是许多经营者于国家法律于不顾,随心所欲、昧着良心赚黑心钱,这是不少餐饮工作者素质低下的明显标志。餐饮卫生监督管理是一项系统化的工作,其涉及面广,责任重大,落实繁杂,要求管理者和生产者从思想到行动都必须高度统一,而且持之以恒。

厨房卫生是餐饮企业最基本的且不可忽视的一项重要准则。它体现了经营者的基本素质和烹饪工作者的工作态度。由于厨房加工生产的菜品是直接供就餐客人食用的,所以务必保证食品在选择、生产加工和销售的全过程中,都确保其处在安全的状态。因此,厨房的卫生管理与控制,必须是全方位的、严格的。对整个厨房的生产流程、设施设备、个人习惯等都必须有明确的要求和强行的措施,以保证在厨房生产过程中自始至终地遵循卫生准则,并承担各自的职责。

一、厨房环境卫生管理

我国餐饮界有不少企业现行的管理形态是一种粗放型和局部的管理方式,其中存在着诸如短期行为及严重的消极心态、注重产品质量而忽视环境卫生等方面的不足,与外国先进的餐饮管理理念相比存在着较大的差距。因此,切实重视厨房环境卫生对现代中式餐饮管理理念的形成和完善具有积极的意义。

1. 对厨房环境卫生的要求

厨房环境卫生是指菜品加工过程中的空间环境,一般包括室内卫生、废弃物处理情况、员工洗手间和厨房室外的环境卫生等。如果厨房环境清洁处理达不到卫生标准的要求,不仅会造成菜品加工过程的污染,也会影响加工人员的身体健康。

室内环境包括地面、天花板、墙壁、门窗等与建筑紧密结合的设施。这些设施如果不能保持良好的卫生状况,会对厨房的整体卫生产生严重的影响,甚至对食品的加工卫生构成威胁。因此,厨房室内的环境必须要经常进行清洁、清洗和消毒处理。主要有:

- 天花板与墙壁的及时清洁;
- 门窗与防蝇设施的清洁;
- 窗与纱窗的清洁;
- 排风换气口的清洁;
- 地面及时清洁与消毒。

厨房因每天都要进行菜品的制作,每天都会产生大量的垃圾及废弃的各种余料,如果不能及时得到妥善处理,特别是在高温的天气,不仅会产生腐败的臭味,也极易招来蚊、蝇、蟑螂、老鼠等,它们都是病菌的传播者,进而造成菜品等食品的污染。

厨房员工使用的卫生间也要及时打扫清洗。如果卫生条件不佳,也会成为重要的污染源。因此加强对员工洗手间的卫生管理也是十分必要的。

2. 厨房环境卫生的意义

(1) 厨房环境卫生是直观视觉上的"商品"。良好的卫生环境不仅能够调动厨房工作人员的劳动积极性,而且可以满足广大消费者的心理和审美欲望,并且充分调动广大顾客进餐厅用餐的兴趣。现代厨房管理对厨房环境卫生非常重视,世界上著名的西式快餐业对烹饪环境卫生都情有独钟,因为卫生清洁、舒适轻松的厨房餐厅环境可以有效地满足消费者心理审美的要求,从而赢得众多消费群体并最终赢得巨大的餐饮市场和综合效益。现代餐饮业把厨房环境卫生作为视觉上的"商品",使之成为系统化管理的重要组成部分,这更加富有人性化的情感内涵。

(2) 厨房环境卫生是顾客认同的砝码。传统的企业和管理者,一味地看重厨房生产中菜肴的品质,而常常忽略了环境的卫生,于是便逐渐形成了中国餐饮界一种客观的尴尬状况:看戏不进后台,就餐不进厨房。我国饮食行业普遍提倡:菜肴品质就是餐饮经营的生命。而国外饮食界则普遍认同：食物的安全卫生是无价的。现代餐饮业视清洁为餐饮业的命脉，是顾客选择餐厅、餐厅争取回头客的基本要素。真正意义上的美食，应该既包括美味的佳肴和周到的服务，又包括餐饮环境和厨房卫生，从而真正满足消费者生理审美和心理审美的双重需求。

（3）厨房环境管理需要从细微处着眼。世界著名的快餐集团公司——麦当劳的成功，其中一个很重要的条件，即是一流的卫生水准，"与其靠着墙休息，不如起身打扫"被作为麦当劳行为规范中的一条，要求所有员工都必须严格遵守这一条款，养成良好的卫生习惯，始终做到眼勤手勤腿勤，勤扫勤擦勤清洗。而中式餐饮虽有几千年饮食文化的深厚底蕴，但对厨房环境卫生的重要性认识不足。

改革开放以后，我国星级饭店已把厨房环境卫生作为一项硬指标来抓，并将其作为星级评定标准的重要内容。在许多饭店的厨房管理中，也已采取了不少的卫生措施。如一些企业在厨房的内部管理中，把厨房划分出若干个卫生区，分区包干，落实到人，班前班后，规定为搞卫生和整理清洁时间，门窗四壁、地面、工作台、炉灶以及各种设备都制定出卫生标准，按照分工天天进行洗刷擦抹，一天也不间断，形成雷打不动的制度，并定期实施防蝇、灭鼠、灭蟑螂的有力措施。厨房产生的垃圾，实行袋装管理，为了防止异味溢出，垃圾袋放入有盖的筒里，做到至少一天一清。

二、厨房生产加工过程中的卫生管理

厨房生产加工是厨房卫生的重要环节。诸如青菜中的头发、鸡翅上的羽毛、饺子馅中的铁丝等都是工作中常出现的问题，特别是当今的伪劣假冒食品误入厨房，对消费者造成了很大的危害，所以，必须对生产中的卫生问题特别要把关，以确保生产加工过程万无一失。

1. 原料的卫生管理

俗话说："好肉出好汤。"烹饪原料是烹饪产品的基础，而烹饪原料卫生是烹饪产品卫生的前提和根本。厨房生产者和管理者必须遵守卫生法规，从合法的商业渠道和部门购货，对有毒动植物严格禁止进货。

原料的使用必须在规定的时间范围内，从原料的采购进货开始，就要严格控制其卫生质量。烹饪原料卫生问题集中表现在原料的污染和原料的腐败变质，其原因有自然和人为两方面的因素。其中人为因素更是令人痛惜，如有的餐馆故意使用变质的畜禽、死虾、死蟹、带农药的蔬菜、回收的调料等。常见的烹饪原料污染有蔬菜的农药污染、鱼类的重金属污染、肉类的兽药残留污染等。

2. 烹饪初加工中的卫生管理

厨房加工从原料领用开始，鲜活原料验货接受后，要立即送厨房进行加工，加工成品即刻送入冷藏库保存。

烹饪初加工包括原料整理、剖剥、清洗、切割等环节，对烹饪产品的卫生质量具有重要影响。如小白菜、油菜、生菜等叶菜的清洗直接关系到污染物的消除程度；鱼类的去鳃、去鳞、去黑膜等关系到鱼的卫生状况。容易腐坏的原料，要尽量缩短加工时间，大批量加工原料应逐步分批从冷藏库中取出，以免最后加工的原料因在自然环境中放久而降低质量，加工后的成品应及时冷藏。

3. 临灶烹调中的卫生管理

临灶烹调阶段的主要卫生问题有操作状况所连带的卫生问题、烹调习惯所牵涉的卫生问题、烹制技法所导致的卫生问题、装盘成形所产生的卫生问题等。具体而言,如果厨房的通风换气条件达不到要求,厨师在操作时"挥汗如雨",头上之汗珠、灶顶之烟尘混入菜中就不足为怪了。如果炒菜洗锅不勤,不仅炒出的菜会串味,而且还易因粘锅焦煳而产生有害物质。在菜肴装盘时,用未经清洗消毒的抹布"清洁"盘子、用手摆菜等都会造成菜品的二次污染。

三、厨房工作人员的个人卫生管理

在厨房管理中,对厨房工作人员的卫生管理是最为严格的,因为厨房工作人员每时每刻都在与食品打交道,对菜品卫生影响最为直接。为确保就餐客人的就餐安全,必须对厨房工作人员的卫生要求做出严格的规定。

餐饮业首先重视培养员工良好的卫生观念,并订出全面的餐饮卫生计划,将其涵盖在全年度一系列的清洁程序控制表、清洁技术工作及方法、清洁项目、清洁区域、清洁用品管理及清洁材料品牌标准设立与审核的各项程序中,员工一定要贯彻执行,并落实到每天的工作中去。

餐饮业的卫生品质要求就是"确保餐饮卫生"。餐饮经营者也须不断进行员工的教育训练,强化员工卫生观念,并推行每日工作执勤制。卫生观念的建立,要从小地方着手,时刻注意落实执行,这是每一个员工应具备的基本观念。

具体要求是:厨房工作人员必须持有国家卫生防疫部门颁发的"健康证书";熟悉《中华人民共和国食品安全法》的相关内容,并能在工作中严格执行;养成良好的个人卫生习惯,加强个人卫生管理;严格操作规程中的卫生管理,确保菜品符合卫生要求。

饮食卫生管理与控制工作是餐饮经营的一项不可忽视的大事,作为从事饮食制作和管理的人来说,应严格执行我国《食品安全法》及各项饮食卫生的法律规定,制定各项管理制度,督导烹饪生产活动,切实维护企业形象和消费者利益。

饮食品卫生和餐具、用具卫生,在《食品安全法》中已有明确的具体规定,要不折不扣地按法办事。

食品生产经营人员,每年必须进行健康检查,新参加工作或临时参加各种食品生产、经营的人员,也必须进行健康检查。凡患有痢疾、伤寒、病毒性肝炎等传染病(包括病源携带者)、活动性肺结核,化脓性或者渗出性皮肤病,以及其他有碍食品安全的疾病者,不得参加接触直接入口食品的工作。

厨师应当保持个人卫生,在工作前必须将手洗干净,穿戴清洁的工作衣、帽。不得使用超过保存期限的食品或食品原料。不得生产不卫生的食品和饮料。

在厨房生产中,不允许采购和使用腐败、变质、不卫生的菜肴及食品。厨房生产管理者坚持验收把关、餐具消毒。严禁闲杂和无关人员进入厨房和餐厅后台。在食品生产过程中防止生食品与熟食品、原料与成品交叉污染。保持厨房内外环境整洁,采取消除苍蝇、老鼠、蟑螂和其他有害昆虫及其孳生条件的措施。饭店应配备相应的消毒、照明、通风、防腐、防尘、防蝇、防鼠、污水排放、存放垃圾和废弃物的设施设备。

四、加强厨房卫生制度建设

"病从口入"是中国几千年来的一句口头禅。疾病与饮食的配伍和卫生有着十分密切的关系。在餐饮业持续发展和繁荣的背后,也隐藏着许多因饮食不合理、不洁净给人类带来的灾难。在 21 世纪的今天,中国餐饮业的卫生问题依然严峻,不少私企老板不顾法律法规的有关要求,尽管餐厅装潢得美轮美奂,而内部卫生状况却令人惨不忍睹,如餐具消毒问题、卫生死角的蚊蝇问题、工作衣的洗涤问题、排烟罩的清洗问题等等。要实现我国餐饮卫生的实质性改善和提升,餐饮企业理所当然承担着极其重要的责任。餐饮卫生管理是餐饮企业卫生工作得以健康有序开展和执行的有力保证,而餐饮卫生制度是餐饮卫生管理的重要组成部分。餐饮企业卫生管理制度体系的主要内容包括以下 10 个方面,即:

(1) 烹饪原料和成品质量的卫生检查制度;
(2) 原料采购到成品销售的"四不"制度(采购员不买腐败变质的原料,保管验收员不收腐败变质的原料、厨师不用腐败变质的原料、服务员不售腐败变质的菜肴);
(3) 食物存放实行"生熟分开、冷热隔离"制度;
(4) 食具洗涤消毒"四过关"制度(一洗、二清、三消毒、四保洁);
(5) 烹饪工作人员定期健康体检制度;
(6) 从业人员卫生知识教育培训制度;
(7) 工作人员个人卫生要求制度;
(8) 烹饪环境卫生责任制度;
(9) 餐厨制作与服务工作卫生标准制度;
(10) 餐饮卫生检查评比及奖惩制度。

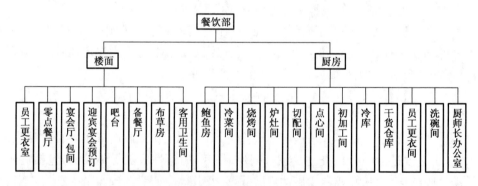

图 9-1 餐饮部卫生检查机构示意图

第四节　厨房安全生产管理

引导案例

1. 朝阳市一酒店火灾11人死16人伤

据新华社电：辽宁省朝阳市××酒店（总部）26日晚发生重大火灾，目前已造成11人死亡、16人受伤。

辽宁省朝阳市2006年"5·26"火灾的6名责任人已被警方控制，其中3人被刑事拘留。据朝阳市公安局副局长向新华社记者介绍，26日19时40分，××酒店（总部）凉菜部一厨师（男，27岁）为准备次日宴会菜肴，擅自使用一个没启用的柴油灶，在操作过程中严重违规，导致火灾发生。该厨师涉嫌过失失火罪，已被警方刑事拘留。酒店经理×××、厨师长×××负有领导责任，也被刑事拘留。

2. 瑞金路××酒店已烧成"火楼"

昨天，南京瑞金路上的××酒店发生大火，酒店部分设备和管道被烧毁，燃起的浓烟顺着排烟管道蹿至酒店楼上的客房，引起住店旅客的恐慌。火灾致使瑞金路一度交通中断。

据目击者称，在下午2:10左右，位于该酒店东侧厨房操作间突起大火，瞬间大火顺着排油烟管道往上蹿，大火很快将厨房外一平房上的冷凝塔烧着，顿时火光四起，并夹着滚滚浓烟，朝四周扩散，并把外墙边的排油烟铁皮管道烧着，附近过路群众发现后，立即向119指挥中心报警，5分钟内，消防部门紧急调集11辆消防车赶赴现场扑救。

下午2:20分，只见一路消防队员头戴防毒面具，冲进厨房操作间，用水扑灭灶台上面大火，另一路消防队员则爬上一楼平台，端着水枪，用水猛冲正在被火燃烧的冷凝塔，酒店内的服务员则在消防队员的"掩护"下纷纷逃出酒店。

点评：企业和工作人员的安全防范意识淡薄是造成危害事件发生的根源。

安全问题，历来是厨师长最为关心的头等大事。一旦出现刀切烫伤、食物中毒或设备带来的事故，都会给厨师长增加无形的压力和带来不好的名声。在保质保量做好经营的情况下，丝毫不能怠慢的是安全问题，大脑中的这根"筋"始终不能松懈。

没有管理经验的人，常常忽略工作间发生事故的真正成本。就小的割伤、跌伤而言，除了个人的痛苦外，还会损伤有经验的员工，延误工作并支付医疗费用，员工工资还有可能增加，而且如果事故发生频率较高，将会削减员工的工作积极性。

一、加强厨房安全管理的必要性

大多数事故都是由于不安全的行为、不安全的设备或不安全的工作环境造成的。厨房在进行生产过程中存在很多不安全因素，如刀具、机械、电气、油锅易燃、煤气管道爆炸、排烟道起火、用电超负荷、食品变质、刀伤感染等。因此，必须经常开展安全教育，提高安全意识，有关人员须熟练掌握机械的性能和操作，不断排除各种隐患，以确保人身安全和财产不受损失。

厨房安全管理的含义是指在厨房内预防可能给顾客或职工带来危害的各种事故的发生。事故是一种难以估计或预见的事,大多数事故是由于人们的疏忽造成的,这就意味着大多数事故是可以避免的。

近10多年来,全国许多饭店的厨房相继出现了排烟道起火的现象。不少饭店的厨房长期以来油烟道没有人清理,造成了排风道油烟堵塞,炒菜时很容易着火燃烧,厨房的隐患一触即发。南京某饭店的厨师开发的一道创新菜,利用小铁锅盛放热油,由服务人员端放桌上,当客人座满后,由于小铁锅的原因,不小心将铁锅高温油打翻,服务员为了防止泼向客人,主动用手阻挡,结果服务小姐一只膀子3度烫伤。诸如此类的安全问题,急需我们加以控制。

厨房人员要注意安全操作,严禁持菜刀等利器嬉戏打闹,不准擅自离开正在加热的油锅,并保持排油烟器的清洁。

各厨房人员在下班时,要严格检查煤气、水电是否关闭,及时发现和排除隐患,在确保无异常情况后锁好门、关好窗。各岗位要指定专人负责本岗位的安全管理工作。电器、加热炉、饮食用具要由专人负责,并严格遵守操作程序。厨房要配备一定数量的消防器材和灭火毯。

餐饮业尤其要加强和规范消防安全管理,预防火灾和减少火灾危害。消防安全问题是引起全社会高度重视的一件大事,它直接关系到人们的生命和财产的安全。餐饮业的投资者、经营者必须将消防安全管理纳入正常的日常管理之中。从事餐饮业工作的全体人员,都肩负着消防安全的责任,都应当遵守消防法律、法规、规章,贯彻"预防为主、防消结合"的消防工作方针,履行消防安全职责,将消防安全责任逐级落实,层层负责,以保障消防安全,使员工得以在安全的工作环境之中工作。

厨房安全问题都可以通过进行适当的培训,正确使用设备和加强监督而避免,但管理人员必须首先意识到发生这些危害的可能性。必须找出每个事故发生的原因,而且制定解决方案。因此,可以进行一次危害性分析——仔细检查每种设备和设施。

管理人员必须向员工提供安全的设备和保护性措施及其他安全措施,然后对员工进行培训,以便正确使用设备,完成任务。可以在可能发生危险的地方张贴告示,提醒员工注意。

餐饮企业的负责人要对本企业的消防安全工作全面负责。厨房内部,应当逐级落实消防安全责任制和岗位消防安全职责,确保责任到人。厨房管理者承担着厨房消防安全的责任,应采取积极的消防安全措施使厨房员工免遭危险和伤害。注重消防安全,是保护员工,同时也是防止营业收入减少以及设备和财产受损的重要保证措施之一。为此,制定行之有效的消防安全工作管理计划,采取有力的措施,对厨房实施安全管理,这对餐饮经营者来说是十分必要和非常重要的。

所有厨房工作人员都应当履行下列消防安全职责:

(1) 贯彻执行消防法规,保障厨房消防安全符合规定,掌握厨房安全情况。

(2) 对消防工作与厨房的生产、管理、经营等活动统筹安排,制定年度消防安全计划,组织实施日常消防安全管理工作。

(3) 拟定消防安全工作的资金投入和组织保障的方案。

（4）确定岗位消防安全责任，制定实施消防安全制度和保障消防安全的操作规程。

（5）组织防火检查，督促落实火灾隐患整改，及时处理涉及消防安全的重大问题。

（6）根据消防法规的规定，与本餐饮企业各部门联合建立专职消防队、义务消防队。

（7）在员工中组织开展消防知识、技能的宣传教育和培训，组织制定符合厨房实际的灭火和应急疏散预案，并实施演练。

因此，从事厨房工作的管理人员和员工，乃至从事餐饮工作的全体成员都要重视消防安全工作，在安全管理中都有一份不可推卸的责任。

二、厨房常见事故的预防

厨房常见的事故有割伤、跌伤、撞伤、扭伤、烧烫伤、触电、盗窃、火灾等，下面简要介绍一下各种事故的预防。

1. 割伤事故及其预防

厨房生产加工时常常会出现被刀割伤的事故，这在生产加工时也是无法避免的。但在很多时候，主要是由于工作人员使用刀具和电动设备不当或不正确而造成的。其预防措施是：

（1）锋利的刀具应妥善保管，当刀具不使用时应挂放在刀架上或专用工具箱内，不能随意地放置在不安全的地方（如抽屉内、杂物中）。

（2）在使用各种刀具时，注意力要集中，方法要正确，下刀宜谨慎，不要与别人聊天。

（3）刀具等所有切割工具应当保持锋利，实际工作中，钝刀更易伤手。因为刀刃越钝，使用时发力就越大，原料一旦滑动就易发生事故。

（4）操作时，不得用刀指东画西，不得将刀随意乱放，更不能拿着刀边走路边甩动膀子，以免刀口伤着别人。

（5）不要将刀放在工作台或砧板的边缘，以免震动时滑落砸到脚上；一旦发现刀具掉落，切不可用手去接拿。

（6）清洗刀具时，要一件件进行，切不可将刀具浸没在放满水的洗涤池中。

（7）厨房员工禁止拿着刀具或锋利的工具进行打闹。一旦发现刀具从高处掉下来不要随手去接。

（8）在没有学会如何使用某一机械设备之前，不要随意地开动它。

（9）在使用具有危险性的设备（绞肉机或搅拌机）之前，必须先弄明白设备装置是否到位。

（10）在清洗设备时要先切断电源再清洗，清洁锐利的刀片时要格外谨慎，洗擦时要将抹布折叠到一定的厚度，由里向外擦。

（11）厨房内如有破碎的玻璃器具和陶瓷器皿，及时用扫帚处理掉，不要用手去拣。

（12）发现工作区域有暴露的铁皮角、金属丝头、铁钉之类的东西，要及时敲掉或取下，以免划伤人。

2. 跌伤和砸伤事故及其预防

由于厨房内地面潮湿、油腻、行走通道狭窄、搬运货物较重等因素，非常容易造成跌伤和砸伤。其预防措施为：

（1）工作区域及周围地面要保持清洁、干燥。油、汤、水撒在地上要立即擦掉，尤其是在炉灶操作区。

（2）厨师的工作鞋要有防滑性能,不得穿薄底鞋、已磨损的鞋、高跟鞋、拖鞋、凉鞋。平时所穿的鞋脚趾、脚后跟不得外露,鞋带要系紧。

（3）所有通道和工作区域内应没有障碍物,橱柜的抽屉和柜门不应当开着。

（4）不要把较重的箱子、盒子或砖块等留在可能掉下来会砸伤人的地方。

（5）厨房内员工来回行走路线要明确,尽量避免交叉相撞等。

（6）存取高处物品时,应当使用专门的梯子,用纸箱或椅子来代替是不安全的。过重的物品不能放在高处。

（7）保证厨房内、楼梯间或其他不经常使用的区域的照明亮度。

（8）为了厨房的生产和其他人员的走动,必要时张贴"小心地滑"和"注意脚下"等标志。

3. 扭伤事故及其预防

扭伤也是厨房较常见的一种事故。多数是因为搬运超重的货物或搬运方法不恰当而造成的。具体预防措施是：

（1）搬运重物前首先估计自己是否能搬动,搬不动应请人帮忙或使用搬运工具,绝对不要勉强或逞能。

（2）抬举重物时,背部要挺直,膝盖要弯曲,要用腿力来支撑,而不能用背力。

（3）举重物时要缓缓举起,使所举物件紧靠身体,不要骤然一下猛举。

（4）抬举重物时如有必要,可以小步挪动脚步,最好不要扭转身体,以防伤腰。

（5）搬运时当心手被挤伤或压伤。

（6）尽可能借助起重设备或搬运工具。

4. 烧烫伤事故及其预防

餐饮业中烧烫伤事故时有发生。烧烫伤主要是由于员工接触高温食物或设备、用具时不注意防护引起的。其主要预防措施如下：

（1）熟悉烹饪设备、工具及原材料或菜点的基本情况,严格按安全操作规程使用工具、设备。

（2）在拿取温度较高的烤盘、铁锅或其他工具时,手上应垫上一块厚抹布。同时,双手要清洁且无油腻,以防打滑。撤下热烫的烤盘、铁锅等工具应及时作降温处理,不得随意放置。

（3）在使用油锅或油炸炉时,特别是当油温较高时,不能有水滴入油锅,否则,热油飞溅,极易烫伤人,热油冷却时应单独放置并设有一定的标志。

（4）在蒸笼内拿取食物时,首先应关闭气阀,打开笼盖,让蒸汽散发后再使用抹布拿取,以防热蒸汽灼伤。

（5）在烤、烧、蒸、煮等设备的周围应留出足够的空间,以免因空间拥挤、不及避让而烫伤。使用烤箱、蒸笼等加热设备时,应避免人体过分靠近炉体或灶体。

（6）在炉灶上操作时,应注意用具的摆放,炒锅、手勺、漏勺、铁筷等用具如果摆放不当极易被炉灶上的火焰烤烫,容易造成烫伤。

（7）烹制菜肴时,要正确掌握油温和操作程序,防止油温过高,原料投入过多,油溢出锅沿流入炉膛火焰加大,造成烧烫伤事故。

（8）在端离热油锅或热大锅菜时,要大声提醒其他员工注意或避开,切勿碰撞。

(9) 在清洗加热设备时,要先冷却后再进行。

(10) 定期清洗厨房设备,防止炉灶表面、炉头和通风管帽盖积油垢。

(11) 懂得怎样灭火。如果锅内食物或油脂着火了,将盐或小苏打撒在火上,不要用水浇。必须学会使用灭火器和其他安全装置。

(12) 禁止在炉灶及热源区域打闹。在高温的设备、设施旁需张贴"告诫"标志,以告诫员工注意安全。

5. 电器设备事故及其预防

现代厨房使用电器设备较多。电器设备造成的事故主要是由于员工违反安全操作规程或设备出现故障而引起。其主要预防措施如下:

(1) 员工必须熟悉各种电器设备。使用机电设备前,首先要了解其安全操作规程,并按规程操作,如不懂得设备操作规程,不得违章野蛮操作。

(2) 严格遵守设备的操作规程。员工在操作电器设备时,须按照厂家的规定、说明进行。设备使用过程中如发现有冒烟、焦味、电火花等异常现象时,应立即停止使用,申报维修,不得强行继续使用。

(3) 厨房员工要学会正确拆卸、组装和使用各种电器设备,不得不懂装懂、随意更换设备内的零部件和线路。

(4) 清洁设备前首先要切断电源。当手上沾有油或水时,尽量不要去触摸电源插头、开关等部件,以防电击伤。

(5) 采取预防性保养。企业应有一名会检测各种电器设备线路和开关等的合格的电工,以作为正常情况下开展预防性保养规划的组成部分。

(6) 设备须接地线,使用过程中避免电路超载。厨房内所有的电器设备,必须有安全的接地线。未经许可,也不得任意加粗保险丝,电路不得超负荷。

6. 火灾及其预防

餐饮业中较常见的事故是火灾。厨房是经常用火的地方,是防火的重点部位。由于餐饮企业经营水平不一,燃料结构不同,厨房设施和厨房环境、布局差异较大。引起厨房起火的因素除了炉灶、煤气、柴油、液化石油气、天然气等外,还有其他因素。

(1) 厨房起火的原因

① 厨师在油炸食物时,由于往锅里加油过多,使油面偏高,油液煮沸溢出,遇明火燃烧;或因油的加温时间过长,油温超过了240℃,引起食油自燃。

② 在火炉上烧、煨、炖食物时,无人看管,浮在汤上的油溢出锅外,遇明火燃烧;或厨师的操作方式、方法不对,使油炸物或油喷溅,遇明火燃烧。

③ 厨房电线短路起火。由于厨房湿度大,油垢附着沉积量较大。加之温度较高,容易使一般塑料包层和一般胶质包层的电线绝缘层氧化。另外,厨房内的其他电器、电动厨具设备和灯具、开关等,在大量烟尘、油垢的长期作用下,也容易搭桥连电,形成短路打火,引起火灾。

④ 抽油烟罩长期没有清洗,积油太多,翻炒菜品时,火苗上飘,吸入烟道引起火灾。

(2) 厨房防火措施

① 油炸食物时,油不能放得太满,搁置要稳妥;加温时间不要太长,需有专人负责,其间不得擅自离开岗位,还需及时观察锅内油温的高低,采取正确的手段调剂油温(如添加冷油

或端离火口)。

② 炉灶加热食物阶段,必须安排专人负责看管,人走必须关火。

③ 如油温过高起火时,不要惊慌,可迅速盖上锅盖,隔绝空气灭火,熄灭火源,同时将油锅平稳地端离火源,待其冷却后才能打开锅盖。

④ 用完电器、电类锅后,或使用中停电,操作人员应立即切断电源,在下次使用时再接通电源。

⑤ 厨房内的电线、灯具和其他电器设施应尽可能选用防潮、防尘材料,平时要加强通风,经常清扫,减少烟尘、油垢和降低潮湿度。

⑥ 保证拥有足够的灭火设备。每个员工都必须知道灭火器的安置位置和使用方法。

⑦ 安装失火检测装置。

⑧ 考虑使用自动喷水灭火系统。

⑨ 定期清洗抽油烟管道。

三、食物中毒的预防

食物中毒对餐饮经营有极大的危害性,因此,厨房安全最重要的是防止食物中毒。"防患于未然"应该成为餐饮经营的安全工作宗旨。根据国内外中毒事件的资料说明,食物中毒以其种类来看,以细菌造成的最多,发生的原因多是对食物处理不当所造成。其中以冷藏不当为主要致病原因。从行业来看,大部分发生在饮食业,主要是卫生条件差,没有良好的卫生规范的生产场所。从事故发生的时间来看,大部分在夏秋季节,高温、潮湿的环境易使微生物繁殖生长,造成食物变质。从原料的品种看,主要是鱼、肉类、家禽、蛋品和乳品等高蛋白食物,因为这些食物最容易生长微生物,因此这些都应作为预防食物中毒的重点。

食物中毒是由于食用了有毒食物而引起的中毒性疾病。造成食物中毒的原因有:

1. *食物受细菌污染产生毒素致病*

这种类型的食物中毒是由于细菌在食物上繁殖并产生有毒的排泄物,致病的原因不是细菌本身,而是排泄物毒素。对此必须有清楚的认识,因为食物中细菌产生毒素后,该食物就完全失去了安全性,即使烹调加热杀死了细菌,但并不能彻底使毒素失去活性。这种毒素通常又不能通过味觉、嗅觉或色泽鉴别出来,因此采取尝试味道、肉眼观看食物有没有坏的办法是无效的,因为这些都不能辨别食物是否安全。

2. *食物受致病细菌的污染*

由于这类细菌在食物中大量繁殖,食用了这样的食物就会引起食物中毒。

另外,食物中毒的原因还有化学物质的污染和食物本身具有致毒素。一般要注意:马铃薯发芽和发青的部位加工时应去除干净;不能食用鲜黄花菜、苦杏仁、未腌透的腌菜和未煮熟的四季豆、扁豆等。

【小资料】

厨政管理"五常法"

1. *五常法的产生与推广*

五常法,是用来维持品质环境的一种技术,是一种管理理念,是一种长期运用后具有管理奇效的利刃。五常法是优质管理的一种模式,在确保安全、效率、品质与减少故障方面发挥简易可行的作用。

五常法是香港人何广明教授在1994年始创的概念,源于五个全部是"S"带头的日本字。

5S,在日本流传了200多年,江户时代的日本人,已开始习惯抛掉不想要的东西,以"空"为佳。何广明教授在日本研究优秀企业的时候,发现5S在其中所起的作用巨大。

1994年,他整理出了基于5S的优质管理方法,那就是"五常法",即常组织、常整顿、常清洁、常规范、常自律。同时此法获得香港政府的支持,在本地推广。10年间,"五常法"被广泛运用于各机构中,取得管理方面的奇迹。餐饮行业于2000年开始引进。

2. 五常法的核心内容

(1) 常组织(日文 Seiri,英文 Structurize):

原义:分类处理→分开处理、找出原因

应用:用来进行分级管理和原因处理(分开处理,把不需要的东西抛掉或回仓)。

其含义是:判断出完成工作所必需的物品并把它与非必需的物品分开;将必需品的数量降低到最低程度并把它放在一个方便的地方。

常组织的艺术就是分层管理。包括先判断物品的重要性,再减少不必要的积压物品。同时,分层管理还可以确保必要的东西就在手头从而获得最高的工作效率。

(2) 常整顿(日文 Seiton,英文 Systematise):

原义:整顿→定量定置

应用:各部门的储存方法和消除到处寻找东西的现象(定量定位,30秒内就可找到物品)。

常整顿是研究提高效率方面的学科。旨在研究你多快就可以取得需要的东西,以及要多久才可以把它储放好。任意决定东西的存放处并不会使你的工作速度加快。

简单地说,餐饮厨房"整理"基本上是将工具、设备和原料的位置确定下来,以便在需要用时能够尽快找到。在不造成生产延误的前提下,尽量减少存货;确保每个人都知道什么东西放在哪里,方便索取。定量定置,不但可以节省支出,也可以节省时间,更可以节省地方。

(3) 常清洁(日文 Seiso,英文 Sanitize):

原义:清理→清洁检查

应用:清洁检查和清洁度(个人清楚卫生责任)。

"每个人都应该清洁地方",常清洁应该由整个组织所有成员,上至领导下至员工一起来完成。通过不断细心检查与照顾,使酒店的所有对象保持在最佳状态。常清洁的要义是:清洁的目的是不检查。

清理工作的三个不同阶段:一般情况,大清理,找出污物源头;个别情况,清理厂房和所有器材;详细情况,通过清理与检查,预防机器、夹具和工具出毛病。

(4) 常规范(日文 Seiketsu,英文 Standardize):

原义:规格化→立法守法

应用:立法守法,目视管理和五常法标准化(储藏的透明度)。

常规范,就是连续地、反复不断地坚持常组织、常整顿、常清洁活动。确切而言,常规范活动还包括利用创意和"全面视觉管理法"从而获得因坚持规范化的条件而提高办事效率。

规范化,包括立法和守法两方面。无规矩,不成方圆。行之有效的方法,一定要有明文规定,订立守则,告示全员,使大家行必有所依,才能持之以恒。

(5) 常自律(日文 Shitsuke,英文 Self-Discipline):

原义:修养→保持维护

应用:习惯的养成和有纪律的工作场所(守纪守法,每天运用五常法)。

这里强调的是创造一个具有良好习惯的工作场所。教导每个人应该做事的方式并让他们付诸实践。此过程有助于人们养成制定和遵守规章制度的习惯。

纪律很重要,不服从纪律的,要进行处罚。但最有效的纪律莫过于自律。自律性高,必须先提高员工素质,即个人品质,才能人人自觉,保持维护既定的条规和程序。

"五常法"的最大要点是:发展全面制度管理,让员工参与规格化文件和检查表的制定工作。

> 一、升级五常法之一:六常管理
>
> 1. 常分类:把所有的东西分成两类,一类不再用了,一类还要用。
> 2. 常整理:将不再用的东西处理掉,把还要用的东西降至最低用量,并摆放得井然有序,作上标记。
> 3. 常清洁:保持清洁。
> 4. 常维护:对上面三常进行维护。
> 5. 常规范:把人的行为进行规范。
> 6. 常教育:通过教育,使全体员工养成习惯。
>
> 二、升级五常法之二:简称"6T"
>
> 1T 天天处理:对分类出来的可有可无的没有使用价值的物品,都应坚决处理掉。
> 2T 天天整合:把必需的物品分类放置于任何人都能立即取得的位置。
> 3T 天天清扫:划分清洁区域,将责任落实到每位员工,制定清洁标准。
> 4T 天天规范:将厨房的各项现场管理要求制度化、规范化,提高效率。
> 5T 天天检查:通过检查创造一个良好的工作场所,养成遵守制度的习惯。
> 6T 天天改进:管理坚持正常化、习惯化,天天找不足,天天改进,有利于实现自我突破与追求卓越。
>
> 三、五常法之变化:简称"4D"
>
> 1D 整理到位:按照物品的使用缓急将其定性、定位、定量,并进行清洁检查,保持良好的卫生习惯。
> 2D 责任到位:具体工作落实到人,把自己的事情做好,增强每个人的工作责任心。
> 3D 培训到位:养成良好的职业习惯,接受培训,规范做事。
> 4D 执行到位:每个人按规定的要求去完成任务。

检 测

一、课余活动
1. 网上查询著名餐饮企业的食品安全管理措施。
2. 上网查询资料:学习《中华人民共和国食品卫生法》《餐饮业和集体用餐配送单位卫生规范》。

二、课堂练习
1. 如何保障实习厨房的安全卫生,并制定相关的厨房生产卫生要求。
2. 了解厨房生产容易出现的事故并进行原因分析,且提出预防措施。

三、课后思考
1. 菜品卫生的薄弱环节主要是哪些方面?
2. 食品生产过程中容易出现哪些不安全因素?
3. 现代食品安全卫生与传统认识有哪些不同?
4. HACCP食品安全管理体系的主要内容是什么?
5. 厨房生产加工过程中有哪些卫生要求?
6. 怎样养成个人良好的卫生习惯?
7. 如何杜绝厨房生产中常见事故的发生?
8. 食物中毒有哪些种类?如何去预防食物中毒事件的发生?

第十章 厨房产品销售管理

> **学习目标**
> ◎ 了解厨房生产与推广促销的关系
> ◎ 掌握消费者的饮食心理合理促销
> ◎ 学会利用不同的活动与节假日进行促销
> ◎ 学会制定美食节的活动计划
> ◎ 学会与其他相关部门的沟通

> **本章导读**
> 厨房生产与餐饮经营贵在销售。如何将自己的产品"卖"出去,除了质量、价格等方面外,还需要"勤吆喝"。在现代餐饮经营与管理中,厨房管理者必须要有销售意识,在产品开发、活动策划方面,应该有自己的思路和高招,以应对市场需求的变化和行业之间的竞争。而利用不同的主题活动、特色产品进行美食销售,将是餐饮经营中不可或缺的手段。本章将从推广促销、活动营造、主题策划、美食活动、节日特色以及厨房与各部门的友好协作等诸方面进行阐述,以团队的力量共同实现企业的经济效益和社会效益。

第一节 厨房产品的推广与促销

引导案例

苏州某酒店是一家拥有300个餐位的宾馆餐厅,该酒店经过半个多月的紧张筹备,于8月上旬隆重举办农家菜美食节。在餐厅布置了菜肴样品展示台,餐厅内点缀各种农家器具如斗笠、蓑衣、农具等,并贴上醒目大红对联,以形成一种休闲野趣的氛围。餐厅专门印制了一批富有农趣的单页美食节菜单——田园食谱,菜单品种如下:

热菜:辣炒南瓜苗　　竹筒石鸡　　蕨菜炒肉丝　　笋衣尖椒　　瓦罐鸡
　　　蒜泥芋艿茎　　清炒藕梗　　酸辣番薯藤　　笋尖烧肉　　炒鸡肠
　　　三椒蒸鱼头　　乡村豆腐炒青蒜

冷菜:家制小鱼干　　家乡腌笋　　凉拌野笋干　　腌豇豆干　　雪菜鞭笋
　　　凉拌蒜根

点心:烤玉米棒　　雪菜麦疙瘩

赠送农家"消暑饮"

特别地还在菜单正面赋诗一首：

　　　　禾田溪边牧歌声，农舍炊烟翠竹间，
　　　　欲知农家盘中事，××酒店把扇摇。

点评：这是一则利用美食活动来增加餐饮经营亮点的美食节活动推广。在推广的菜品确定上，以流行的农家菜为主打，他们选择了符合潮流而竞争对手又缺乏的菜品；在餐厅的装饰布置上也是独具匠心。其目的就是以吸引更多的人前往餐厅就餐，以提高餐厅的社会效益和经济效益。

当今的厨房生产已不是过去那种封闭式的经营思路，而是需要厨房管理者主动迎合客人的饮食喜好，及时调整自己的经营方针去最大限度地满足客人的需求。因为，现在不论是生产部门或服务行业，片面决定商品的时代已成为过去。任何行业都必须顺应市场趋势，餐饮经营者尤要走入营业现场和消费者接触、沟通，谁的产品迎合、调整得好，谁的企业就会有好的利润。这就需要餐饮经营管理者、厨房生产者主动面向市场、面向顾客，不断推出新菜品、新活动、新主题，以达到最佳销售的目的。

一、掌握消费者的饮食心理

传统的饭店厨房生产，常常被喻为"幕后工作"，因为就顾客消费的基本情况看，顾客进店吃饭，按谱点菜。而今，餐饮市场发生了翻天覆地的变化，迎合顾客、满足需求已成为餐饮经营的出发点，并出现了"顾客命题，厨师答卷"的新现象。因为，企业经营必须"以顾客为中心"。作为经营者必须直面市场、直面顾客，厨房工作人员必须根据市场需求和顾客的消费意识、消费结构、消费兴趣等变化情形，组织厨房生产，进一步做好引导消费、主动出击的工作。

现代餐饮经营除应具有舒适的环境、优质的服务、美味的菜品外，还应具有相应的促销、推销等手段，能够根据客人的建议和想法及时地策划新的主题活动以制造餐饮活动气氛，以持续不断地加强客人对企业的满意程度，使企业财源广进，宾朋八方。

1. 充分利用消费者的从众心理

消费者在饮食活动中很容易受外界暗示的影响，不自觉地做出模仿性行为，别人这么做，自己也这么做，觉得只要是随大流，就没有错，这就是人们的从众心理在饮食消费时的表现。比如，在餐饮市场上常常可以看到这样的情况：两个相距只有几步远的餐馆，同样的规模，同样的档次，同样的质量，同样的价格，如果甲店有一二桌人在吃饭，而乙店没有人在用餐，这时来了两个顾客，往往也走到甲店，而不去乙店，他们的心理是这样想的："甲店的顾客多，一定因为甲店的菜品比乙店好。"

2. 充分利用消费者的好奇心

好奇心，人皆有之。对于新异的刺激，奇怪的现象，异乎寻常的事情，人们都要先睹为快，餐饮经营者也要利用这种好奇心，来激发消费者的购买欲。比如，某餐厅外卖部新近推出某款新菜，在门口排起了长队，就会引起行人的好奇，在尚未弄清楚卖什么东西时，许多人是先排个队，占个位置再说，他们的心理是这样想的："那么多人抢购，一定是特色菜。"这样，好奇心就会转化为人们的行为动力，并使人们采取购买的行为。

3. 充分利用特色产品赢得顾客

厨房管理的最终目的，就在于提高产品质量，扩大销售，为饭店创造更好的效益。当今的管理必须与经营有机地结合起来,在研究市场、把握客人需求的基础上生产适销对路、客人需要的特色产品,并努力将其推销出去,创造和实现其应有的价值,使企业步入良性循环的经营中。同时,也要进一步增强员工忠于企业、热爱本职工作的荣誉感和责任心,为企业可持续发展积蓄后劲,开辟广阔之路。

各饭店为了把餐饮的生意做"火"做"活",经营者们千方百计满足客人的消费需求,甚至是超常规的有求必应。因为在当今餐饮业,实际上谁赢得顾客谁就占有竞争的优势。当然,这种"以客为尊"是以产品质量和优质服务为前提的。

二、利用新产品吸引顾客

在厨房内部定期推出创新菜,已成为厨房管理工作中一项常规的工作。如每月或每周推出新菜,或定期举办创新菜比赛活动,选择优秀品种推出,可以不断满足广大消费者的求新、求异的永恒的需求。

(1)根据饭店经营的需要,或者厨房为配合或开展某项活动,为促进和改进厨房产品形象,择时开展厨师创新菜比赛或认证活动。

(2)根据饭店自身需要,每月、每季度、半年、一年或两年可举办一次创新菜比赛,以调动厨房工作人员的积极性,发挥大家的聪明才智。

(3)定期或不定期地推出一些新菜,以满足市场的即时之需,特别是满足广大回头客的需求,不断增加新品种。

(4)在饭店相对客源较清淡时期,以不影响正常的接待工作为目的,聘请有关专家、大师来店传授创新菜知识和时尚菜品。

(5)对于获奖的或有特色的创新菜,可作为饭店推销的重点内容,或者可列入饭店特色菜菜单,向顾客宣传推销,通过一段时间的销售,凡点菜率较高,能够产生很好的经济效益的菜品,对创作者应给予一定的物质奖励。

新菜品的推出需要餐厅服务人员的密切配合,所以,必须将已定型的新菜品向服务人员讲解。如果餐厅销售人员对菜点不熟悉,就会给销售带来巨大的障碍,无法对菜点进行推销,也无法满足顾客的需求。为了让餐厅服务人员更全面、准确地了解经营的新品种,厨房管理者有必要定期向餐厅服务员讲解新菜品知识。讲解菜品的方式有理论介绍和品尝菜点两种常见形式。当服务员了解新菜品的品质特性后,就会根据顾客的需求介绍各类菜点品种,企业的效益自然就会节节攀升。

图10-1 新菜品推销

三、促销活动策划

厨房的一切产品以及生产活动都是围绕着顾客的需求而开展的,厨房管理的一切手段和目的都在于提高产品质量,扩大销售,为企业创造更好的社会效益和经济效益。从经营管理的角度来说,厨房产品的生产只有从顾客的角度出发,不断修正自己、调整产品,举办灵活多样的促销活动,做出新颖独特的推销文章,来迎合和满足顾客的需求,以期扩大产品销售的力度。

将饭店、餐饮企业及产品的信息,通过各种宣传、吸引和说服的方式,传递给厨房产品的潜在消费者,以此来激发消费者的购买欲望,影响他们的消费行为,扩大产品销售;通过联系、报道、说明等促进工作,以最小的成本投入,来获得最大的经济效益。这是一种创造性的活动,是在餐饮经营中不可缺少的促销活动。

1. 了解顾客的需求心理

促销的前期工作,重点在于了解顾客市场,即了解顾客的需求心理和兴趣爱好等。

了解顾客的兴趣所在,是促销前期工作的关键。以前,顾客们都以拥有某种物质为乐趣,因而只要看到某种餐饮信息,他们就会主动前来购买,因此,在销售上,感觉不出促销有何特别的地方。而在今天,企业都明显地感觉到顾客的需求和购买特点都有了明显的变化,但要具体地说明这种变化具体在哪些方面却又无从回答,充其量只能说"当今之顾客已不像从前,他们的个性多样化,很难掌握",正是如此,才显示出促销在整个促销活动中的中心地位。

当今时代,顾客的心理确实难以掌握,它不仅复杂多变,层次多样,无法做到一一满足其要求,因此不同类型和不同级别的饭店、餐饮企业,应当根据其主体顾客的不同制订自己的促销计划,这样才能避免盲目行动。但是不管怎样,有一点是相同的,促销必须引起顾客兴致。要了解顾客的兴致所在,就要有一个对顾客的资讯情报的收集过程。

2. 使用不同的促销手段

利用不同的美食主题营造餐饮销售活动的卖点,是厨房生产不可或缺的手段。企业为了广泛招徕顾客,开展市场竞争,扩大产品销售,必须利用自己的特色产品去影响和刺激消费者,让人们都知道。通过餐饮美食活动的宣传,使企业形成餐饮经营的相对优势,以提高企业声誉,并最终带来良好的经济效益和社会效益。

在饭店林立、食品供应充足而顾客需求相对有限的情况下,许多餐厅在快速递增中逐步淘汰和被替代。因此,作为饭店和餐饮企业的管理者,应当清楚地认识到,在销售上如果只将销售目标放在顾客方面是不够的,还必须通过各种营销手段来推销自己的产品。如果缺乏适当的促销手段,一味地把工作重点放在招揽顾客上,那其实是一种舍本求末的作法。

传统的促销方式,一般都是以广告的方式,而新兴的促销方式,则是以经理和厨师长为中心,以树立形象为目的的广泛的促销方式,而其具体的促销形式,则是可以灵活多变的。

为了使促销的手段更为有利于经营,还必须掌握充分的信息,对于餐饮经营管理者来说,许多信息掌握直接来自于经理,而作为厨房管理者在促销活动中是一个关键的环节。

3. 调动顾客兴趣,活跃销售气氛

在餐饮场所安置些可以引起顾客兴趣的东西,这样能产生活跃销售气氛的作用。如美食节活动的主题装饰与物件摆设等。

不少餐厅将餐厅举行的重大活动的照片、名厨名菜照片贴在销售场所,当顾客看到时一定会感到很新奇,如果人们用餐时的确感到不错,这样也会引来许多客人,而且销售场所的气氛也会活跃得多。

在餐厅举行各种活动如表演、时装、烛光晚餐等活动,使顾客不但能获得高级享受,同时还能获得各方面的社会知识,利用它来活跃气氛,其效果是可想而知的。

牺牲小利获大利也是常见的促销方式。如有饭店在创立一周年之际的纪念活动中,组织了部分老顾客和大客户免费旅游活动,从交通费到住宿费,全部由企业支付,并且还请顾客们进行了一次温泉浴,老板轻松地对大家说:"本店在一周年的经营活动中,得到了各位的支持,本次活动特为酬谢大家的支持,在今后的过程中还望大家多提建议,作为老板的我将不胜感谢,另外,告诉大家一个好消息,活动结束后,还可得到一件小小礼物。"从形式上看,这家店为了这次纪念活动确实花费了不少钱财,如果不到这里来用餐实在是不好意思。因此,在此次纪念活动后,不但原有顾客用餐更加频繁,同时由于纪念活动在社会上造成的影响,又为其增添了大批的顾客,其盈利水准也不断提高,可以说,这家店的促销方式别具一格,而且其效果也是极佳的。这就是商人所谓的"放长线钓大鱼"的做法,在他们的每一项活动中,无论如何都是不会因其支出而亏本的。

因此,一些娱乐性的活动,其目的往往只在于制造一种气氛,并以这种特殊的气氛来影响潜在的顾客。在多种促销的活动中,虽然客人们用餐很开心,气氛也很活跃,但主题不明确,好像顾客们单纯地只在游戏一样,这样,会使客人感觉不出其中的印象。作为管理者要把握好活动的主题思想,否则就会导致一系列无促销效果的娱乐。

4. 利用媒体信息的传播

在促销中,通过适当的媒体向顾客传达信息是非常必要的,因为顾客不可能耐心地等待某项活动的信函通知,因此,为了制造更多的顾客,就必须使自己的信息更广泛地传播。

再者,不同行业的信息对顾客的重要程度也不相同,只有在众多的餐饮信息中,顾客才能有目的地选择自己所需要的某一些信息。因此,为了吸引更多的顾客,就必须使自己的信息特色更加明显。

我们知道,随着市场的不断发展,顾客的细分化越来越明显,因而目标的促销活动也显示出越来越重要的作用。

促销活动一般而言是能引起人们的兴趣的,但只有当顾客认为这样的促销活动正是为我而进行的想法时,才能顺利地达成交易,因此说在餐厅现场,顾客的多少有时并不决定销售量的多少,更为重要的是目标顾客的多少,这才是决定利润多少的主要因素。

目标顾客确定后,对于宣传媒体的选择也就有了准绳,因此可以说,目标顾客的确定是媒体选择的重要因素。

5. 利用不同的活动促销

现代餐饮是一种竞争激烈、更新较快的行业,它要求经营管理者不断探索新招,力求引导潮流,才能立于不败之地。利用不同的主题活动促销是现代餐饮经营者营造经营特色的一个主要手段。主题活动需要策划和设计,在餐厅的环境上应力求有一个独特、鲜明的形象,让顾客光顾后留下深刻的印象,才能在竞争激烈的市场上以自己的特色而占有一席之位。

(1) 风格鲜明的节日活动促销。利用各种不同的节日,抓住各种机会甚至创造机会吸引客人购买,以增加销量。各种节日是难得的推销时机,餐饮部门一般每年都要做自己的推销计划,尤其是节日推销计划,使节日的推销活动生动活泼、有创意,取得较好的推销效果。

(2) 重要会议、庆典日活动促销。餐饮活动促销不能只是在销售淡季或经营低谷时进行,而应常年地、有规律地举办,使顾客对企业始终抱有新奇感。如利用本地区举办的国际性或全国性的盛大会议举行促销活动。此时,因外国、外地宾客居多,可以举办以本地区特色菜品或地方风味小吃为主要内容的促销活动。如恰逢大型庆典日、纪念日,又如民间艺术节、龙舟节、城市解放纪念日等,可举办独具特色的促销活动,以渲染"造节"气氛,并把活动推向高潮。

(3) 特色菜品的推广与促销。在餐饮经营过程中,可利用企业的特色菜品、特色制作风格和不同的销售方法进行现场推广和促销,可满足不同消费者的进食需求以及就餐乐趣。

图 10-2　餐厅烹制推销

① 餐厅烹制的推销。将部分菜肴的最后烹制放在餐厅里进行是一种有效的现场推销形式。它可以渲染气氛,通过其烹制让客人看到形、观到色、闻到味,从而促使顾客作出冲动型决策,使餐厅获得更多的销售机会。适合在餐厅烹制的菜肴很多,西餐中的煎牛排、燃焰、甜品和爱尔兰咖啡等更适合于在餐厅烧制。中餐中的拔丝类菜肴、拉面、片烤鸭等也可在餐厅操作表演。餐厅烹制要具备一定的条件,特别是有较好的排风装置,以免油烟影响到其他客人,污染餐厅。

② 菜点试吃的推销。有时餐厅想特别推销某一种菜肴,如某种名点、烤全羊、烤火腿等等菜肴时,还可采用让顾客试吃的方法促销,用车将菜肴推到客人的桌边,让客人先品尝一下,如喜欢就现点,不合口味的就请再点其他菜肴。这既是一种特别的推销,也体现了良好的服务。大型宴会也常常采用试吃的方法来吸引客人,将宴会菜单上的菜肴先请主办人来品尝一下,取得认可,也使客人放心,这同时也是一种折扣优惠,免费送一桌宴席。

③ 让客人参与的推销。推销只有能让客人自己参与进去才能起到好效果,也才能成为话题,让客人留下较深的印象。如当某一特别的菜肴推出时,附一张空白的烹制方法卡给客人,让客人填写后交还餐厅,这种类似小测验的推销,既能为客人赢来中奖免费用餐的优惠,又提高了该菜肴的销售量。又如为了鼓励客人反复购买某一菜肴产品,像汉堡包、意大利比萨等,附一张卡片,说明收齐 10 张卡片后,可免费获得一份赠送品。让客人参与的推销还可用来推销自助色拉、甜品等等,客人花钱少又可各取所需,数量又不受限制,尝试的客人较多,而餐厅也可通过薄利多销获得可观的收入。

④ 食品展示的推销。利用饭店的特色菜品在餐厅入口处进行展示,这种直观展示可以吸引更多的顾客。如目前流行的超市餐饮、明炉明档、包饼现卖以及将特色菜的成品完美地展示在餐厅客人面前,以吸引更多的消费者。直观地展示产品的特色,可以让顾客有更大的选择余地,使顾客达到更高满意度。餐厅的食品展示架永远会有助于营业额的增加。客人进入餐厅之后,尽管他仅是喝一杯咖啡或者一杯可乐,他看到面前的食品陈列架,总是会再要一份点心的。

6. 以顾客满意度为衡量标准

怎样的促销活动才算是成功的呢? 促销活动的成功与否具有何衡量的标准呢? 对于一个餐饮企业,销售获得利润虽是最终的目标,但促销的意义却不在此,它侧重于树立自身的公众形象,以顾客的满意程度作为促销活动成功与否的衡量标准。

成功的促销,是树立形象的开始,很可能在此过程中所付出的比所获得的利润要多,但从长远利益看,这些付出是完全值得的,作为饭店、餐饮企业的管理者,在促销过程中是必须充分认识到这一点的,一切促销活动,都必须是围绕着顾客满意而进行的。

第二节 美食活动的策划

引导案例

在激烈的市场竞争中,不少饭店的经营活动突破常规出奇制胜,许多经营者独具慧眼。在上海,不少饭店企业相继推出"茶宴美食节"。上海餐饮界的一些高厨名师到各地采集走访,将收集到的资料、档案、茶谱等综合潜心研究,反复实践,某饭店隆重推出的"茶宴美食节",是将饮食文化与茶文化融为一体,是传统与创新的完美结合。在茶宴上,首先,茶艺小姐从煮水开始,向来宾讲解泡茶知识。随后,便是贝酥茶松、双色茶糕、乌龙(茶)顺风、观音(茶)豆腐、碧螺(茶)腰、茶汁鹌鹑蛋、旗枪(茶)琼脂、红茶牛肉等色、香、味、形俱佳的茶菜冷盘。热炒菜则有太极碧螺春(茶)羹、紫霞映石榴、茶香鸽松、乌龙(茶)烩春白、红茶焖河鳗等。最后助兴的功夫茶则有消积食、去油腻作用。

点评:他们用自身的特色、良好的服务和别具一格的经营方式来吸引顾客,获得了丰厚的利润。

如今的市场经济也被人称作为谋略经济,或者说随着人们消费素质的提高,通过某种形式寄托人们的情感,这已成为一种市场新潮。

美食节,又称食品节。它是在餐饮正常经营的基础上所举办的多种形式的有某一主题的系列产品推销活动。美食节等餐饮销售活动是现代饭店餐饮经营不可或缺的一种厨房产品与服务销售形式,也是餐饮业营造个性特色、扩大产品销售的重要手段。它往往围绕某一文化主题策划相应的餐饮产品,其产品内容丰富多彩,经营方式灵活多样,活动策划创意多变。主题独特、策划创意的美食节活动,可以在短时间内带动整个餐饮销售,使饭店取得丰厚的经济效益和良好的社会效益。

一、美食营销活动的策划

我国饭店餐饮美食节的实施经过30多年的运作,现已发展成为主题风格多样、活动内容广泛、经营方式灵活、产品丰富多彩、组织管理严密、文化氛围浓郁、策划创意多变的局面,使美食节成为全国餐饮业销售的一大亮点。

1. 美食节菜品的选择与设计

(1)拟定主题和菜品。厨房管理者根据美食节所确定的主题,搜集与美食节主题有关的资料,再从有关烹饪食谱、书籍及有关杂志中选出相适合的菜品,以备参考。

(2)选择原料并把握供应情况。要充分考虑原料季节和产地的供应状况,进行备料工作。而且要了解菜品是否适应当地饮食习俗,以进一步修改菜式,最大限度满足客人对菜品的需求。要确保原料供应不能断货,以防止点菜的客人多原料却接不上而影响声誉。

(3) 考虑员工的技术能力。菜单的设计要考虑到厨房工作人员的技术力量,厨房员工技术水平在很大程度上影响和限制了菜式的种类和规定。聘请外地的厨师时,也要充分了解其技术水平,以防请来的厨师达不到应有愿望,造成不必要的损失。

(4) 考虑厨房的设备设施能力。菜单设计还应考虑厨房设备的配置。设备的质量将直接影响食物制作的质量和速度,若美食节菜单中需要的烹饪机械器具,一定要在美食节举办之前先购买试用,以保证菜单与器具充分地配合,创造出最高的效用与利润。

(5) 分析和确定菜品。进一步对比分析菜式,对设备和厨师技术现状进行认真分析,并对菜式决定保留或舍弃。通过对菜式的分析,确定应留的菜式,并进行试制,经调整后建立每道菜的标准菜谱,明确美食节的菜单。

(6) 考虑餐饮服务系统的实际情况。美食节的菜式品种越丰富,所提供的餐具种类就越多;菜式水准越高越珍奇,所需的设备餐具也就越特殊;原料价格昂贵的菜式过多,必然会导致菜肴成本加大;精雕细刻的菜式偏多,也会增加许多劳动力成本等。各饭店应根据美食节菜单的品种、水平及其特色来选择购置设备、炊具和餐具,以保证美食节的正常使用。

2. 美食节主题选择

美食节的主题较多,内容相当广泛。这里将美食节主题进行系统的归纳和分析,供人们选择和参考。

(1) 以某一类原料为主题。以某一原料或某一类原料为主策划的美食节,主要体现原料的风格特色。在使用原料方面,许多美食节活动抓住时令的特点,推出新上市的时令佳肴,如初春的"野蔬美食节""时令刀鱼美食节"、夏令"鲜果菜美食节"等;或体现原料之风格,如"海鲜菜肴美食节""莲藕菜肴美食节"等;或体现其制作技艺,如"全羊席美食节""全鸭席美食节""全素宴美食节"等。

(2) 以中外节日和季节特色为主题。利用中外某一节日促销推出的美食节,在国内外运用较为普遍。自从我国实行双休日和黄金周以后,节假日休闲消费已成为餐饮经营的一大热点,各饭店美食节活动更是十分火爆、气氛热烈。无论是传统的中国节日,还是西风东渐的西洋节日,已成为我国餐饮界大做文章的最好时机。

图 10-3　金秋螃蟹美食节

春夏秋冬四季分明,不同的季节有不同的原料和食品,菜品的风味也各不相同。利用上市季节的不同风格特色可开发出许多主题美食节。如"春回大地美食节""金秋螃蟹美食节""花样冰淇淋美食节""冬季冰花食品节""夏季时果菜美食节"等等。

(3) 以地方菜系、民族风味为主题。以某一地方菜系、民族风味为主题的美食节,在我国各地方、各饭店运用十分活跃。如"淮扬菜美食节""四川菜美食节""广东菜美食节""云南菜美食节"以及"傣家风味美食节""维吾尔族菜肴美食节""瑶寨风味美食节"等等。举办这类美食节,可聘请当地有知名度的厨师为主厨,亦可利用本地本店较擅长此风味的著名厨师来主理烹调,特别是民族风味食品节,还需配以民族风格浓郁的餐厅装饰、餐具和代表性的民族特色菜肴,尽力渲染和增加美食节的气氛。

(4) 以与名人、名厨有关的菜点为主题。从古到今,我国许多菜点与名人、名厨有很大关系,根据本地、本店的特点,可以推出以名人、名厨命名的美食节。如"乾隆宴美食节""东坡菜美食节""张大千菜肴美食节";有以当今名厨绝技绝活而命名的美食节,如"江苏十大名厨厨艺展播美食节""胡长龄大师特色菜美食展""南京饭店名厨亮牌名菜展示美食节"等等。

(5) 以仿制的古代菜点为主题。策划以某一时期或某一特色的仿古菜为主题而推销的美食节,可聘请专家和擅长此菜的厨师直接帮助参与此项活动,如"孔府菜美食节",直接聘请山东曲阜名厨;可请有关专业人员挖掘研究适合现代的"仿古菜点",如"秦淮仿明菜美食月",请有关专家与厨师一起挖掘研制明代的菜点,使明代菜谱与民间传说、诗词典故融为一炉。"随园菜美食节",是以清代袁枚《随园食单》中菜点研制创作而成;"红楼菜美食节",以曹雪芹《红楼梦》中记述的肴馔而烹饪制作的菜肴,等等。

(6) 以本地区、本饭店菜点为主题。利用本地区、本饭店的传统菜、特色菜、创新菜而推出的美食节,既可以开设宴会,也可以是套餐和零点,不拘一格,创意主题,如"××饭店创新菜美食节""饭店名菜展示月""金陵饭店名菜回顾展"等,以本店的特色风味菜为主。或以本地区的风景名胜、地理优势为主线组织美食节内容,也可以产生奇特的效果,如"运河菜点风味展",以运河为主要线索,配置与运河有关的系列菜点进行展示活动;"秦淮小吃美食节",以南京秦淮地区的风味小吃为主,将那些千姿百态、风格别具的干、湿、水性小吃品充分展示,届时可推出"秦淮小吃宴""秦淮小吃套餐"等。

(7) 以某种技法和食品为主题。以某一种烹饪、操作技法和某一类食品为主推销的美食节。如"系列烧烤菜美食节",即可选择在某一餐厅内,也可在露天花园、阳台、屋顶平台,还可在泳池边、假山旁、河湖畔等较大的地方举办。烧烤食品,面对客人现场烹制,场面热烈,气氛融洽,各式烧烤菜肴风味别具。"系列串炸菜美食节",利用各种荤、素原料切成棋子大小,可用竹签串好,放入油锅炸制,然后撒上调料,别有一番情趣。另外可利用某些食品作为主题,推出特色美食,如"饺子宴美食节""系列包子美食周""嘉兴粽子美食展"等。

(8) 以食品功能特色为主题。根据食品原料、菜点的营养与功能特色作为美食节的主题,如"药膳菜点美食节""食疗菜点美食节",可推出延年益寿菜肴、减肥菜肴、补气养血菜肴、养肝明目菜肴等。养生保健药膳取中药之精华,施食物之美味,熔中医与烹调于一炉而成的美味佳肴,且能得健美长寿之力。另外如"高考健脑菜品美食节""美容健身菜品美食节""长寿菜品美食节"等等。

(9) 以某种餐具器皿为主题。以某种特殊餐具器皿为主体而制作的菜肴命名而成的美食节,如"系列火锅美食节",推出任君选用的自助火锅以及因人而异的各具特色的火锅系列,有一人用各客火锅,有多人用边炉火锅,有各具特色的烧烤火锅、石头火锅等等。"系列铁板菜美食节",用特制的生铁板烧红后,淋上油,撒上洋葱丝,下烤上燎,热气腾腾,气氛浓烈,各式荤素菜肴尽尝风味。"各式沙锅菜美食节",以大小不同的沙锅为主体烹制菜肴,可一人一锅,品种各不相同,任君备选。

(10) 以普通百姓大众化菜点为主题。以大众化消费为主导的适应工薪阶层的菜品作为美食节主题来推销,这是迎合广大消费者的需求,满足社会市民、服务普通大众的大市场而推出的各具特色的菜品项目。如"家常风味美食节""乡土风味美食节""田园风味美食节""地方小吃食品展""贵阳风味小吃宴"等。家常风味、乡土菜品已成为越来越多的消费者的青睐,也得到了许多高档客人的喜爱,家常风味宴席也成为许多饭店畅销的品种。

（11）以某一宴席或几种宴席菜点为主题。美食节活动也可直接以某一种或几种宴席菜单作为主题,因饭店的客情较好,平时也较忙,为了展示餐厅特色,美食节期间只销售宴会,不提供零点菜;或因为人手有限,每天只供应几桌,只有提前订餐。如以中餐西吃菜点组成的"中西合璧宴";以赏花灯、猜谜、娱乐为主的"花灯宴";以团圆菜点组成的"合家欢宴";以南方地区海产品为主的"粤闽海味宴"等等。

（12）以外来菜品为主题。有条件的大饭店,可突出本饭店的餐饮风格特色,开发一些外国风味的美食节,如"法国菜美食节""日本菜美食节""西班牙菜肴美食节""阿拉伯菜美食节""东南亚风味菜肴美食节"等等,或聘请外国名厨料理,或请有关专家指导,或渲染本店餐饮风味菜式。外来菜为主题的美食节,可作套餐、零点,也可利用自助餐形式和宴会形式等。

3. 确定美食节主题的要素

美食节活动经过几十年的发展,应该说,举办美食节的思路是非常广阔的,饭店和餐饮企业在策划活动中可抓住一定的契机,从不同的角度、不同的层面确定美食节的主题。但在具体确定美食节的主题过程中,厨房和餐饮管理人员应当注意以下几点：

（1）美食节主题要与饭店自身条件相符合。饭店在确定美食节主题时,应根据饭店的自身情况来通盘考虑设计主题。一方面要考虑饭店的经营档次和经营风格,

图10-4 韩国菜美食节

另一方面要考虑自身员工的技术能力,厨房、餐厅的设备设施以及餐饮服务提供系统的实际情况。不同的餐厅可选择不同的主题活动,这应由饭店的具体情况而定,切不可不伦不类。厨房员工的技术水平在很大程度上影响和限制了菜单菜式的种类和规格。设施设备的运作情况对美食节主题也有很大影响,特别是高档次的美食节活动。另外,食物原料的供应情况也是美食节活动不可忽视的一个方面,在构思之前,就要考虑到本地方的具体特点,以保证美食节活动的顺利开展和圆满成功。

（2）美食节主题要与饭店和餐厅的形象一致。美食节主题是餐厅一切业务活动的中心,它的制定将直接影响和支配着饭店经营和餐饮服务的提供系统。美食节营销活动的进行是为了树立和强化饭店的形象,增加无形资产,进而增加销售收入。而作为促销手段的美食节活动是饭店营销活动的重要内容,因此,美食节的举办应当与饭店已经形成或者正在形成的形象一致,谨慎的选择美食节主题。如在二星级饭店举办"法国大餐美食节"就显得不合时宜。

在餐厅服务上,美食节的菜式品种越丰富,所提供的餐具种类就越多,菜式水准愈高愈珍奇,所需的设备餐具也愈特殊。各饭店应根据美食节主题来选购食品原料、餐饮设备和餐具,以保证美食节活动与整个饭店、餐厅形象相一致。

（3）美食节主题应当符合并满足市场需求。在当今开放的年代，人们的消费观念也在不断地变化和更新，对餐饮消费的需求，随着时代的不断变化而发展。饭店、餐馆的美食节活动，必须根据市场的要求而开展主题活动。经营者通过调查研究，面向市场，面向消费者。另外，餐饮业的竞争，也迫使餐饮经营者不得不举办各种吸引客人的美食推销活动，美食节活动正是顺应并迎合了餐饮市场的走向，而选择美食节主题正是适应这种需求及经济变化而带来餐饮经营方式的变化。

美食节的所有活动都是围绕主题而展开的，为了使美食节的活动内容赢得客人的认同和参与，美食节的主题首先应当迎合客人的要求。只有在适当的主题的指引下，饭店才能开发出满足客人需要的美食节餐饮产品、服务以及各种活动。因此，餐饮管理人员应重视市场调查，深入了解客人的需求。

二、美食节运作与管理

1. 通过调查研究，编写全年计划

美食市场调研是餐饮管理者在对本地区各餐厅进行美食调查以后、在制订全年计划之前所作的竞争性预测和定向性资料的搜寻、分析的过程。它是一个餐饮经营管理者必须掌握的基本管理技巧。

美食市场调研需要管理者具有精确的分析判断能力，它通过管理者的洞察力，透彻地剖析市场情况来设计自己的美食活动在市场中的定向、定位和竞争性，从而更加增强自身的竞争能力，使自己的美食节活动成功地投入市场。

美食节活动计划是在进行市场调查、分析的基础上，针对餐厅自身的客源状况、经营目标来决定的。掌握了竞争对手的美食活动经历，可以为自己的美食活动创造个性特色，良好的、切实可行的计划是有条不紊进行标准化管理的有效保障。

年度美食节计划指饭店根据未来餐饮消费趋势和市场竞争状况，以时间序列为主要线索，统筹安排在未来一年饭店拟组织、开展的各项美食节促销活动。较之于专项美食节计划，年度计划显得较为笼统、简单，它仅仅大致设想了饭店在未来一年中将要组织的美食活动，至于活动的具体细节则未加充分考虑。它是饭店制订专项美食节活动计划的指南。

饭店应在每年年末编制下一年度的美食节活动计划，为下一年的餐饮工作做好充分的准备，以保证各项活动的顺利开展和取得圆满成功。

2. 依据主题内容，预算投资费用

根据全年计划的具体时间和主题内容，同时兼顾时令性和技术力量的来源，以确保美食节能如期举办并取得较好效果。

有条件的饭店，应由运转总经理召集餐饮部经理、总厨师长、餐厅经理、公关部经理、营销部经理等有关人员，一起研究讨论，依据主题内容，然后进行分头工作，提出具体要求，以保证美食节活动有目的、有计划、有组织的顺利开展。

美食节餐厅的设计要依赖良好的独特卖场加以衬托。优雅的卖场布置不仅可以增加其文化含量，突出美食节的主题，而且能调动客人前往餐厅就餐的积极性，塑造饭店的新形象。美食节卖场要打破原有的常规，可根据主题特点借助一些典型物品画龙点睛。如乡土菜美食节，串串红辣椒、玉米棒、斗笠、锄头等给餐厅带来了一股田园的风光；影视美食周，将电影胶片盒、放映机、电影杂志、电影海报等作为装饰。餐厅卖场的设计可选择一些富有

美食文化特色的陈列品或特殊的摆设烘托美食节的气氛。

美食节活动要对投入的原材料、设备和聘请的厨房工作人员做出预算,并对客源做出预测,分析可能接待的人次、人均消费和销售收入,并对如何组织客源提出解决办法和措施,以供领导决策参考,确保美食节活动能够取得预期效果。

3. 制定美食菜单,落实具体人员

及早制定一份富有新意和吸引力的美食节推销菜单(包括小吃、点心单等)是十分重要的。美食节的所有活动归根到底都落实在菜单上。菜单编排的好坏对美食节的整个过程都起着举足轻重的影响。菜单品种的选定要突出美食节的特点,还要考虑到顾客的实用价值,既要考虑菜品的风味特色,又要考虑到厨房技术力量,还要考虑到菜品吸引顾客有没新意。要从菜单的档次、价格方面进行合理的搭配组合,进而要测算每份菜的成本、毛利和售价。为了保证菜单品种的如期推出和出品质量,至少应将所有推出菜点的主料、配料、盛器和装盘规格,列表做出明确规定。如果可能,及时给每一菜点制定标准食谱卡,不仅对生产操作极为有利,对厨房的成本控制也是十分有用的。要求厨房员工按规格、按要求、保质、保量落实到每一盘菜品上,有条件的饭店可由专人负责到底,确保美食节菜品质量的自始至终。

根据厨房、餐厅的工作安排,美食节活动期间,餐饮部所有人员应依据活动期间的客情,合理安排和落实具体人员,以保证美食节活动的万无一失。如果既定的美食节万一碰到厨房、餐厅生产比较繁忙的时候,也应调剂、落实各岗位人员,以确保美食节的正常进行,这就要求餐饮部内部做好详细的时间计划,力求使有限的人员、场地、设备用具发挥更大的作用。

4. 保证货源供给,开展宣传促销

菜单确定以后,一个很重要的工作就是筹备和企划美食节所需各种原材料,不仅要备齐美食节推出菜点的主料、配料,同时还要根据美食节用料清单,想方设法备全各种调味品、盛装器皿和装饰物品。饭店采供部要会同餐饮部前后台做好各项原物料的采购工作。所购原物料的好坏,对餐厅装饰气氛、菜点口味造型等都起着重要的影响。

美食节对外界的影响大小和成功与否,在很大程度上取决于广告的宣传作用。要在美食节举办之前,详细周密计划和分步实施广告宣传活动。要根据美食节的特点和主题,选择一定的广告宣传媒体,进行相应的广告宣传工作。

美食节活动的印刷品除了广告宣传用品,还有菜单、酒单等。这些印刷品的设计和印刷质量,应与饭店餐饮规模、档次相适应,既要美观大方,又要突出美食节的主题,还要注意保持餐厅一贯的宣传风格,以强化给客人的印象。

5. 做好现场管理,加强内部协调

美食节活动是以厨房、餐厅为主体,同时需要各级、各部门的协调和配合。各部门应根据活动计划的安排,积极主动地做好各方面的准备,实行标准化管理。采购部门每天保证食品原材料供应;厨房按菜单设计生产,保证产品质量;餐厅按美食节活动计划要求,每天搞好环境布置,热情推销产品;工程部门保证席间节目设施、设备安全,在空调、灯光、演出设备等方面满足活动需要。

餐饮部经理和餐厅经理要加强巡视检查,随时征求客人意见,不断改进服务质量,处理各种疑难问题,保证美食节活动的成功。

美食节期间，每天要统计出餐厅或美食节活动的接待人次、座位利用率、客人的食品和饮料人均消费、总销售额、座位平均销售额、毛利率、毛利额、成本消耗等，并分析前后各天的变化情况，从中发现美食节活动期间的成绩和存在问题，不断改进工作，以降低消耗，提高经济效益，完成或超额完成美食节活动计划指标。

6. 认真总结评估，完善档案资料

美食节是饭店、餐馆的一项综合性、集体性的活动。在筹备阶段，美食节组委会经常召开碰头会，研究问题，落实措施。美食节期间，不定期召开碰头会，研究营销策略和市场反馈，即时调整布局。美食节结束，要召开总结会，应对美食节进行全过程的总结评估，以积累一定的组织筹划、原料采供、生产制作等方面的经验教训。

美食节结束以后，餐厅转入正常经营。餐饮部经理、总厨师长要认真总结经验教训，全面分析美食节活动效果。对美食节活动的计划安排、准备工作、各级各部门的协调情况、产品销售情况、服务质量、客人反映等，作出具体分析，写出总结报告。成绩要肯定，问题要明确指出，以便为今后的美食节活动提供决策参考。

美食节活动结束以后，菜单、主要原料供应、每天的销售分析报告和总销售报告要分类存档。其中，哪些菜点喜爱程度高，哪些菜点喜爱程度低，要特别保存，以便为下一次美食节活动提供决策参考。无论此类美食节以后再举办与否，都要做好一定的文字资料积累，为菜肴的推陈出新和其他不时之需做好准备。同时，将特别受欢迎的菜点纳入正常经营的菜单之中。

从饮食市场大局来看，美食节这一形式势必还将继续发展成熟，如何将美食节举办得更加成功，这是我们广大餐饮经营者、决策者不断探索的新课题，愿这一活动能够在各饭店的餐饮中达到预期目的并放射出熠熠的光彩。

三、美食节活动计划内容与安排

在美食市场的调查分析以后，确定本店的美食节的主题内容。餐饮管理者需要根据美食节的主题来精心设计美食节的活动计划、经营策略，以期达到餐厅美食活动的成功效果。

活动计划是餐饮管理者在进行市场调查、分析的基础上，针对餐厅场地的大小、设施设备、自身的客源情况、消费能力和经营目标来制订的。美食节活动计划要针对市场的变化发展状况，从餐厅营业、利润及市场的角度出发，去为餐厅创造更大的利益。

1. 美食节活动计划内容

美食节的活动计划，是要将美食节活动的主题及提纲性方针，以书面的形式落实下来，这样完成的行动计划是把活动中的每一项工作按照时间的顺序逐步分配给每一个负责的员工，并限定完成工作的时间。管理者在完成了这样的活动计划以后，接下来的重点工作只需进行每天必要的监督及跟进工作，这是计划性工作的最大优势。

一般来说，美食节活动计划，至少包括这些内容：

（1）餐饮活动推广的日期；

（2）推广的时间及餐厅；

（3）有关推广的菜单及饮料单的设计；

（4）推销计划期间的价格走向；

（5）推销所使用的广告媒介；

（6）各类广告媒介所推出的具体时间（即广告接触媒体的时间,这也提醒管理者应预计好准备工作的时间）；

（7）根据推广计划所定餐厅装饰的要点,包括餐厅的门面、墙、天花板、餐桌；

（8）有关整个推销计划的提纲要点,可以包括推广的目的、目标,推广中应注意的事项,主要的设计意向等。

2. 美食节活动计划安排

一份美食节活动计划应在全面的基础上完成,它要求面面俱到地将每一项细节都写在活动计划中,同时它所包括的内容应该有行动计划订立的时间,行动完成的日期,具体的行动内容、工作的负责人等。

【案 例】

傣族风味美食节活动计划

A. 推广时间
  - 3月5日～20日

B. 推广餐段
  - 中餐:11:00～14:00
  - 晚餐:17:00～21:00

C. 菜单及饮料单设计
  - 自助餐
  - 傣族篝火自助餐菜单
  - 特色鸡尾酒

D. 价格定向
  - 自助餐每位人民币98元,儿童半价
  - 鸡尾酒每份人民币28元

E. 广告媒介
  - 酒店宣传画册
  - 餐饮部美食节传单
  - 餐厅告示牌
  - 电台广告
  - 主要街道宣传横幅

F. 广告发布时间
  - 2月20日

G. 餐厅装饰
  - 使用传统的傣族装饰用品
  - 傣族人生活用具
  - 傣族竹楼餐厅

H. 活动计划提纲
  - 邀请云南及傣族厨师进行技术表演及傣族特色菜品的制作
  - 邀请傣族艺术表演团进行穿插表演

- 设计菜单时同样需要提供适当的本地菜肴和西式菜肴以适应部分外籍及本店客源的需要
- 餐厅装饰用品可以由云南当地的厨师采购提供

第三节 节日策划与品牌促销

引导案例

春节团圆饭(宴)策划方案

按照传统习俗,团圆饭(宴)在人们心目中是一年最重要的一顿饭。一定既要从营养的角度出发,又要求原料新鲜,并结合季节的特点,达到食补合一的效果。

一家人由于年龄、嗜好、身份及健康状况不同,对饮食的种类、口味要求也不尽相同。因此,团圆饭的策划既要照顾到大多数相同的,又要兼顾少数不同的。老年人喜欢软烂、清淡,可安排蒸、炖、烩的菜肴;儿童爱干脆、酸甜,可准备炸、烤、熘的菜肴;年轻人嗜辛辣刺激,可提供水煮、干煸的菜肴。另外,在菜肴的名称上要动点脑筋,要突出吉庆、祥和的喜气,以表达人们良好的祝愿,给团圆饭(宴)增添一份浓厚的文化氛围。

为了使节日活动开展得有声有色、尽善尽美,在紧张的活动中繁忙而有序,一定要把活动的细节详加阐述,以方便餐饮部门的员工落实所要做的事项,而不出差错。

1. 活动建议:
(1) 以中餐菜品为主,兼顾苏、鲁、川、粤风味。
(2) 消费者大众化,口味应多元化。
(3) 菜单设计要简单,以加快其制作速度(因为人手有限,部分服务人员请其他部门人员来支持)。
(4) 增加高、中档的套餐,以方便顾客的选取。
(5) 给团圆饭菜品的名称添加吉祥寓意。
(6) 春节团圆饭的广告祈求——年节不打烊。
(7) 促销方式:除做广告及网络媒体发布外,针对饭店的用餐客人及老顾客寄发"预购单"。

2. 活动比较:
(1) 团圆饭菜——桌菜套餐:广式、江浙、鲁式桌菜套餐
    需先预订,餐价:150~200元/人
(2) 团圆饭菜外卖:年糕、发糕、醉鸡、酱鸭、泡菜、发财豆等。需先预订。促销方式:
    - 买10盒送1盒:180~400元/盒
    - 9折优惠
(3) 礼篮或礼盒(300~400元/盒)
    熟制品:腊肠、肝肠等   干 货:鲍鱼罐头、鱼翅干货
    酒 类:葡萄酒、洋酒   糖 果、瓜子等

点评：节假日的餐饮市场已成为当今餐饮销售的最佳时机，推出特色鲜明的节日菜品，开发适应假日消费的宴席、套餐和外卖食品，注重亲情营销、文化营销，可为假日餐饮创造良好的销售空间，并实现效益的最大化。

目前，除春节、"五一""十一"外，还有中西方各种纪念节日聚会，周末、周日的假日市场更为丰富。大力开发假日餐饮市场，有着极好的环境氛围和有利条件，即随着人们生活水平提高，外出旅游、购物、餐饮成为时尚。假日经济所产生的营业额比重也增大，一般占全年营业额的50%以上。广阔的前景昭示着我们：开发假日餐饮主题，积极迎战休闲餐饮市场。如春节、元宵节、情人节、儿童节、端午节、中秋节等都可开设不同风格的主题餐饮活动。

一、风格鲜明的节日活动促销

节日的美食促销是在全年度总体促销活动的基础上进一步细化的方案。每个节日的促销，可以根据总体计划依序地在每个节日活动的前三个月着手开始准备各项事宜。从确定促销的餐式、菜单、搭配的饮品、赞助或合作的厂商、节目的安排、餐厅的布置、服务的训练等，均需做好充分的准备，以保证活动的顺利开展。

利用各种不同的节日，抓住各种机会甚至创造机会吸引客人购买，以增加销量。各种节日是难得的推销时机，餐饮部门一般每年都要做自己的推销计划，尤其是节日推销计划，使节日的推销活动生动活泼、有创意，取得较好的推销效果。

1. 节假日活动需求分析

春节：这是中华民族的传统节日，同样也是让在中国过年的外宾领略中国民族文化的节日。利用这个节日可推销中国传统的饺子宴、汤圆宴，特别推广年糕、饺子等等。同时可举办守岁、民间戏曲表演等活动丰富春节的生活，用生肖象征动物拜年来渲染节日气氛。

中秋节：月到中秋分外明，这天晚上可在庭院或室内组织人们焚香拜月，临轩赏月，增加古筝、吹箫和民乐演奏，推出精美月饼自助餐，品尝鲜菱、藕饼等时令佳肴和亲人团聚套餐、家庭宴席。

中国的传统节日很多，如元宵节、清明节、端午节、重阳节等等，只要精心策划与设计，认真加以挖掘与整理，就能推出许多有创意的促销活动。

西方的节日也有很多，如圣诞节、复活节、情人节、感恩节、万圣节、开斋节等等，它们不但在外国客人中有市场，对国内客人同样也有一定的吸引力。

在餐饮经营中还可利用国际性节日和各种职业类节日进行促销。国际性的节日包括"三八"国际妇女节、"五一"国际劳动节、"六一"国际儿童节等。在"三八"妇女节前夕，饭店可推广美容健身菜品和美容健身宴，满足广大妇女的饮食愿望；"六一"儿童节是孩子们的节日，也是饭店企业促销的大好时机，许多餐厅已意识到隐含在儿童身上的巨大餐饮消费潜力，在节日之前，进行筹划，因此出现了形形色色的儿童主题餐饮和礼品赠送，并取得了很好的效果。

职业类节假日，如教师节、护士节、记者节、秘书节等，往往为某些特殊职业的人员而设，饭店在策划时可利用不同职业的特点，借题发挥，渲染餐厅气氛，并通过开展主题餐饮活动与这部分顾客联络感情，在菜品的开发多设计一些符合某职业特点的营养菜品。

2. 节假日促销策略

各种节假日是难得的促销时机,企业可本着"以节兴店"的宗旨作全年、全世界的节日餐饮文章,使餐饮形成错落有致的"无霜期"发展。

在开展节假日促销策划时,应深入研究节假日的消费背景,包括节假日的来由、节假日的消费习俗、节假日期间相关替代产品情况、节假日前后餐饮消费差异、节假日期间同行的促销手段等。在此基础上,结合饭店餐饮的实际情况及餐饮营销目的,推出各类富有新意的节假日产品。

值得注意的是,春节、"十一"长假也有不同的餐饮消费特点。春节餐饮消费求喜庆,求团圆,因此,春节促销要抓住这一特点,通过抽奖、游艺活动、赠品派送等方式增加节日餐饮的娱乐性;而"十一"则要突出休闲特色,从菜品、环境、服务等方面增加休闲性;另一方面,"五一""十一"两个节日又是结婚的高潮期,因此,可以婚宴促销作为餐饮促销重点。

表10-1　年度节日餐饮活动推销计划

月　份	中餐厅	西餐厅	其　他
1月	元旦、春节团圆宴	中西合璧套餐周	热饮特选
2月	元宵花灯节	情人节	
3月	"三八"妇女节	东南亚美食节	咖啡时节
4月	清明节	复活节	
5月	"五一"劳动节	母亲节	蔬菜果汁
6月	"六一"儿童节、端午节	父亲节	
7月	夏日清凉美食	啤酒节	夏日特饮
8月	七巧节、谢师宴	冰淇淋美食	
9月	教师节、中秋节	西式自助餐	鲜榨果汁
10月	国庆节、重阳节	万圣节	生日派对
11月	名菜品尝月	感恩节	
12月	圣诞狂欢节	圣诞节	圣诞特饮

二、节假日产品经营思路

节假日的餐饮策划在全国各大饭店已普遍开花,如春节前后和圣诞节的活动策划,各集团、公司的宴请,情人节的套餐、端午节的粽子、中秋节的月饼等,使饭店生意特别红火。广州白天鹅宾馆策划"儿童节"做了20多年,在广州形成了节日的品牌。他们确定主题"我心中的白天鹅","六一"儿童节那天,针对社会报名的儿童,饭店提供笔、彩、纸,要求儿童围绕主题画画,聘请专家到场当评委,设计一个颁奖典礼,来培养未来的客人。这个创意十分美妙,每年吸引了一大批儿童,不仅树立了餐饮的品牌,而且也扩大了整个饭店的影响。

1. 开发假日市场,做好接待准备

假日市场的形成和发展,给餐饮业带来勃勃商机,如何遵循假日市场规律,抓住机遇,扩大假日经营的内涵和外延,是广大饭店、餐饮经营者所研究的课题。

随着国民生活水平的提高,广大百姓正向小康生活和富裕阶段迈进。加之居民收入的多元化和消费多样化的需求,目前正是大力开发假日餐饮市场的好时机。同时,政府为假

日市场的发展创造了广阔前景和环境氛围,全国各地的餐饮市场是很宽广的,有待于我们去开发特色产品以回报社会、回报消费者。

根据节假日的风格特色,饭店、餐饮部门应尽量营造欢乐的节日气氛。在繁忙的假日之前,餐饮部门需要备足货源,开发多种多样的特色菜单,按岗定员,落实任务,以保证做到万无一失。假日经营要提前做好准备,无论是营销准备（包括前期的宣传等）还是营业准备（包括人员、设备、材料等）都要充分。应该说,效益在假日,功夫在平时。餐饮经营靠的是平时的工作积累,通过平时经常的培训、开发经营与比、学、赶、帮、超的技术比武,企业就能面对节假日无往而不胜。

2. 发挥地域特色,做好节假日服务

节假日的餐饮市场是团聚者多、旅游餐多、婚宴多、家宴多、散客多、外地人多、新面孔多。从某种意义上来看,节假日经济是大众经济,平民化是主流。依靠少数高收入者的消费是不可能拉动节假日经济的。对普通消费者而言,具有吸引力的餐饮服务是在其经济能力承受范围之内产生超值利益满足的享受。因此,中低档次的菜品制作和餐饮服务将成为假日市场中餐饮企业发展的主导方向。

餐饮经营要想进一步开拓节假日市场,就要在服务品质上下功夫。企业要对员工进行专门培训,细分市场,满足多元化的消费需求,特别是根据市民休闲消费需求增长的特点,做足节假日餐饮的文章。

发挥地域、民族特色是节假日餐饮经营的最佳选择。针对四面八方的客源市场,强化本地餐饮的风格特色,利用地方菜、民族菜、仿古菜、田园菜等特殊风味来吸引南来北往的旅游客人。特别是具有民族特色的饭店企业或乡土风味浓郁的餐饮场所,将民俗文化尽情展现给广大顾客,举办集知识性、趣味性于一体的活动,调动顾客们自愿参与,把美食、文化、娱乐融为一体,使宾客留下难忘的印象。

3. 推出特色菜品,加强营销策划

节假日活动是全民活动,由此节假日餐饮市场潜力巨大。企业应紧紧围绕餐饮市场消费方向来运作,积极开发新产品、新项目,根据节假日餐饮市场新特点,制定营销新策略,开拓新的餐饮市场,把假日餐饮产业做大。

根据节假日市场的特点,饭店、餐饮企业可针对不同的节假日精心策划,以旅游、休闲、节假日为主题,设计一些别出心裁的餐饮项目,推出特色菜品和服务,引导消费者进入深层次的理性消费。

在瞄准大众化餐饮市场的同时,积极开发假日特色餐厅,如儿童餐厅、娱乐餐厅、异国风情餐厅、情人餐厅、网上餐厅等,以低价位、高品质服务、丰富的菜肴品种吸引客人,推出以家庭消费为主的节日套餐,并在节假日重点推出绿色环保菜品、儿童套餐、假日老年人套餐、情人套餐、春节团圆套餐等。除讲究味道、造型外,还要注重菜品的营养和保健作用,以满足不同年龄、不同要求的客人需要。

根据节假日的特点,借"节"推广的营销手段也是行之有效的。节日期间,可开展特色营销,如推出传统名菜、名点;推出特色鲜明的创新菜点、宴席;推出一些名而不贵、特色突出的大众菜点;开发适应假日消费的套餐、便捷食品;推出具有本企业特色的婚庆、喜寿宴席等。另外,亲情营销、娱乐营销、文化营销也可在节假日经营中发挥作用。

4. 切合企业实际，营造节假日氛围

针对当前节假日经营的特征以及不断变化的餐饮市场，不同的企业会制定不同的对策迎接节假日经营高潮的到来。每个企业都有自身的优势和特色，在节假前的策划中，企业都应根据自己的实际情况，充分发挥自身优势，只有制定和实施有特色的节假日营销策略，才能在节假日经营的激烈竞争中不断扩大市场份额。

任何企业的营销与经营都要因时、因地制宜。高、中、低不同档次的企业，在面对节假日市场时所采取的措施是有差别的，开发的产品也是风格各异的。星级饭店、老字号、豪华餐厅、快餐店、小吃店，他们各显神通，由于各企业面对的消费对象、经营的风味、地理环境各不相同，节假日黄金周到来所面临的问题也有所不同。如大酒店，"十一"不仅是旅游客人接待的黄金时期，而且也是接待婚庆宴席的高峰期，许多饭店一天要接待数对新人的婚庆宴席，那么，这些企业就要把婚庆特色体现出来，他们最需要做的不是促销，而是通过抓好优质服务影响潜在的消费者。对于有些地理位置非常好的企业，就需要用优惠措施吸引消费者不断前来就餐。

饭店、餐饮企业应注重为顾客营造节日气氛，如中国传统的节日，张灯结彩，突出不同节日的风格特色；西洋风格的节日，也要体现不同民族节日风格特点；黄金周应多从旅游者的角度考虑。总之，节假日应从店堂的陈设布置到服务员的迎宾祝福语、赠送节日礼品，再到为顾客提供多种便利服务，如旅游交通图、公交线路图、医药用品、针线刀剪等。同时设有公开监督电话，真正将顾客提升到"上帝"的位置。

三、菜点品牌营造与推广

在餐饮市场竞争日趋激烈和产品的高度同质化的时代，品牌已日渐成为重要的竞争手段。当前市场上"名品享天下"的特征已十分明显。

在餐饮市场上，餐饮企业依靠品牌营销战略获得成功的案例比比皆是。闻名世界的麦当劳、肯德基、必胜客等早已成为人们所熟知的洋餐饮品牌。国内也有一大批地方性的乃至影响全国的餐饮品牌，其中有老字号的北京"全聚德"、天津"狗不理"、南京的"绿柳居"、杭州"楼外楼"、西安"老孙家"，也有新起的品牌，如内蒙古的"小肥羊"，重庆的"小天鹅"，南京的"大牌档"、杭州的"味庄"，沈阳的"小土豆"等等。

1. 品牌经营的重要性

品牌是企业产品质量和信誉的标志之一，是企业满足顾客需求能力的反映。品牌既是一种重要的知识产权，也是一种可以量化的重要资产。在餐饮企业，品牌产品的含义是什么呢？品牌产品是指有一定声誉，赢得消费者认可，在餐饮传统经营特色基础上，借助于企业的无形资产，注入企业形象、内涵、品质、服务等优势，在社会上享有一定声誉的名特产品。简单地说，就是餐饮企业的知名度和美誉度，其实质含义是创造出与众不同的并能得到消费者广泛认可的产品和服务，以此获得稳定的、长期的、超出一般同行利润水平的利润。

对于餐饮企业来说，品牌经营的重要性则主要体现在：

一是有助于餐饮企业在顾客心目中建立长久的、稳定的良好形象，让顾客牢牢记住自己，从而乐意到本餐厅进行重复消费；

二是容易使顾客产生亲切感、信任感，这是由品牌本身所具有的美誉度和知名度所决

定的,正是由于品牌广为人知、备受赞扬,所以顾客在进行消费选择时,只要条件许可就会首先选择品牌企业的餐厅;

三是有利于企业从事连锁化经营,不断发展壮大自己;

四是使顾客在就餐时能产生优越感,比在一般餐厅就餐获得更多的愉悦和超值享受。对提升企业的品牌形象、创制企业的名特产品的优势是显而易见的。

2. 品牌产品质量建设

在饭店、餐饮企业,一个品牌名称或设计符合市场需求还是远远不够的,品牌的背后一定要有稳定的、持续改进的质量水平在支撑,才不至于名不符实,昙花一现。品牌市场竞争的首要因素是产品的质量。产品质量高,就为企业的品牌竞争奠定了良好的基础。

品牌产品质量建设的中心工作,一方面,要保持稳定的产品质量水准,同时要根据顾客的需求,以满足顾客和消费者最大效用为出发点,不断提高和改进产品的质量;另一方面,在餐饮品牌质量建设过程中,要体现产品的营养性、美味性、新颖性和独特性。

天津"狗不理"包子好吃,是由一系列的精工制作和工艺技术作保证的。包子的面皮与众不同,它不是采用一般的发酵面,而是采用半发酵面。这样做出的包子皮薄有咬头,不会像一般包子那样软绵绵的。用这种包皮制作,不但可显出包子馅多而大,而且使包子制成后不会跑油、掉底、露馅,保留一定的汤汁。包子里面的馅,更是讲究精选原料和精心制作。它用的猪肉一定要新鲜,肥瘦的比例因季节而调整变化,这种做法是根据人们在不同季节的胃口测试而定的;用骨头汤和馅。像这样考究的制作,难怪它不但北方人爱吃,连南方人和外国人都爱不释手,百吃不厌。这就是"狗不理"成功之秘诀。

3. 菜品品牌的精心打造

作为餐饮企业怎样去打造品牌,成为赢家,规模、档次、新旧不同的企业可采取不同的方法。但对餐饮的菜品而言,可以从以下几个方面入手考虑:

(1) 利用影响深远的产品。饭店的名特菜点在社会上都享有一定的知名度,通常为企业带来一定的社会效益和经济效益。如杭州楼外楼的叫化鸡、西湖醋鱼,南京绿柳居的素菜包子,西安钟楼德发长的"饺子宴"等风靡海内外。

(2) 打造企业的拳头产品。除了一些影响深远的产品以外,许多企业都需要营造一些"拳头"产品,以成为自己的看家菜。餐饮企业需要在质量上下功夫,去打造自身的品牌。如上海锦江饭店的锦江烤鸭,上海原静安宾馆的水晶虾仁,江苏天目湖宾馆的砂锅鱼头,南京丁山宾馆的生炒甲鱼等。

(3) 培植特色显著的产品。品牌菜点的特色与众不同,"人无我有,人有我优",即使是同类菜点,也会显示出"个性突出,特点有别"。如上海和平饭店的冰汁鳄鱼掌,曾经是上海第一家获得鳄鱼掌(养殖)的使用专利。南京金陵饭店的酥皮海鲜在研制投放市场后,由于其独特的风格和口味,成为自家的品牌菜品,一直风靡江苏各地。

(4) 哺育经过优化的产品。菜点产品的优化包含着客人需求、企业形象、菜点质量、特色服务、优美环境和客人的满意度六个要素。菜品质量的优化是许多品牌企业力求打造和完善的,如某企业优化的风味菜肴有橄榄灌汤龙虾、香辣蟹味骨、秘制五粮鸭、特色烤白鱼、盐烤酒鬼虾、蛋黄薯蓉虾、一品芝麻鸭等。南京地区多家饭店 10 多年来培植和打造的小龙虾菜品,如酱香龙虾、麦香龙虾、冰镇龙虾等,经过多年的探索和优化,已形成当地具有特色的产品而影响着本地和外来客人。

(5) 设计创意新颖的产品。对那些不符合营养要求的、不适合现代人需求的菜点和制作工艺加以改良,并根据现行市场的特点,不断创新,推出一些快捷、简便、清洁的,符合当今时代潮流的菜点。一些餐饮企业都在各自菜点的基础上尝试着大胆的创新与改良。

(6) 推广奇异独特的产品。求新猎奇是人们的一种本能,作为菜点产品的设计者,要投顾客所好,要对传统的餐饮模式进行变化,如现场表演式、开架服务式、顾客自助式、中菜西餐式等,以此来赢得市场效应。

4. 菜点品牌的推介宣传

而今的餐饮经营,一般企业都比较看重美食及其活动的宣传,正如人们经常所说的"酒好也要勤吆喝",品牌产品的宣传更是如此。宣传是企业公共关系的一个重要组成部分,也是推广品牌产品的一种富有特色的手段。只要运用得当,宣传可以成为有力的促销工具。因为,在推销时宣传起着最有力、最广泛的鼓动人们购买产品的作用。

宣传与广告并非是两个完全等同的概念,广告只是宣传的一种方式。首先,广告主要指的是企业利用各种商业媒介手段而进行的一种信息传递活动,它带有浓厚的商业色彩,它的受众对象是其潜在顾客和现实顾客。而宣传是一种较广告更丰富的信息传递手段,它既可以采用商业广告途径,也可以采用非商业性手段传递信息,譬如公共关系,其受众对象不仅仅是针对其顾客,而是面向所有公众。其次,大部分广告都是针对企业的产品而言,包括产品的特色、价格、能给顾客带来什么样的价值和利益等,而宣传活动既有对产品的推介,但很多时候,它更是对企业的经营理念、经营方针、企业文化、企业整体形象等深层次信息的传递,广告活动很少能做到这些。并且,企业打广告通常追求的是短期内获得回报,而企业的宣传活动则既有追求短期内获得经济效益的愿望,更有培育、提升品牌形象的考虑。

因此,一个企业一旦拥有了品牌,就必须从多渠道、全方位地去包装、推介、宣传,才能扩大与提高品牌的效应。从市场经济的特征来看,宣传品牌就等于开拓了市场、进入了市场,才能取得明显的经济效益和社会效益。国际设计协会统计:企业在形象设计与品牌宣传中每投入1美元,就可以获得227美元的收益。

第四节 菜品销售与前后台沟通

引导案例

前后台的沟通与理解

在日本东京世田谷的住宅区内,有一家意大利餐馆,经常是座无虚席,因为这里的员工个个都是烹饪高手,他们的口号是"不懂顾客的口味就烧不出好菜",所以每一位厨师都亲自了解顾客需求并时常出来招呼客人。因此,为了使顾客满意,厨师与服务人员是绝不可分的。

在以往的许多餐饮企业中,前后台的"相互抱怨"是餐饮经营中常常出现的现象,一遇到难题就相互推诿,这应是餐饮经营中相互不理解、管理较混乱的一种表现。这不仅是人与人之间的沟通配合问题,而且更是企业的经营管理问题。这种问题的关键点是因为部门与部门之间缺少沟通与理解。因此,餐厅与厨房的沟通与理解非常必要。

首先,作为餐厅要尊重厨房的辛勤劳动,千万不能冷脸送热菜,而应虚心向厨师学习有关烹调知识,积极、主动地宣传和推销餐厅菜肴,把厨师精心烹制的菜肴及时、准确地送到客人餐桌,保持菜肴的风味和完整性,展示厨师精美的烹调技艺,并通过热情、周到、细致的服务,让客人享受美食的同时,体现着家的温馨。其次,当客人有不愉快或投诉时,不要把责任推给厨房。如客人用餐过程中,对菜肴不满意时,服务员不要一味地把责任推给厨房,相反要积极补救,采取礼貌得体的服务和有效的补救措施,消除客人的不快,挽回局面。

厨房也要理解和体贴餐厅服务员的艰辛。酒香也怕巷子深,餐厅是厨房品牌的代言人。厨师制作的每道菜肴离不开餐厅服务员最关键的一道调味——周到的服务。何况厨房有时的过失,在客人面前,餐厅服务员往往要代之受过,为大局委曲求全。因此,对于厨房工作人员,切不可以大厨自居,讲话不近人情,甚至蛮横无理,作为厨房要主动把烹调知识传授给餐厅服务员,要不厌其烦满足餐厅的工作要求,为餐厅的对客服务创造有利的条件,和餐厅服务员一道给客人制造愉快的用餐经历,还客人一个满意加惊喜,使餐饮成为一种文化、一种享受、一种情结。

点评:厨房与餐厅的关系犹如唇齿相依,互相依赖又各司其职,工作的过程也是磨合的过程,磕碰总是难免的。但是,厨房与餐厅的沟通与理解是非常必要的。餐厅要尊重厨房的劳动,厨房也要理解和体贴餐厅的艰辛。

厨房与餐厅是餐饮不可分割的一个整体,形成一条服务链。要使这条服务链处于完整、完好的运转状态,就必须环环紧扣、环环相连,不可脱节,不可出现裂痕,只有这样,才能保证餐饮的正常经营。因此,厨房与餐厅的协作显得甚为重要。

一、强化服务理念与加强信息沟通

饭店、餐饮企业的内部协调好坏,与企业的经营理念不无关系。作为服务性的饭店或餐饮企业,每个部门都必须强化"以客人为中心"的服务意识,树立客体思维,站在客人的立场上设身处地为客人着想,千方百计满足客人的需求,维护客人的利益。在此前提下,作为直接为客人服务的餐厅,对客人的合理要求必须无条件地服从和满足。作为二线的厨房则服从于一线的餐厅,对餐厅服务员的工作要求须全力配合。此外,一道菜肴从制作到成品,从出菜到上桌,需要多道工序,要有上一道工序服务下一道工序、层层把关、层层负责的合作精神,营造厨房为餐厅服务、全员为客人服务的氛围。

要达到让客人满意加惊喜的效果,就必须在规范化服务的基础上提供个性化服务,这就需要依赖于对客人相关信息的收集。因此,餐厅和厨房必须建立客史档案,内容包括常规档案、个性档案、习惯档案、饮食档案、反馈意见档案等。此外,餐厅与厨房之间还要加强信息的对称传递,做到信息共享,以便在第一时间为客人提供有针对性的个性化服务。

信息传递是两方面的事情,需要前后台的密切配合。厨房及时向餐厅提供今日可供应的原料、菜肴、特色菜推荐、重点推销、库存量等估清单,以便餐厅服务员餐前备好餐具、用具,餐中进行有针对性的宣传和推销。餐厅及时把客人的预定信息通报厨房,如承办单位、宴请对象、人数、有无特殊要求等,以利厨房备餐。餐厅把客人的需求变化、特殊要求、用餐进度等及时反馈厨房,以便厨房采取有效措施,满足客人的需求。餐厅通过观察客人的用餐动态和征求客人意见,把客人对菜式安排、口味、分量、价格、满意程度及合理化建议反馈厨房,让厨房及时调整,走出被动的工作局面,以销定产,适应市场。

二、加强前后台的协作

一个餐饮企业的成功,离不开前台的良好服务和后台的菜品质量,只有前后两块阵地的默契配合与协调,才有可能产生最佳的效果。我们常常看到一些企业由于工作的原因,出现前台与后厨之间的矛盾,餐厅服务人员不了解后厨,后厨又不理解前台的难处,日积月累,导致厨师长与餐厅经理矛盾加大,一些纠缠的疙瘩很难解开。其实,这都不是什么大的问题,关键是部门管理人员没有从大局出发,始终关注的是小组织,而忽略了一个大集体。这需要我们管理人员摆正位置,立足大局,多从企业和顾客方面着想,这样一切问题就能迎刃而解。

1. 协调前后台的关系,努力完成企业的共同目标

餐饮部门是由多个班组组成的一个不可分割的整体,在这个整体中,不同岗位之间、管理者与员工之间都存在着各种各样的依存关系。某一个人或一个岗位是相对独立的,但是,他们都必须依存于餐饮部这个整体。一个单位、一个部门如果没有各部门及其个人的配合,任何部门或个人都不可能继续存在下去。

一个部门的整体形象的好坏,往往就在于各岗位、个人之间的相互补台、沟通和协作。

星级饭店制度严格,大多厨师见不到顾客,顾客对菜品有意见或对厨房有意见,只能向服务员发泄。厨房有创新菜,厨师又不能直接向顾客推荐,只能由服务员作介绍。所以,厨师和服务员都要树立整体观念,经常沟通情况,及时反馈信息,相互理解,默契配合,分工不分家。只有这样,才能达到企业共同奋斗的目标。

厨房与餐厅的关系密切而复杂,谁也离不开谁。餐饮企业的目的是提供美味可口的食物,赚取利润,因此,服务人员与厨师必须合作无间才行。厨房生产出来的产品,需要通过餐厅销售和服务,才能算作一件完整的产品。厨房制作的尽善尽美的菜点,如果离开了优雅的餐厅、离开了优质的服务,也只能像大排档的菜肴一样,降低了自身的价值。餐厅要协助厨房检查出菜速度、温度和次序等质量问题,帮助推销特色、新创或准备过剩的菜点;厨房要主动征求、虚心听取餐厅部门的意见,不断改进工作,以积极、诚恳的态度与餐厅沟通与联系。厨房和餐厅是前台与后台相互依存的关系,只有相互协调一致,配合默契,紧紧围绕着生产开展工作,为了全局整体,才能使企业兴旺发达,完成企业的共同目标。前、后台之间的有机配合、协调,可以减少工作中的失误,弥补服务工作中的不足;两者的有机结合、协调,可以体现企业的团队合作精神、企业精神;企业内部之间的协调,可以赢得美好的信誉,带来较好的经济效益和社会效益。

2. 加强前后台的配合,赢得良好的声誉

厨房和餐厅构成餐饮经营的一个整体,两者的密切配合可使企业兴旺发达,并产生良好的效益。在经营中,客人的意见和建议则要靠餐厅部门转达给厨房,以改进生产菜品质量,使产品更加适销对路。厨房要及时通报当日餐厅缺售或已售完菜式,使点菜服务员能主动向客人做好解释工作。

(1) 厨房提供:日日有份原料提示单。每天的原料提示单其实是一种推销单。采购部门每天购进的原料情况,厨房在了解和清点当天购进原料的数量及缺货情况后,会在一张

单子上列出今天的新菜、积压的原料、每日新推销的菜品以及因原料缺货而无法烹制的菜品等等,这些由厨房及时地提供给餐厅,以便服务员了解当日菜式,避免服务员在当日为客人服务时遇到尴尬,从而导致不必要的换菜、退菜,使企业声誉受到影响,更重要的是服务员做到心中有数,有利于他们推销工作的开展和服务质量的提高。

(2) 餐厅提供:客情信息和菜品反馈意见。厨房必须密切关注由餐厅发出的各种客情信息,对新、老客户的具体情况需要及时向厨房通报,以便更好地针对不同顾客来配菜、烹调。特别是一些老客户,他们的饮食喜好、禁忌需要餐厅服务员的提供,只有这样才能使餐饮接待工作锦上添花、保持完美。

餐厅服务员最先了解每天客人消费的具体情况以及对菜品的意见,特别是客人餐毕后的"宾客意见卡"以及客人在就餐中的及时反映。餐厅通过反馈客人的意见和评价给厨房能促使厨房不断改进饭菜质量,使我们餐饮经营的整体水平得到提高。

(3) 相互依托:出菜与上菜节奏。点菜与上菜节奏是前后台密切配合的工作内容。在点菜中,服务员充当了推销员,他不只是接受顾客的指令,还应做建议性的推销。服务员在推销中必须熟悉菜牌,明白需要推销菜式的品质和配制方式,介绍时可作解释。在点菜过程中,客人不能决定要什么时,服务员可提供建议,最好是先建议本店的特色菜和中高等价的菜式,因为中高档菜式的利润较高,且有一部分菜的制作工序较简单,如清蒸蟹、鳜鱼,清炖甲鱼,三文鱼刺身等,在生意高峰期尽量少点一些加工手续比较繁琐的造型菜,否则这样会加大后厨的工作负担。

后厨在接单后,只要不是叫单,凉菜应在两分钟内出一道成品菜,热菜在3至5分钟内出一道成品菜。特别是对于一些特殊菜的上菜方法,更应该注意,如火锅、拔丝菜、有声响的菜等,这就要求传菜人员应与后厨相结合,以最快的速度把菜品传递出去,保证菜品的色香味形俱佳,若客人需演讲祝酒要求暂停上菜,服务员应及时通知后厨暂停上菜,当客人祝酒之后要通知厨房恢复上菜,这时后厨不仅要出菜快,更需要传递快才行。

餐饮前后台的配合,缺少哪一部分或双方配合不好,都会使经营陷入困难,因此要加强双方的协调,每星期厨房与餐厅应在一起最少开一次座谈会,相互交流意见,为更好地使企业繁荣发展做出应有的贡献。

三、做好与其他部门的沟通

厨房、餐厅、采购、预订、工程、后勤等部门,他们都是企业不可缺少的组成部分,也是一个不可分割的整体。在这个整体中,部门与部门之间、管理者与管理者之间都存在着各种各样的依存关系。这就是说某一个部门或某个人在具体工作上是相对独立的,但是都必须依存于餐饮企业这个整体。具体而言,厨房与采购、预订、工程、后勤等部门之间的相互依存关系尤为密切和重要。

1. 厨房与采购部的关系

厨房要生产优质的菜点,就需要有高质量的、合乎标准的原材料,而这些原材料必须通过采购部去购买。厨房需要采购部的密切配合,以便能及时了解市场信息。比如,原料的上市品种、价格、新鲜度、供求关系等。厨房了解信息,就会对制定菜单、变化菜肴内容、创制菜点新品种以及菜点的成本控制提供很大的帮助。

厨房与采购部要协调好关系,以便沟通、协商,共同制定采购规格、采购计划,确定采购数量,以避免采购与厨房生产脱节或造成原料库存积压的现象。采购原料的价格还直接关系到厨房的成本控制。也就是说,当一方的工作失误必将直接影响到另一方的工作,最终造成企业的损失。因此,必须加强两者之间的沟通协调。这是餐饮经营成功的基本保证。

2. 厨房与宴会预订处的关系

厨房必须密切关注由宴会预订处发出的各种信息,诸如宴会的时间、宴会的规格标准、宴会的人数、宴会的主题、宴会的特殊需求等。当厨房收到宴会通知单后,要立即做好各项准备工作。如果厨房因人员的技术力量不足、厨房设备发生故障一时难以排除或采购不到宴会所需要的原料时,厨房应及时将信息反馈到宴会预订处或餐饮办公室,以便向客人做好解释工作或调整菜单。

3. 厨房与工程部的关系

厨房生产的正常运转离不开工程部的大力支持。设备的维护保养需要工程部给予指导和帮助,这样才能保证厨房生产所使用的设备处于良好状态。比如,厨房的冰箱一旦出了毛病,就需要工程部派人迅速进行修理,否则冰箱内的食品原料就有可能腐败变质。原料一旦变质,不仅影响到厨房的成本控制,而且还会影响到整个饭店的声誉。因此,厨房与工程部的密切配合关系重大,工程部需要帮助厨房的员工掌握厨房设备的正确使用方法、简易的维修和养护,还需要工程部经常来给予技术支持指导,以便使厨房的设备能正常运转,延长设备的使用寿命。

4. 厨房与管事部的关系

管事部主要负责餐具、用具的清洁、保管和添置工作。厨房应经常与管事部取得联系,要求管事部能及时提供足够数量的、洁净的厨房盛器、餐具及用具等物品。厨房需向管事部报告厨房用品、餐具等使用情况,并及时申请添置需要的物品。当厨房需要使用一些高档餐具时,应尽早通知管事部,以便做好餐具的清洗、消毒等准备工作。厨房的卫生工作是通过管事部得以实现的,同时,厨房人员也应协助管事部门做好物品的管理及环境卫生等工作。

四、建立专职点菜师制度

餐厅与厨房的沟通是餐饮经营的必要条件。而对于顾客这个中心内容,如何把企业的产品介绍给客人,让客人根据自己的需求选用菜品,在这方面,餐饮业一直是个脱节的环节,完全依靠服务员既介绍产品又进行对客服务,往往使企业与顾客中间缺少磨合的纽带,顾客很难品尝到自己喜欢的菜品,企业也难将自己的特色产品大批量地供客人食用,而传统的餐厅一味地推销高档菜、利润高的菜、鲜有人买的菜,使顾客十分恼火,对推销菜品比较反感。一方面顾客认为饭店餐厅老一套,没有新菜品,另一方面,企业的特色原料、创新菜品顾客不了解,也难以销售。就像工厂生产出的产品没有推销员一样,产品卖不出去。这就需要在服务员中间建立起一种新兴工种——专职点菜师,即为顾客"导吃",根据顾客的需要合理地为顾客着想而点菜。

专职点菜师需要从企业和顾客的角度出发,通过真诚、友善的服务去赢得顾客的认可,通过让顾客满意而永远留住顾客。

传统的餐饮经营方法,一般定期向餐厅服务人员培训菜点知识和新菜,但常常起不到很好的效果。许多饭店、餐馆每周有专人进行菜点知识的培训,并且每次还要考核,可是许多服务人员还是常常忘记,起不了作用。这是因为服务员工作每天比较繁忙,事务繁杂,工作量大,并且知识缺乏,因而对菜品的来龙去脉说不清、道不明。而在服务人员中选择个别思维敏捷、反应灵活的人员,建立专职点菜师,可解决这方面的难题。就像工厂里的销售人员,要销售菜品,就必须完全了解菜品,专职点菜师的工作就是与厨房沟通,与顾客沟通,最终推销更多的顾客喜欢的菜品。

1. 点菜师是餐厅最好的促销员

（1）为顾客点菜量身订制。当顾客走进餐厅,面对琳琅满目的菜肴、密密麻麻的菜谱,如果有一位职业点菜师能根据客人的需要"量身订制"合适的菜单,必然令顾客满意。如几位客人走进餐厅,坐定后,报出了800元的标准,并强调要照顾一下其中一位广东朋友的口味。过去的餐厅经营,一般就安排"和菜"或某一套餐就解决问题。这种情况他不了解顾客的组成、口味需要,而是按部就班地选择现有的菜品,一般的顾客难以满意。如果有点菜师,就可以根据客人的具体情况加以分析安排：一共6位,一位广东朋友,两位女士,一位小朋友。考虑到既吃好又要不浪费,作为点菜师可以详细报出几道菜的特色,以征求客人的意见。假如能了解许多饮食文化知识,安排的菜肴就不会令客人不满意,如果点菜师能兼具川粤风味,并照顾到女士和孩子,客人既省心、省力又合口味怎能不感到满足？

（2）出色的点菜师能成为餐厅招牌。企业应选择主动、灵活并愿意学习菜品知识的服务人员作为专职点菜师。一般以女性为多,最好选择气质高雅、有极强的亲和力和沟通力的人士,对菜品颇有研究者为佳。这些点菜师往往会根据顾客的性别、年龄、口味、身份甚至就餐目的来帮助顾客点菜,为顾客介绍菜品,讲解菜品的有关知识,使顾客选择到自己需要的菜点。出色的点菜师,可作为餐厅的一大亮点,做得好,许多人就会冲着他们而来,回头客自然就会多起来。由于职业点菜师为企业带来好生意,收入自然也较普通服务员高出数倍。

（3）点菜师需要扎实的功夫。点菜师不是一个简单的职业,需要一定的饮食文化知识。对于点菜师来说,必须对餐厅所卖的菜品了如指掌,对新菜品的特色心知肚明。这不是一天两天的功夫练就。点菜师每周至少一次定时培训,每道新菜品问世都要集中培训。而要成为一名合格的点菜师,更需要长达半年至一年时间的培训学习。点菜师需要将几百种菜谱强化记忆在脑子里,而且随时可以"端"出来。此外,还要对菜品有一定的研究,对菜品的原材料、出产地甚至调料的生产厂家都要一清二楚。要把自己锻炼成为一个"美食家",而且眼睛要看得明、鼻子要闻得出、嘴巴要品得来,某一菜肴特色妙在何处？需要点菜师亲口"试吃"后并认真总结出来。

2. 点菜师是厨房的传声筒

厨房每天提供的原材料和菜品制作状况都依赖于点菜师和餐厅服务人员向顾客介绍和推销,点菜师也自然就成了厨房生产的代言人。从餐厅经营角度来讲,点菜师成为餐饮经营的重要人物。对此,对点菜师也提出了许多要求：

（1）要求不断地丰富自己的饮食文化知识,钻研菜点制作技术。如了解中国各地方菜系的风格特色、不同地区的民族饮食文化特点、不同国家和宗教的饮食禁忌等；食物原料的产地特点、各风味特色的烹调技艺、菜点小吃的流行趋势等等。这需要点菜师不断地学习饮食文化知识来丰富自己,使其成为一名出色的专业点菜师。

（2）必须每天与厨房和厨师长联系,及时掌握菜点经营与供应情况。如每天的原料供应情况、特色菜品的推销情况。厨师长把菜品的提供情况及时与点菜师沟通，以取得最佳的经营效果。如今天准备有6盘"沙锅鱼头"，应及时告诉点菜师，他们在点菜过程中，推销一盘划去一盘，厨师加工又方便，厨房可将鱼头提前上灶烹制，不仅点菜销售的速度加快，而且客人等候的时间也短。

（3）要善于捕捉客人的心理，有针对性地引导客人消费。如将顾客进行分类，把握不同顾客的饮食需求，投其所好。一般认为，最好的服务方式，就是以顾客想要的方式为他们服务！顾客的分类多种多样，但最为关键的方面有：性别差异分男性顾客和女性顾客；年龄差异分少儿顾客、年轻顾客、中年顾客、老年顾客；组合差异分夫妻顾客、带孩子顾客、同性别顾客；用餐态度分习惯型、随意型、理智型、冲动型、价格型顾客等；另外，不同地域、不同职业、不同性格等都会在饮食中有不同的选择和嗜好。

（4）要求及时把握销售的动向，协调前后台的关系。点菜师是餐厅的传声筒，客人的需求、厨房的生产往往通过点菜师的来回忙碌而达到最佳境界。点菜师可根据厨房实际原料供应情况，及时推销并适当处理剩余原料制作的菜品。如某厨房根据经营需要一天准备了120只螃蟹，都将其捆扎好，准备随时出售。厨师长应将具体数字告诉点菜师。当晚上快要下班前夕，厨房应把螃蟹的销售情况及时与点菜师联系沟通，以尽快处理卖出。这时点菜师可适当根据营业最后情况合理地安排销售，以免第二天全部浪费，对于老顾客，在征求厨师长的许可下，可进行打折优惠，这样，顾客高兴，餐厅也获利，否则没人点就浪费。通过点菜师的配合工作可减少厨房中的不必要浪费，使餐饮经营取得圆满的效果。

专职点菜师可以主管或领班的身份出现，穿黑色西服（工作服），这样有别于一般服务员。在餐厅经营工作中，根据需要也可以实行一些奖励政策，实行菜品"多推多得"的政策，以充分调动点菜师的工作积极性，其最终对企业的经营绩效是十分有利的。

相关链接

餐饮O2O新媒体，开启互联网餐饮的品牌之路

在互联网时代到来的今天，餐饮这一古老而又变幻无穷的行业，更爆发出新的生命力，餐饮人明显感受到了新模式下的新趋势：

第一，市场由小变大，面积由大变小了；

第二，菜品数由多变少了，店铺数由少变多了；

第三，利润由高变低了，餐饮人地位提高了。

餐饮O2O总结了未来3~5年餐饮业的大趋势。

1. 单品店持续走俏，混搭店开始升温

90%的老板都在计划着，做更多更好的产品卖给更多的客户。但是这样做会导致资源分散，难以形成强势的专家品牌；效率低下，加剧企业成本，利润恶化；识别模糊，顾客搞不清到底卖什么？

聚焦才不会被淹没，单品店以某个品类或一道菜作为主打，只搭配少量配菜、甜品或饮品，聚焦爆品来打造极致产品体验，从而提升消费者满意度。小而美的店面，与之对应的是少而精的菜单，这种打造极致单品的爆款模式已成为新常态。单品店餐饮模式特别适合快餐、简餐、小吃。

2. 外卖渗透率显著提升

如何打破时间、空间、地域的限制,将餐饮店铺的闲置时间利用得更彻底,从而降低人工和租金成本?很多餐饮企业将目光转向了线上。

《中国餐饮报告(白皮书2017)》数据显示,2016年外卖行业累积入驻商家数245万个,渗透率已达40%,外卖行业整体交易额约为1 500亿元。外卖已经成为一线城市消费者继堂食、外带就餐形式之外的第三极。

而除线上外卖,更是出现了利用网络电商销售便利小火锅、烘焙蛋糕等食品化、零售化的打破业态边界的新模式。

3. 智能化、移动支付全面入侵

3D打印技术在餐饮界的应用、更智能化的机器人服务员、高智能的无人餐厅、全息影像在餐厅的运用、微信点餐、手机支付等使得餐饮业的表现形式更多样化,同时也预示着:未来餐饮将会更智能化,对人工的依赖越来越小,用工荒将有望得到解决。

系统化、互联网化、智能化必然是未来餐饮发展的趋势,"餐饮+互联网"才是大势所趋。在升级管理水平、服务水平、顾客体验上,很多互联网科技公司都在不断地尝试和探索,在很多领域中都已经取得了领先甚至是现象级的改变。

4. 健康餐饮成最大风口

随着食品安全问题频频曝光,消费者对餐饮的消费需求也开始不断升级,从以前的"安全、卫生"升级到了"健康、天然"。未来餐饮界,健康是"1",口味、环境、服务才是后面的"0"。消费升级对于餐饮的食品安全卫生容忍度越来越低,反推餐饮朝着健康、环保的方向发展。

餐饮行业发展到今天,消费者对其的需求已经远远不止于满足饱腹和营养,人们期望在食物中寻找慰藉与安全感。这也就是从一个侧面解释了为什么"古法"与传统食品在世界各个角落大行其道。

5. 休闲餐饮是趋势

根据国际经验,当一个国家或地区人均GDP超过5 000美元时,将形成休闲消费需求,并呈多元化趋势。据相关数据显示,未来10年,我国将迎来休闲消费转型的关键时期,休闲餐饮将实现20%~30%的增长。未来我国休闲餐饮市场将成为餐饮业的又一个风口。

茶饮、沙拉轻餐、轻断食、休闲餐越来越成为人们就餐的新选择。相对于正餐而言,轻餐饮由于成本较低,毛利率更高。轻餐饮的行业平均毛利率为60%~80%,是正餐厅毛利率的1.6~2倍。在租金的承受力上,轻餐饮也比餐馆高,抵抗培育期商场经营风险的能力更胜一筹。此外,咖啡、饮料、果汁等的单品价格相对餐馆菜肴价格较低,更容易达成交易。

(资料来源:罗华山.新餐饮 新创意:餐饮开店创新经营实战指南.广州:广东经济出版社,2018)

检 测

一、课堂讨论

1. 菜品质量与餐饮促销之间的关系。
2. 厨房只管菜品生产不管菜品销售行不行?

二、课余活动

1. 收集有关餐饮广告信息(来源:报纸、杂志、网络、企业等)。
2. 调查某一餐厅近期优惠促销活动情况。

三、课后思考

1. 在推广促销中怎样去吸引顾客光顾?

2. 如何选择美食节活动主题?
3. 根据某一主题设计一份美食节菜单。
4. 怎样确保美食节活动的顺利成功?
5. 编写一份美食节活动计划(主题自定)。
6. 编写一份节假日促销策划方案。
7. 如何做好厨房与餐厅的沟通?

参 考 文 献

[1] Ronaid F. Cichy. 卫生质量管理[M]. 阎喜霜,主译. 北京:中国旅游出版社,2005.
[2] 米勒,等. 餐饮成本控制[M]. 黄文波,孙超,主译. 天津:南开大学出版社,2004.
[3] 中国法制出版社. 最新餐饮业卫生规范手册[M]. 北京:中国法制出版社,2005.
[4] 邵万宽. 厨师长宝典:现代厨房管理与经营36招[M]. 南京:江苏科学技术出版社,2006.
[5] 顾明钟. 厨房实务管理[M]. 上海:同济大学出版社,2005.
[6] 马开良. 现代厨房管理[M]. 北京:旅游教育出版社,2004.
[7] 赵建民. 餐厅卫生与菜品安全控制[M]. 沈阳:辽宁科学技术出版社,2003.
[8] 周春霞,清心. 食品安全自己把关[M]. 北京:中国市场出版社,2005.
[9] 邵万宽. 厨房管理与菜品开发新思路[M]. 沈阳:辽宁科学技术出版社,2005.
[10] 虞迅,严金明. 现代餐饮管理技术[M]. 北京:清华大学出版社,2003.
[11] 邵万宽. 现代烹饪与厨艺秘笈[M]. 北京:中国轻工业出版社,2006.
[12] 邵万宽. 美食节策划与运作[M]. 沈阳:辽宁科学技术出版社,2000.
[13] 邵万宽. 创新菜点的开发与设计[M]. 3版. 北京:旅游教育出版社,2018.
[14] 邵万宽. 现代餐饮经营创新[M]. 沈阳:辽宁科学技术出版社,2004.
[15] 李泽治. 餐饮经营百战百胜[M]. 南京:江苏科学技术出版社,2005.
[16] 肖建中. 麦当劳大学:标准化执行的66个细节[M]. 北京:经济科学出版社,2004.
[17] 刘学治. 餐饮取胜之道[M]. 成都:四川人民出版社,2005.
[18] 邵万宽. 试论餐饮经营卖点的设计与培育[J]. 扬州大学烹饪学报,2004(1):52-57.
[19] 邵万宽. 现代厨房管理理念的转变与思考[J]. 扬州大学烹饪学报,2005(1):50-52.
[20] 邵万宽. 主题宴会菜单的研究与策划[J]. 饮食文化研究,2006(3):70-76.
[21] 邵万宽. 烹饪方式的10大演进与变化[J]. 餐饮世界,2006(7S):9-11.
[22] 邵万宽. 中国美食设计与创新[M]. 北京:中国轻工业出版社,2020.
[23] 罗华山. 新餐饮 新创意:餐饮开店创新经营实战指南[M]. 广州:广东经济出版社,2018.
[24] 鹤九. 互联网+餐饮:一本书读懂餐饮新趋势[M]. 北京:中国铁道出版社,2017.
[25] 王小白. 菜单赢利规划指南[M]. 北京:机械工业出版社,2019.